Armin Trost
Unter den Erwartungen

Armin Trost

Unter den Erwartungen

Warum das jährliche Mitarbeitergespräch
in modernen Arbeitswelten versagt

WILEY-VCH Verlag GmbH & Co. KGaA

1. Auflage 2015

Alle Bücher von Wiley-VCH werden sorgfältig erarbeitet. Dennoch übernehmen Autoren, Herausgeber und Verlag in keinem Fall, einschließlich des vorliegenden Werkes, für die Richtigkeit von Angaben, Hinweisen und Ratschlägen sowie für eventuelle Druckfehler irgendeine Haftung.

© **2015 Wiley-VCH Verlag & Co. KGaA, Boschstr. 12, 69469 Weinheim, Germany**

Bibliografische Information der Deutschen Nationalbibliothek

Die Deutsche Nationalbibliothek verzeichnet diese Publikation in der Deutschen Nationalbibliografie; detaillierte bibliografische Daten sind im Internet über http://dnb.d-nb.de abrufbar.

Printed in the Federal Republic of Germany
Gestaltung: pp030 – Produktionsbüro Heike Praetor, Berlin
Cover: bauer-design, Mannheim
Coverfoto: businessman with briefcase © Peshkova / iStock
Satz: inmedialo UG, Plankstadt
Druck & Bindung: CPI, Ebner & Spiegel, Ulm

Print ISBN: 978-3-527-50825-9
epub ISBN: 978-3-527-69666-6
mobi ISBN: 978-3-527-69665-9

Für Elena

Inhalt

Vorwort

Mein erstes Projekt in meiner Karriere als Personaler war die Einführung eines jährlichen Mitarbeitergesprächs bei der SAP AG. Ich habe an unendlich vielen Projektmeetings und -Workshops zu diesem Thema aktiv teilgenommen, war an zahllosen Informationsveranstaltungen für Mitarbeiter und Führungskräfte beteiligt. Ich war als Mitarbeiter Opfer des Mitarbeitergesprächs und als Führungskraft Täter. Dabei hatte ich chronisch das Gefühl, dass an dieser Sache irgendetwas nicht stimmt. Es war ein eher diffuser Eindruck, gefüttert durch wenig euphorische Reaktionen auf Seiten der Betroffenen. Aber was konnte falsch sein an der Idee, dass Führungskräfte wenigstens einmal im Jahr mit ihren Mitarbeitern Ziele vereinbaren, über deren Entwicklung sprechen und auf strukturierte Weise Rückmeldungen geben?

Jahre später wurde ich Professor und führte von nun an als Hochschullehrer, Wissenschaftler, Berater und Trainer viele kontroverse Diskussionen mit Personalern, Führungskräften oder MBA-Studenten, die dieses Instrument in ihrer beruflichen Karriere gestaltet oder erlebt haben. Der Knoten löste sich nicht. Was in der Theorie so einfach und gut gemeint erschien, entpuppte sich in der Praxis als ein Konzept höchstmöglicher Komplexität und Vielschichtigkeit. Das Letzte, was hier angesagt ist, scheint Naivität zu sein.

Mehr aus akuter Verzweiflung heraus schrieb ich dann im Jahr 2012 einen Beitrag in meiner Kolumne im *Harvard Business Manager*. Der Titel: »Wozu noch Mitarbeitergespräche?« (siehe Anhang). Wenig später wurde er auf *Spiegel-Online* mit dem Titel »Talkshow nach Schema F« veröffentlicht. Der Beitrag war zugegebenermaßen recht polarisierend, gar zynisch. Am ersten Tag nach der Veröffentlichung im *Harvard Business Manager* erzielte der Beitrag mehr als 10 000 Zugriffe. Dem folgte eine Flut von Kommentaren und Stellungsnahmen. Die meisten erreichten mich per E-Mail. Das Thema schien die Gemüter zu erregen, als ginge es um die Frauenquote. Auch hier war keine Richtung in Sicht. Die einen sehen das Thema auf die eine, die anderen auf die andere Weise.

Im Jahr 2013 habe ich dann angefangen, das Thema schrittweise zu sortieren. Ich habe meterweise Literatur studiert, Modelle entwickelt, die Diskussion mit Personalern, Führungskräften und Studenten gesucht. Irgendwann haben sich die Dinge aus meiner Sicht verdichtet und ich glaube, heute in der Lage zu sein, mehr Klarheit und Struktur in dieses Thema bringen zu können. Bevor ich angefangen habe, dieses Buch zu schreiben, fanden zahllose Diskussionen mit Vertretern aus der Praxis statt. Ihnen gilt an dieser Stelle mein ganz besonderer Dank. Wären die Rückmeldungen aus der Praxis nicht so positiv gewesen, hätte ich dieses Buch nicht geschrieben. Ich glaube, die Überlegungen in diesem Buch haben eine hohe Praxisreife erreicht und ich hoffe, dass all diejenigen, die sich mit Themen rund um das jährliche Mitarbeitergespräch beschäftigen, in diesem Buch die nötige Orientierung und Differenzierung finden.

Tübingen, 31.01.2015   Armin Trost

1 Einleitung

Jedes Jahr spielt sich in fast allen Unternehmen weltweit die immer gleiche Szene ab. So auch bei Stephan. Stephan ist Vertriebsleiter eines international agierenden Automobilzulieferers. Als er wieder mal am Flughafen auf das Boarding wartet, checkt er nochmals seine Mails. Es sind wie immer zu viele. Eine Mail stammt von seinem Personalleiter, dem so genannten »HR Business Partner«, zuständig für den Bereich International Sales. Betreff: Jährliches Mitarbeitergespräch. Der Mailverteiler ist groß. Offensichtlich haben alle Führungskräfte seines Bereichs diese Mail bekommen. Stephan ahnt, was jetzt kommt. »Liebe Führungskräfte, ich möchte Sie darauf aufmerksam machen, dass in den folgenden Wochen wie in jedem Jahr die jährlichen Mitarbeitergespräche durchgeführt werden müssen. Über folgenden Link gelangen Sie zu den entsprechenden Formularen Ihrer Mitarbeiter. Es ist wichtig, dass alle Gespräche bis Ende Januar abgeschlossen sein müssen. Im Anhang finden Sie ferner einen Leitfaden zur Durchführung eines Mitarbeitergesprächs.« Es folgen die üblichen motivierenden Sätze rund um die hohe Bedeutung des Mitarbeitergesprächs im Hinblick auf Führungsqualität, Leistungskultur, Professionalität im Umgang mit den Mitarbeitern und die Zukunft des Unternehmens. Den Leitfaden kannte Stephan schon aus einem Training, an dem alle Führungskräfte teilnehmen mussten. Darin steht, dass man Ziele »smart« formuliert, Feedback sachlich gibt und immer mit Positivem beginnt und dergleichen. Auf dem Weg zum Flugzeug vermischen sich in Stephans Gedanken unterschiedlichste Assoziationen. Sein Terminkalender ist nahezu ausgebucht. Ja, Gespräche sind wichtig. Wozu das Ganze? Schon wieder ein Jahr vorbei? Mit Peter (einem seiner Mitarbeiter) wird's eher schwierig. Da kommt viel Arbeit auf mich zu, aber ich werde das hinter mich bringen usw. Als er seinen Platz im Flugzeug eingenommen hat, schickt er noch schnell eine Mail an seine Assistentin: »Hi Rita, bitte vereinbare in der zweiten Januarhälfte jeweils einstündige Termine mit allen 17 Mitarbeitern aus unserem Team. Betreff: Mitarbeitergespräch. Näheres folgt. Danke und Grüße, Stephan. PS: Vergiss nicht, dass Du und ich auch einen Termin brauchen ;-)«

Das jährliche Mitarbeitergespräch gehört sicherlich zu den am meisten verbreiteten Führungsinstrumenten weltweit. Für viele Personaler ist das Mitarbeitergespräch gar fester und integraler Bestandteil eines professionellen Personalmanagements. Zugleich gibt es kaum ein Führungsinstrument, das in der Praxis auf Seiten betroffener Mitarbeiter und Führungskräfte so sehr kritisiert oder zumindest kontrovers diskutiert wird. Aber was kann an einem Mitarbeitergespräch falsch sein? Wer kann etwas dagegen haben, wenn sich eine Führungskraft ein oder zwei Mal im Jahr mit ihrem Mitarbeiter Zeit nimmt, um über die Vergangenheit, die Zukunft und über mögliche Entwicklungsschritte zu sprechen? Wo liegt das Problem, wenn die Inhalte und Ergebnisse eines solchen Gesprächs notiert werden? Die Idee des Mitarbeitergesprächs ist in Unternehmen zunächst einfach zu vermitteln. Als verantwortlicher Personalleiter, der ein Mitarbeitergespräch einführen möchte, wird man zunächst wenig Widerspruch ernten. Die gelebte Praxis erscheint aber nach kurzer Zeit nicht mehr so widerspruchsfrei.

Für die einen ist das jährliche Mitarbeitergespräch eine lästige Übung, die man »hinter sich bringt«, damit die Kollegen aus der Personalabteilung zufrieden sind – nach dem Motto: »You better don't mess with HR.« In dieser Bewertung sind sich Mitarbeiter und Führungskräfte nicht selten einig und man findet einen einfachen, gemeinsamen Weg, das Gespräch zu führen, ohne es wirklich führen zu müssen. Man reaktiviert das Gesprächsformular vom letzten Jahr, passt es marginal an, einigt sich, wie welches Feld angekreuzt werden sollte. Das war's. Alle sind glücklich und zufrieden – sogar die Personalabteilung.

Für die anderen ist das jährliche Mitarbeitergespräch das wichtigste Meeting im ganzen Jahr. Beide Parteien, der Mitarbeiter und die Führungskraft bereiten sich auf das Gespräch in dem Bewusstsein vor, dass in dieser besonderen Konversation wichtige Weichen für die kommenden Monate, oder gar für die ganze Karriere des Mitarbeiters gestellt werden. Ein Arbeitsleben ohne jährliches Mitarbeitergespräch wäre für alle Beteiligten nicht vorstellbar. Zumindest wäre es ein erhebliches Problem, wenn diese Praxis nicht gelebt würde.

In meinen Vorlesungen stelle ich berufserfahrenen MBA-Studenten aus aller Welt gerne die Frage: Auf einer Skala von Null bis Zehn, als wie wertvoll hast Du das jährliche Mitarbeitergespräch in Deiner Karriere erlebt? Null steht für »absoluter Unsinn, bedeutungslos«. Zehn steht für »extrem wichtig, unverzichtbar«. So gut wie alle Studenten haben Erfahrungen mit diesem Instrument. Deren Einschätzungen gehen aber regelmäßig extrem auseinander. Die Streuung könnte nicht größer sein, eine Beobachtung die ich nun schon seit vielen Jahren mache. Das ist insofern interessant, als es andere Instrumente im Human Resource Management (HRM) gibt, die tendenziell eindeutige Bewertungen bekommen – in die eine oder andere Richtung. Employer Branding, Mitarbeiterempfehlungsprogramme oder Action Learning für Nachwuchskräfte sind Konzepte, die eher einheitlich und positiv bewertet werden. Es gibt neben dem Thema Mitarbeitergespräch noch andere Personalkonzepte, die gerade durch Studenten mit langer Berufserfahrung ähnlich kontrovers beurteilt werden. Dazu gehören vor allem Mitarbeiterbefragungen und die Einführung eines Führungsleitbildes. Aber warum erfährt gerade das jährliche Mitarbeitergespräch eine solch kontroverse Beurteilung?

Hierzu gibt es natürlich gängige Antworten. Die häufigste Antwort ist vermutlich: »Die Führungskräfte sind nicht reif oder kompetent genug, um Mitarbeitergespräche gut durchzuführen. Man sollte sie entsprechend schulen.« Hier wird gern vorgebracht, dass Führungskräfte, die das nicht können oder vielleicht nicht wollen, zu Unrecht Führungskräfte sind. Der Zweifel richtet sich also mehr gegen die Führungskräfte als gegen das Instrument. Dies ist vermutlich auch der Grund, warum es in der Literatur von Ratgebern für Führungskräfte wimmelt. Ergänzt wird dieses Angebot von Heerscharen, meist freiberuflich tätiger Berater, die Führungskräften beibringen, wie solche Gespräche geführt werden sollten. Man lernt etwa, dass man in einem Mitarbeitergespräch immer positiv beginnen soll, dann die Kritik anbringt, um dann wieder positiv zu schließen. Man lernt, wie man leistungsschwachen Mitarbeitern ihr Problem schonend beibringt, vor allem dann, wenn die Betroffenen von ihrer Leistung überzeugt zu sein scheinen. Darüber hinaus wird in der Praxis gerne angemerkt, das jährliche Mitarbeitergespräch erfahre deshalb eine unzureichende Akzeptanz, weil die Kommunikation an die Führungskräfte und Mitarbeiter nicht ausreichend war. Man hat den Menschen im Unternehmen nicht klar genug erklärt, warum diese personalpolitische Maßnahme so wichtig sei. Auch diese Erklärung lässt das Instrument an sich außen vor. An ihm kann und darf es nicht liegen.

Die Dinge sind vermutlich etwas vielschichtiger und komplexer, als es zunächst aussieht. Natürlich ist es immer gut, wenn eine Führungskraft mit ihren Mitarbeitern spricht. Die Frage aber, ob das jährliche Mitarbeitergespräch ein sinnvolles Instrument ist, kann nicht pauschal mit »Ja« beantwortet werden. In manchen Situationen sind Mitarbeitergespräche für ein Unternehmen sogar toxisch und können einer vormals guten Führungskultur schaden. Um den Nutzen und die Dynamik, die mit jährlichen Mitarbeitergesprächen einhergehen, besser einordnen zu können, bedarf es einer differenzierteren Auseinandersetzung, die in vielen Unternehmen häufig zu kurz kommt. Nicht selten bringt sich die Personalabteilung durch die Einführung eines Mitarbeitergesprächs in eine schlechte Position und beweist durch ihren Aktivismus – wieder mal – wie weit weg sie von der Arbeitsrealität der Fachbereiche ist. Naivität geht vor professionellem Sachverstand. Was zunächst gut gemeint war, endet im Desaster. Und oft wird selbst nach jahrelangen, zum Teil schmerzlichen Erfahrungen nicht erkannt, woran dies liegt.

Das Letzte, was hier als hilfreich erscheint ist Naivität oder eine Art Augen-zu-und-durch-Mentalität. Tatsächlich blickt die Geschichte des Personalwesens auf viele Jahre beispielloser Blauäugigkeit zurück und dies in fast allen Bereichen dieser Disziplin. Es wurden variable Gehaltsysteme eingeführt, weil man annahm, mit Geld könne man Mitarbeiter motivieren. Am Ende durften wir feststellen, dass der Schuss nicht selten nach hinten losging und gerade die leistungsstarken Mitarbeiter dadurch demotiviert wurden. Wir führen Jahr für Jahr Mitarbeiterbefragungen durch, weil wir glauben, die Messung der Mitarbeiterzufriedenheit gepaart mit einer strukturierten Einbindung aller Mitarbeiter würde ein Unternehmen schrittweise in einen besseren Zustand führen. Die praktischen Erfahrungen sind eher enttäuschend. Wir haben Führungsleitbilder entwickelt und keine Gelegenheit ausgelassen, diese auf allen zur Verfügung stehenden Kanälen an die Mitarbeiter und Führungskräfte zu kommunizieren. Das Letzte, was sich gebessert hat, war die Führungsqualität. Weil wir erkannt haben, dass Diversity wichtig ist, haben wir begonnen Diversity mittels Kennzahlen, Zielen, Verordnungen, Policies und kontinuierlicher Aufklärung zu managen und dabei übersehen, dass man Diversity in erster Linie zulassen muss. Die Fachkarriere wurde erfunden, damit leistungsstarke Mitarbeiter, die weder führen können noch sollen nicht benachteiligt werden. Dabei wurden die betroffenen Experten mit zahlreichen Privilegien ausgestattet. Was dabei herauskam, war nicht selten eine Farce. Wir haben aufwendig Kompetenzmodelle zur Vermessung des Führungsnachwuchses entwickelt, um irgendwann festzustellen, dass man damit Gefahr läuft, vor allem die richtig Talentierten auszusortieren. Ich will mir gar nicht ausmalen, wie viel Schaden gut gemeintes Personalmanagement in der Vergangenheit angerichtet hat. Eine wesentliche Ursache dafür sehe ich in der Naivität, mit der im Personalmanagement nicht selten reale Herausforderungen angegangen werden. Häufig sind die impliziten und expliziten Annahmen, die hinter einem personalpolitischen Konzept stehen, fraglich oder gar falsch. Schlimmer noch: Oft sind den verantwortlichen Akteuren in den Unternehmen diese Annahmen nicht einmal bewusst.

Dies trifft in weiten Teilen auch auf das jährliche Mitarbeitergespräch zu. Wir wollen, dass Führungskräfte mehr mit ihren Mitarbeitern sprechen, damit die Chance für ein wechselseitiges Vertrauensverhältnis entsteht und verdonnern alle Führungskräfte dazu ein Gespräch nach vorgegebenem Muster zu führen. Wir sehen nicht, dass dieser Ansatz vor allem den Vertrauensverhältnissen jener Führungskräfte schadet, die bereits vor der Einführung eines Mitarbeitergesprächs eine hohe Führungsqualität an den Tag legten. Man will Mitarbeiter entsprechend ihrer Kompetenzen einsetzen oder entwickeln und verlässt sich darauf, dass Führungskräfte die geeigneten Personen sind, jene Kompetenzen valide zu beurteilen. Mit dem Verweis, dies sei eine zentrale Führungsaufgabe, beharren wir seit Jahrzenten auf dieser Form der Personalbeurteilung, obwohl die Wissenschaft mindestens so lange auf eindrückliche Weise gezeigt hat, dass dieser Weg bei weitem nicht den gewünschten Erfolg verspricht (z. B. Culbertson, Henning & Payne, 2013). So einfach, naheliegend und wertschätzend das jährliche Mitarbeitergespräch auf den ersten Blick daherkommt, so sehr ist es mit Problemen behaftet. Gerade bei diesem, so verbreiteten Instrument ist Naivität und Gutgläubigkeit gefährlich.

Dieses Buch soll helfen, das Thema Mitarbeitergespräch systematischer zu verstehen und einzuordnen. Dies geschieht aus einer neutralen Perspektive. Ich bin weder dafür noch dagegen, sondern stelle Fragen, die ich versuche zu beantworten: Wann ist welche Form von jährlichem Mitarbeitergespräch sinnvoll? Wann nicht? Was kann ich mit Mitarbeitergesprächen unter welchen Umständen und Rahmenbedingungen erreichen? Wo stößt das Instrument an seine Grenzen? Was sind relevante Gestaltungsoptionen? Was sind mögliche Alternativen, um die Ziele zu erreichen, die man üblicherweise mit Mitarbeitergesprächen intendiert? Wann sollte von diesem Instrument eher Abstand genommen werden?

Warum ist noch ein Buch zu dieser Thematik erforderlich? Schaut man sich die gängige Literatur rund um das Thema Mitarbeitergespräch, Personalbeurteilung, Zielvereinbarung, Performance Management an, so wird man schnell feststellen, dass es hier Stand heute drei Arten von Büchern gibt. Die erste Art von Büchern beschäftigt sich mit der Frage, wie man jährliche Mitarbeitergespräche durchführen sollte (z. B. Winkler & Hofbauer, 2010, Schmitz & Billen, 2008; Mentzel, Grotzfeld & Haub, 2014). Hierbei handelt es sich um Ratgeberbücher, die den

Nutzen jährlicher Mitarbeitergespräche nicht in Frage stellen. Fast naiv, zum Teil dogmatisch wird von der Sinnhaftigkeit dieses Ansatzes ausgegangen. Man lernt unter anderem, dass man auf Mitarbeiter eingehen sollte und eine gute Vorbereitung wichtig ist. Die zweite Kategorie von Büchern ist wissenschaftlicher Natur (z. B. Murphy & Cleveland, 1995; Breisig, 2005; Becker, 2003). Hier wird meist deskriptiv beschrieben, was in der Praxis getan wird. Welche Methoden gibt es? Welcher Nutzen wird in der Praxis gesehen? Vor allem liegt der wissenschaftliche Fokus aber auf der Validität von Beurteilungsverfahren. Diese wird wissenschaftlich durchweg kritisch gesehen. Vor diesem Hintergrund lässt aber ein Großteil dieser Literatur praktische Implikationen vermissen. Die dritte Kategorie von Literatur verteufelt das Mitarbeitergespräch zum Teil auf ebenso dogmatische Weise, wie man es umgekehrt von den Befürwortern gewohnt ist (z. B. Culbert, 2010; Coens & Jenkins, 2000). In dieser Kategorie kommen Autoren zu Wort, die häufig auf sehr inspirierende Weise alles in Frage stellen, was mit klassischer Unternehmensführung zu tun hat, um im Gegenzug einen eigenen Beratungsansatz zu vermarkten. Dies erfolgt mit dem Hinweis auf neue, moderne Unternehmenswelten, die mit alten Regeln brechen. Etliche Gedanken dieser Autoren werden hier aufgegriffen.

Dieses Buch kann keiner dieser drei Kategorien zugeordnet werden. Am wenigsten hat es mit der Ratgeberliteratur gemein. Es greift wissenschaftliche Erkenntnisse auf und ist inspiriert von der eher kritischen Literatur. Das Besondere an diesem Buch ist, dass hier ein differenzierter Blick auf den angestrebten Nutzen jährlicher Mitarbeitergespräche im Zusammenhang mit unterschiedlichen unternehmensinternen Rahmenbedingungen geworfen wird. Unter welchen Voraussetzungen kann mit klassischen Komponenten des Mitarbeitergesprächs welcher Nutzen erzielt werden und an welcher Stelle sollte über Alternativen nachgedacht werden. Wer sich auf die Inhalte dieses Buches einlässt, wird kritisch über das jährliche Mitarbeitergespräch reflektieren und neue Perspektiven einnehmen. So manches Weltbild wird auf den Kopf gestellt. In diesem Buch wird dieses meistgeliebte Instrument der Personaler aber nicht nur auf den Prüfstand gestellt und in seine Teile zerlegt. Der Leser erhält in diesem Buch vielmehr eine praktische Orientierung.

Der wesentlichste Grund aber für dieses Buch liegt in der sich ändernden Arbeitswelt. Die meisten Bücher über das jährliche Mitarbeitergespräch spiegeln eine Sichtweise auf Organisationen wider, die mit der heutigen Realität immer weniger zu tun hat. Sie gehen implizit oder explizit von einem hierarchischen, statischen Organisationsgebilde, gepaart mit einem traditionellen Führungsverständnis aus. Oben werden Ziele und Strategien definiert, die dann heruntergebrochen werden. Oben wird gedacht und unten wird gehandelt. Dabei werden Anforderungen und Abläufe von einer übergeordneten Metaintelligenz vorgegeben. Einmal beschrieben und durchdekliniert läuft die Organisation gleich einem Uhrwerk. Im Kern befasst sich Führung mit einer zentralen Frage: Wie schaffe ich es, dass die Mitarbeiter das tun, was ich als Führungskraft von ihnen will? Dieses Gedankenge-rüst beginnt zu bröckeln, was insbesondere der zunehmenden Komplexität in der Unternehmens- und Wirtschaftswelt, der zunehmenden Dynamik und dem schnellen Wandel intern wie extern geschuldet ist. Vor diesem Hintergrund ver-liert vieles, was in den vergangenen Jahren über das jährliche Mitarbeitergespräch gesagt, geschrieben und getan wurde an Bedeutung. Viele Personaler, Manager oder Geschäftsführer spüren das. Zumindest habe ich diesen Eindruck. Was sich aber in der Praxis als allgemeines Unbehagen manifestiert, soll in diesem Buch in strukturierter Weise behandelt werden.

Im nachfolgenden Kapitel 2 wird zunächst dargestellt, was üblicherweise unter dem jährlichen Mitarbeitergespräch verstanden wird und welches Verständnis von Mitarbeitergesprächen den Ausführungen dieses Buches zugrunde liegt. Hierbei wird unter anderem deutlich, dass das Mitarbeitergespräch weit mehr ist, als nur ein Gespräch zwischen einem Mitarbeiter und seiner Führungskraft. In diesem Zusammenhang werden die typischen Inhalte und der intendierte Nutzen behandelt. Kapitel 3 macht deutlich, dass bei der Auseinandersetzung mit dem Thema Mitarbeitergespräch immer der angestrebte Nutzen als Ausgangspunkt dienen soll. Vor einer Sichtweise, die zu sehr auf das Instrument an sich fokus-siert, wird entsprechend gewarnt. Kapitel 4 beschäftigt sich anschließend mit rele-vanten Rahmenbedingungen. Es wird unter anderem um das Verhältnis zwischen Führungskräften und Mitarbeitern oder um die Dynamik bzw. Unsicherheit der Aufgaben und des Arbeitsumfeldes, in denen sich die betroffenen Akteure befin-den, gehen. Darüber hinaus wird der organisationale Kontext in Betracht gezo-gen. Hier spielen Aspekte wie berufliche Unabhängigkeit der Mitarbeiter, deren Autonomie und das Maß der Kollaboration eine entscheidende Rolle. Dieses Ka-pitel weist bereits darauf hin, dass die Einführung eines lehrbuchartigen Ansatzes von Mitarbeitergesprächen in Unternehmen sicherlich der falsche Weg ist. Am Ende wird zusammenfassend zwischen einer traditionell hierarchischen und einer agilen Unternehmenswirklichkeit unterschieden. In Kapitel 5 werden die in Kapi-tel 3 kurz dargestellten Nutzenkategorien von Mitarbeitergesprächen aufgegriffen. Anhand unterschiedlicher, gegensätzlicher Unternehmenswelten wird verdeut-licht, welchen Platz das Mitarbeitergespräch in welcher Form finden kann. Dabei werden die hierarchische Welt und die agile Welt gegenübergestellt. Die Schluss-folgerung wird sein, dass ein jährliches Mitarbeitergespräch in welcher Situation auch immer niemals alle Aufgaben professioneller Führung lösen kann. Vor allem in Unternehmen, die von einer hohen Agilität geprägt sind, erweisen sich moder-nere Alternativen als überlegenswert. In Kapitel 6 werden abschließend alle rele-vanten Gestaltungsoptionen im hierarchischen und agilen Kontext gegenüberge-stellt. Dabei werden praktische Alternativen aufgezeigt, die in einer modernen, agileren Arbeitswelt tragfähig sein könnten.

Auf den Punkt gebracht

- Das jährliche Mitarbeitergespräch gehört weltweit zu den am meisten verbreiten Ansätzen im Personalmanagement.

- Bei den betroffenen Mitarbeitern und Führungskräften ist das jährliche Mitarbeitergespräch sehr umstritten.

- Die Ursachen für Widerstände gegenüber dem jährlichen Mitarbeitergespräch sind weniger bei den Betroffenen, sondern vor allem bei diesem System selbst zu suchen.

- Das jährliche Mitarbeitergespräch ist ein äußerst komplexes und vielschichtiges Phänomen. Naivität richtet hier in der Praxis großen Schaden an.

2 Das System »jährliches Mitarbeitergespräch«

Seit vielen Jahren besuche ich Personalfachtagungen oder spreche mit Personalern über deren Ansätze. Dabei ertappe ich mich regelmäßig bei dem mich dämpfenden Gefühl, das was ich jetzt präsentiert bekomme, hätte ich schon 100-mal gehört. In einem von zehn Vorträgen erwache ich und entdecke etwas wirklich Neues: Wow, da hat ein Unternehmen einen neuen Weg bestritten. Mutig. Respekt. Es liegt teilweise in der Natur dieser Zunft, dass sich Unternehmen an den Praktiken anderer orientieren. Das gibt Sicherheit. Gerade Personalleiter im Mittelstand haben in ihrem Unternehmen selten adäquate Sparringspartner auf Augenhöhe. Insofern wundert es nicht, wenn man in gewisser Weise das versucht umzusetzen, was andere bereits versucht haben. Darüber hinaus hinkt die Wissenschaft der Praxis eher hinterher, als dass sie wegweisende Impulse setzt. Zahlreiche Beratungsunternehmen im Personalkontext implementieren in unterschiedlichsten Unternehmen seit Jahren die immer selben Ansätze. Das steigert die eigene Sicherheit, Routine und beschert die erwünschte Marge. In Anbetracht dieser eher unglücklichen Gemengelage kann es gar nicht anders sein, als dass es in der HR-Welt eine sehr ausgeprägte Orientierung an wenigen, kaum unterscheidbaren Best Practices gibt. Auch wenn sich Unternehmen in der Art und Weise, wie sie das jährliche Mitarbeitergespräch umsetzen, unterscheiden, gibt es eine prototypische Variante, die der Praxis insgesamt am nächsten kommt. Schaut man sich an, was zufällig herausgegriffene Unternehmen in Bezug auf das jährliche Mitarbeitergespräch tun, wird man überrascht sein, wie ähnlich die Herangehensweisen sind. Insofern erscheint es an dieser Stelle als legitim von *dem* traditionellen jährlichen Mitarbeitergespräch auszugehen, das im Folgenden beschrieben wird.

Weit mehr als nur ein »Gespräch«

Wenn ein Personalleiter sagt, er habe »das Mitarbeitergespräch in seinem Unternehmen eingeführt«, dann meint er damit immer, dass er ein System implementiert hat. Ihm geht es nicht darum, dass Herr Meier mit Frau Pfeiffer spricht, sondern darum, dass alle Führungskräfte regelmäßig, gemeinsam mit allen Mitarbeitern bestimmte Beurteilungen vornehmen und bestimmte Entscheidungen fällen. Dabei unterliegt dieses System ganz bestimmten, meist von HR vorgegebenen Regeln und Standards. Diese Urteile und Entscheidungen bilden dann die Grundlage für zahlreiche personalpolitische Aktivitäten.

Das jährliche Mitarbeitergespräch ist ein Zyklus

Die Idee des jährlichen Mitarbeitergesprächs ist dabei denkbar einfach. Einmal im Jahr setzen sich ein Mitarbeiter und seine Führungskraft zusammen und sprechen einerseits über die vergangenen zwölf Monate. In diesem Zusammenhang erfährt der Mitarbeiter eine Beurteilung seiner Leistung, seiner Kompetenzen und gegebenenfalls seines Potenzials. Dann wird über die kommenden zwölf Monate gesprochen. Hier findet im Wesentlichen eine Zielvereinbarung statt. Dabei stehen Leistungs- und Entwicklungsziele im Vordergrund. Was soll der Mitarbeiter im kommenden Jahr erreichen und wie soll er seiner Kompetenzen verbessern? Letzteres mündet in eine Art Entwicklungsplanung für das kommende Jahr. Die Leistungsziele werden dabei von übergeordneten Zielen abgeleitet. Insgesamt ist dies ein zyklischer Vorgang, der sich jedes Jahr wiederholt (siehe Abbildung 1).

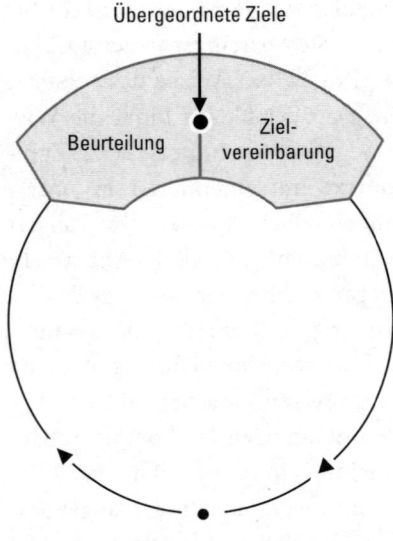

Abbildung 1: Das jährliche Mitarbeitergespräch erfolgt meist zyklisch.

In zahlreichen Unternehmen wird dieser Zyklus durch ein Halbjahresgespräch ergänzt, bei dem nach sechs Monaten ein Zwischenfazit gezogen wird. Üblicherweise werden die Ergebnisse und Beurteilungen aus dem Gespräch entweder auf eigens dafür bereitgestellten Formularen notiert oder in ein entsprechendes System eingegeben.

In der Praxis gibt es bezüglich der Inhalte eines Mitarbeitergesprächs gewisse Unterschiede, aber noch mehr Gemeinsamkeiten. Leistungsbeurteilung und Zielvereinbarung gehören zu den Standards. Darüber hinaus können in der Praxis zahlreiche andere Aspekte beobachtet werden, die hier Berücksichtigung finden, wie etwa die konkrete Planung von Entwicklungsmaßnahmen, die Eignung für ein Nachwuchsprogramm, das Fluktuationsrisiko, um nur wenige zu nennen. Weiter unten wird auf die verbreitetsten Inhalte jährlicher Mitarbeitergespräche detaillierter eingegangen.

Einheitlichkeit in allen Bereichen und auf allen Ebenen

Wenn Unternehmen Mitarbeitergespräche einsetzen, dann meist auf *allen Hierarchieebenen*, wenngleich sich die Art der praktischen Umsetzung häufig sehr unterschiedlich darstellt. Gerade im Hinblick auf die Vereinbarung von Zielen streben viele Unternehmen ein kaskadisches Herunterbrechen von Zielen an. Zuerst führt der Geschäftsführer Mitarbeitergespräche mit seinen direkt unterstellten Managern. Diese führen dann Gespräche mit ihren direkt Untergebenen und so weiter. Die Kaskade endet bei den Mitarbeitern auf der untersten Hierarchieebene.

Darüber hinaus dominiert in der Praxis der Versuch, das jährliche Mitarbeitergespräch in allen Unternehmensbereichen in gleicher Weise durchzuführen. So gelten dieselben Standards im Vertrieb, wie in der Produktion oder in der Forschung und Entwicklung. Das in Frankreich angewandte System gleicht dem in Deutschland so wie in allen übrigen Ländern. Alles andere würde aus Sicht der Personalabteilung vermutlich eine nicht vertretbare Komplexität nach sich ziehen. Vor allem aber will man Führungskräfte und Mitarbeitern, die intern die Bereiche wechseln oder befördert werden, nicht immer wieder neu mit diesem Instrument vertraut machen. Zu guter Letzt wäre eine Unterschiedlichkeit in der Durchführung und in den Inhalten prozessual und technologisch nur mit erheblichem Aufwand abbildbar.

Zur besseren Vergleichbarkeit und Standardisierbarkeit dominieren nach wie vor strukturierte, quantitative Beurteilungsdimensionen etwa im Sinne so genannter merkmalsorientierter Einstufungsverfahren (vgl. Breisig, 2005). Dies gilt für die Einschätzung von Kompetenzen genauso wie etwa für die Beurteilung der individuellen Leistung. Ein an dieser Stelle immer wieder heiß diskutierter Aspekt ist die Notwendigkeit oder Sinnhaftigkeit so genannter Verteilungsvorgaben (Forced Distribution, Forced Ranking).

Das Individuum steht im Fokus

Eine weitere Besonderheit von Mitarbeitergesprächen ist darin zu sehen, dass der *einzelne Mitarbeiter* im Fokus steht und nicht etwa Teams oder gar ganze Abteilungen. Deshalb heißt dieses Instrument auch »Mitarbeitergespräch« und nicht etwa »Abteilungs- oder Teamgespräch«. Ziele und Beurteilungen sind meist auf den einzelnen Mitarbeiter bezogen und werden technisch als personenbezogene Informationen abgelegt, etwa in der Personalakte.

Natürlich sind andere Formen denkbar, wie im weiteren Verlauf dieses Buches aufgezeigt wird. Je nach Arbeitsumfeld sind diese Formen möglicherweise sogar sinnvoller. So findet man in Unternehmen zunehmend kollaborative, soziale Ansätze der Leistungsbeurteilung und Zielvereinbarung. In der Praxis wird man solche alternativen Formen aber nur selten mit dem Konzept des Mitarbeitergesprächs in Verbindung bringen.

Die Führungskraft führt das Gespräch

Schließlich geht man bei Mitarbeitergesprächen implizit davon aus, dass die Gespräche von der jeweiligen *Führungskraft* eines Mitarbeiters geführt werden. Meist lädt dieser zum Gespräch ein. Die Situation, wonach ein Mitarbeiter auf seinen Chef zugeht, ihn auf das jährliche Gespräch aufmerksam macht und dann das Gespräch führt, ist für die Mehrheit von Führungskräften oder Personaler nur schwer vorstellbar: »Hallo Chef, kommen Sie bitte nächsten Montag in mein Büro. Das Mitarbeitergespräch steht an. Bitte seien Sie vorbereitet. Ich habe Etliches mit Ihnen zu besprechen.« Schon bei diesem Punkt wird spürbar, dass traditionelle Formen von Mitarbeitergesprächen eine bestimmte, meist hierarchische Form der Führung voraussetzen. Es geht um Erwartungen, die eine Führungskraft an seine Mitarbeiter richtet. Meist ist es auch die Führungskraft, die in einem Mitarbeitergespräch die Urteile über den Mitarbeiter fällt. Selbst dann, wenn in manchen Unternehmen der Anspruch besteht, der Mitarbeiter könne oder solle in dieser Situation auch seiner Führungskraft eine Rückmeldung geben, steht dieser Aspekt eher im Hintergrund und bildet die Ausnahme.

Das Mitarbeitergespräch ist verpflichtend

In den meisten Unternehmen ist das jährliche Mitarbeitergespräch *verpflichtend*. Zumindest besteht gegenüber den Führungskräften, die wie gesagt dafür verantwortlich sind, eine ausdrückliche Erwartungshaltung. Üblicherweise wird die Realisierung von Seiten der Personalabteilungen zentral kontrolliert. Ich kenne Unternehmen, bei denen Mitarbeiter und Führungskraft die Durchführung schriftlich bestätigen müssen. Andere Unternehmen verfolgen dies dadurch, dass durch die Personalabteilung schriftlich und anhand entsprechender Formulare oder mittels IT-Systemen die Ergebnisse eingefordert werden. Mir scheint, dass das jährliche Mitarbeitergespräch als optionales Unterstützungsangebot für Mitarbeiter oder Führungskräfte eher die Ausnahme ist.

Schnittstellen zu benachbarten HR-Prozessen

Schaut man in Publikationen zum Thema Mitarbeitergespräch, die aus den letzten Jahrzehnten des vergangenen Jahrhunderts stammen, fällt auf, dass damals tatsächlich das Gespräch zwischen dem Mitarbeiter und seiner Führungskraft im Vordergrund stand (siehe z. B. Neuberger, 1980a). Man diskutierte über Grundlagen der Kommunikation oder über direktive versus non-direktive Gesprächsführung. Parallel gibt es schon seit vielen Jahrhunderten unterschiedlichste Formen von Leistungsbeurteilungen. Erst in den vergangenen Jahren hat sich die Idee durchgesetzt, die Leistung eines Mitarbeiters mit dem Betroffenen zu besprechen. Diese Entwicklung mündete unmittelbar in das Mitarbeitergespräch. Seitdem ist dieses Instrument immer mehr zum Dreh- und Angelpunkt zahlreicher personalpolitischer Instrumente mutiert. Ein Mitarbeitergespräch ist insofern weit mehr als nur ein Gespräch zwischen einem Mitarbeiter und seiner Führungskraft. Das Mitarbeitergespräch ist vielmehr ein *System*. Es ist institutionalisiert, formal, folgt festen Regeln und weist klar definierte Schnittstellen zu benachbarten, personalpolitischen Konzepten und Prozessen auf. Zumindest ist dies der Anspruch der Mehrzahl von Unternehmen, die dieses System einsetzen. So gibt es Schnittstellen etwa zum Gehaltsmanagementsystem: Aus der Leistungsbeurteilung und der Erreichung vereinbarter Ziele wird die Höhe variabler Gehaltsbestandteile ermittelt. Die Leistungsbeurteilung hat zudem eine unmittelbare Relevanz auf die Identifikation unternehmensinterner Talente, aber auch auf die Trennung von bestimmten Mitarbeitern, je nach Ergebnis der Beurteilung. Die Ziele der Mitarbeiter ergeben sich aus einer Balanced Scorecard, in der übergeordnete Ziele beschrieben sind (vgl. Kaplan & Norton, 1996). Aus der Kompetenzbeurteilung ergeben sich weitere Schritte im Rahmen der betrieblichen Weiterbildung oder in Bezug auf die Personaleinsatzplanung. Die Liste ließe sich beliebig erweitern (siehe Abbildung 2).

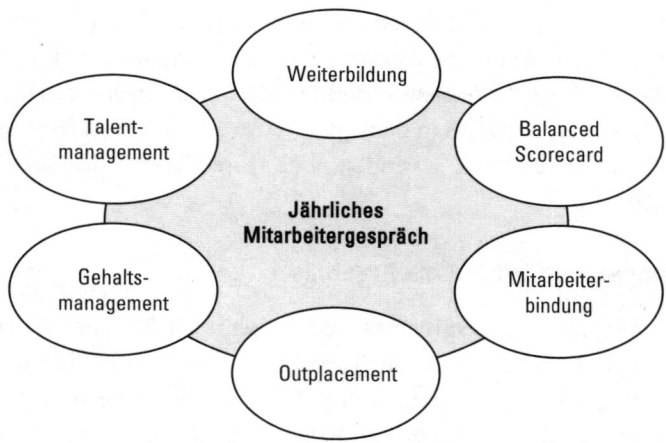

Abbildung 2: Das Mitarbeitergespräch und seine Schnittstellen.

Im Laufe dieses Kapitels wird auf die einzelnen Zwecke und Schnittstellen noch detaillierter eingegangen. Wenn also heute im Kontext eines Personalmanagements über das Mitarbeitergespräch nachgedacht wird, dann geht es hier um weit mehr als nur um ein »Gespräch« zwischen zwei Menschen. Vielmehr denken moderne Personaler hier an zum Teil hoch komplexe, integrierte Systeme mit aufeinander abgestimmten Prozessen, Teilprozessen und Schnittstellen, unterstützt durch entsprechende IT-Systeme, in denen alle relevanten HR-Prozesse verbunden sind und ein automatischer Austausch dazugehöriger Informationen erfolgt. Dabei werden Daten, die an der einen Stelle »anfallen«, in einem benachbarten Prozess aufgegriffen. Ob diese Vision jemals in irgendeinem Unternehmen erfolgreich in die Praxis umgesetzt wurde, sei zunächst dahingestellt.

Formal, institutionalisiert und nach festen Regeln

Das jährliche Mitarbeitergespräch erfolgt nach festen Regeln, was Zeitpunkte, Inhalte, Dokumentation und Rollen der beteiligten Akteure betrifft. Wenn also ein Mitarbeiter und seine Führungskraft ein Gespräch führen, dann handelt es sich bei diesem Ereignis noch lange nicht um ein Mitarbeitergespräch. Mitarbeitergespräche haben einen formellen Charakter und sind nicht zu vergleichen mit der meist informellen Kommunikation, die zwischen einem Mitarbeiter und seiner Führungskraft im Alltag stattfindet. Auch formelle Besprechungen, Meetings etwa im Rahmen der regulären Projektsteuerung fallen nicht in diese Kategorie. Meist führen Mitarbeiter und Führungskräfte diese Besprechungen nach eigenem Ermessen durch, zu selbst bestimmten Zeitpunkten mit selbst definierten Inhalten. Auch wenn eine Führungskraft einen Mitarbeiter zu sich bittet (oder umgekehrt), um abseits vom Tagesgeschäft eine grundsätzliche Angelegenheit, wie Leistungsschwäche, Konflikte oder vergleichbare Belange zu klären, hat dies mit dem, was man unter dem jährlichen Mitarbeitergespräch versteht, nichts zu tun. In zahlreichen Publikationen über Mitarbeitergespräche wird dies gerne übersehen (z. B. Neuberger, 1980a). Neben dem jährlichen Mitarbeitergespräch sind weitere formale Mitarbeitergesprächsformen verbreitet, die meist anlassbezogen sind (vgl. Winkler & Hofbauer, 2010). Man denke hier etwa an das Rückkehrgespräch nach einer Krankheit. Dieses Buch behandelt aber ausschließlich das *jährliche* Mitarbeitergespräch.

Entscheidungen und Urteile als Ergebnis

Natürlich ist das jährliche Gespräch an sich ein zentraler Bestandteil des Mitarbeitergesprächs – deshalb heißt es ja auch so. Tatsächlich geht es aber um Entscheidungen und Beurteilungen, die zu festen Zeiten zu meist bestimmten Zwecken nach vorgegebenen, klar beschriebenen Regeln erfolgen. Insofern ist ein Mitarbeitergespräch durchaus mit anderen Systemen vergleichbar, die aber selten als »Gespräch« bezeichnet werden. So verfügen viele Unternehmen beispielsweise über Budgetierungsprozesse, die ebenfalls in jährlichen Zyklen erfolgen. Auch im Rahmen solcher Prozesse gibt es selbstverständlich Gespräche. Man würde diesen Prozess insgesamt aber nicht als »Budgetierungsgespräch« bezeichnen. Es ist nicht auszuschließen, dass die Missverständnisse im Zusammenhang mit Mitarbeitergesprächen aus der Bezeichnung »Gespräch« herrühren. Kein ernst zu nehmender Geschäftsführer oder Personalleiter hätte etwas gegen Gespräche einzuwenden, denn Kommunikation hat selten geschadet – gerade zwischen Führungskräften und Mitarbeitern. Man kann ja zu oft beobachten, dass Mitarbeitergespräche gerade deshalb eingeführt werden, damit die Führungskräfte (endlich) mehr mit ihren Mitarbeitern sprechen. Die Frage ist aber nicht, ob Gespräche gut sind, sondern ob das System geeignet ist, mit den darin vorgesehenen Urteilen und Entscheidungen jene Ziele zu erreichen, die damit verfolgt werden.

Ohne HR gibt es kein jährliches Mitarbeitergespräch

Wo es ein System gibt, gibt es auch einen System-Verantwortlichen, eine Instanz, die sich um die Gestaltung, den Aufbau und den Betrieb des Systems kümmert. Diese Instanz ist fast immer die Personalabteilung. In kleinen Unternehmen kann diese Instanz auch durch die Geschäftsführung verkörpert werden. Diesen Fall trifft man in der Praxis aber eher selten an. Natürlich sprechen Führungskräfte auch mit ihren Mitarbeitern, wenn es keine Personalabteilung gibt, die das ausdrücklich erwartet. Zuweilen erfolgen diese Gespräche auch auf strukturierte und professionelle Weise, etwa weil die jeweiligen Führungskräfte das so wollen und von sich aus so praktizieren. Eine unternehmensweite, einheitliche Form des jährlichen Mitarbeitergesprächs nach festen Regeln erfordert aber jemanden, der sich gerade um diese Einheitlichkeit und die Regeln kümmert und dieselben vorgibt.

Das bedeutet im Umkehrschluss, dass das jährliche Mitarbeitergespräch ohne HR nicht denkbar ist: Wo kein HR, da auch kein Mitarbeitergespräch. Dieser Überlegung kommt im weiteren Verlauf dieses Buches eine besondere Bedeutung zu. Denn, wie bereits an dieser Stelle vermutet werden kann, erfordert das jährliche Mitarbeitergespräch zumindest in seiner klassischen Form eine starke Position der Personalfunktion. Ohne diese starke Position ist ein praktisch funktionierendes System Mitarbeitergespräch schlichtweg nicht vorstellbar.

Zusammenfassung und Alternativen

Die Mehrheit der Unternehmen, die Mitarbeitergespräche durchführen, wird sich in dieser bisherigen Darstellung mehr oder weniger wiederfinden. Vermutlich werden aber nur wenige Unternehmen das jährliche Mitarbeitergespräch exakt so konzipiert haben, wie in den vorausgegangenen Abschnitten dargestellt. Jedes Mal, wenn ich etwa im Rahmen eines Vortrags diese prototypische Beschreibung traditioneller Mitarbeitergespräche in den Raum stelle, gibt es nicht wenige, die dieser Beschreibung an der einen oder anderen Stelle widersprechen. Für den Moment genügt die Annahme, dass sich das traditionelle Mitarbeitergespräch in weiten Teilen so darstellt, wie hier beschrieben, auch wenn es hie und da Abweichungen gibt. In Abbildung 3 findet sich eine entsprechende Zusammenfassung der eben angedeuteten Merkmalsdimensionen wieder, gepaart mit möglichen Alternativen (vgl. auch Markle, 2000).

Die linke Seite in Abbildung 3 beschreibt das jährliche Mitarbeitergespräch, wie man es in der Praxis zumeist antrifft. In einem späteren Kapitel wird es im Zusammenhang mit unterschiedlichen Nutzenkategorien und Rahmenbedingungen darum gehen, über diese möglichen, alternativen Herangehensweisen nachzudenken. Diese sind auf der rechten Seite der Abbildung 3 aufgeführt. Darüber hinaus kann es je nach Zielsetzung (siehe Kapitel 3) und Rahmenbedingung (Kapitel 4) sinnvoll sein, über grundsätzliche Alternativen zum jährlichen Mitarbeitergespräch nachzudenken. Wie noch gezeigt wird, erfordern moderne und agile Ar-

Merkmalsdimension	Traditionelles Mitarbeitergespräch	Alternative
Zeitliche Taktung	jährlich	monatlich – situativ
Verpflichtung	Pflicht	freiwillig
Fokuseinheit	Mitarbeiter	Team
Verantwortung	Führungskraft	Mitarbeiter/Team
Beurteiler	Führungskraft	Peers/Selbst/Team
Beurteilungsformat	quantitativ	qualitativ
Beurteilungsdimensionen	strukturiert	offen
Beurteilungsvorgabe	Ja	Nein
Zielfindung	top-Down	bottom-up
Ergebniskommunikation	Ja	Nein
Dokumentation	Zentral	Keine/vertraulich
Zentrale Kontrolle	Ja	Nein

Abbildung 3: Merkmalsdimensionen des traditionellen Mitarbeitergesprächs und Alternativen.

beitswelten, die von hoher Dynamik, Unsicherheit und kontinuierlichem Wandel gekennzeichnet sind, gerade diese alternativen Sichtweisen.

Wenn man sich die Alternativen auf der rechten Seite der obigen Abbildung umfänglich vor Augen führt, wird das ganze Spektrum möglicher Spielarten sichtbar: Das Mitarbeitergespräch ist freiwillig und kann mehrmals pro Jahr durchgeführt werden und zwar dann, wenn es die Mitarbeiter oder deren Teams wünschen. Im Fokus steht das Team selbst. Das Team entscheidet eigenständig über die Inhalte des Gesprächs, wobei die Ergebnisse meist qualitativen Charakter haben. Die Führungskraft hat hierbei eine moderierende Rolle, die sie aber auch an einzelne Teammitglieder delegieren kann. Die Inhalte des Gesprächs sind leistungsrelevant, beziehen aber auch Aspekte der Arbeitgeberattraktivität mit ein. Ziele werden nur bottom-up durch das Team definiert. Die Ergebnisse des Gesprächs werden nur zum Teil dokumentiert und verlassen das Team nicht, werden also weder an HR kommuniziert noch in ein System eingepflegt.

Wenn ich etwa in Vorträgen oder in Workshops mit Personalern diese beiden Pole des Spektrums skizziere und die Frage stelle, welche Seite am ehesten ihren unternehmenseigenen Ansatz widerspiegelt, dann gibt es höchst selten jemanden, der die rechte Seite nennt. Tatsächlich scheint mir, dass es eine Mehrzahl an Personalleitern gibt, die sich nur eine Seite in der Praxis vorstellen wollen. Andererseits gibt es zunehmend Berater oder meist selbsternannte Managementvordenker, die sich auf die rechte Seite der obigen Gegenüberstellung versteifen und dies zum Teil auf ebenso dogmatische Weise. Den Satz »So kann das nicht funktionieren« hört man von beiden Parteien. Erfolgreiche Beispiele in der Praxis gibt es auf der einen, wie auf der anderen Seite. Deshalb geht es hier in diesem Buch nicht darum, die eine Alternative vor die andere zu stellen. Vielmehr soll in diesem Buch behandelt werden, was unter welchen Rahmenbedingungen mit welcher Spielart erreicht werden kann. Die Sache ist komplexer, als sie zunächst erscheint.

Tatsächlich scheint sich in der Handhabung des jährlichen Mitarbeitergesprächs eine Entwicklung von der traditionellen Form hin zu einer Variante abzuzeichnen, die in der obigen Abbildung auf der rechten Seite skizziert ist. Noch bevor das Mitarbeitergespräch populär wurde, gab es etwa strukturierte Personalbeurteilungen mittels zum Teil sehr umfangreicher, merkmalsorientierter Einstufungsverfahren. So berichtet Breisig (2005) von Praktiken, bei denen selbst dem hartgesottenen Personaler alter Schule schwindelig wird: Mitarbeiter werden anhand 50 oder mehr Dimensionen und entlang vorgegebener Skalen eingestuft. Mit den Mitarbeitern über die Einstufung durch die Führungskraft zu sprechen war bei weitem nicht selbstverständlich. Insofern war das institutionalisierte Gespräch bereits ein erheblicher Fortschritt. Von den endlos überladenen Verfahren, die eher den Charakter von Steuererklärungen haben, ist die Mehrheit der Unternehmen schrittweise abgerückt. Sie wurden durch einfachere Methoden ersetzt. Aus Zielvorgaben wurden Zielvereinbarungen. Aus der einseitigen Personalbeurteilung wurde der Kompetenz- oder Entwicklungsdialog. Quantiative Beurteilungsdimensionen haben immer mehr der qualitativen Alternative Platz gemacht. Insofern würde ich die These wagen, dass die obige Gegenüberstellung nicht nur zwei gegensätzliche Pole widerspiegelt, sondern einen allgemeinen Trend in der Handhabung des jährlichen Mitarbeitergesprächs (siehe auch Murphy & Cleveland, 1995).

Auf den Punkt gebracht

- Das jährliche Mitarbeitergespräch ist weit mehr als nur ein Gespräch. Es ist ein System mit zahlreichen Schnittstellen zu anderen personalpolitischen Prozessen.

- Das jährliche Mitarbeitergespräch erfolgt zyklisch, meist einheitlich, nach festen Regeln, mit vordefinierten Inhalten. Es ist verpflichtend und wird vor allem von den Führungskräften geführt.

- Das jährliche Mitarbeitergespräch erfordert einen System-Verantwortlichen – meist HR. Ohne HR gäbe es kein jährliches Mitarbeitergespräch.

- In der Praxis kann man einen Trend hin zu agileren Ansätzen beobachten, bei denen Teams, Eigenverantwortung und Offenheit dominieren.

Wir stillen den Welthunger

Wenn in einem Unternehmen über die Einführung eines Mitarbeitergesprächs oder über benachbarte Prozesse nachgedacht wird, dann tut man gut daran, sich zunächst klar zu machen, was man überhaupt erreichen möchte. Welche Entscheidungen und Beurteilungen benötigt das Unternehmen wann, von wem, wofür? Es geht um den Nutzen und die Zwecke dessen, was man in einem Mitarbeitergespräch vorhat. Sobald die Ziele klar sind, wird nicht selten deutlich, dass die Beurteilung eines Mitarbeiters oder das Fällen bestimmter Entscheidungen gerade nicht einer Führungskraft in der angedachten Form überlassen werden sollte. Aus diesem Grund soll im Folgenden detaillierter dargestellt werden, was die üblichen Entscheidungen und Beurteilungen im Rahmen eines klassischen, jährlichen Mitarbeitergesprächs sind. Die folgenden Überlegungen werden spätestens dann relevant, wenn im weiteren Verlauf dieses Buches geeignete Designs von Mitarbeitergesprächen und etwaige Alternativen je nach Zielsetzung und erhofftem Nutzen behandelt werden.

Leistungsbeurteilung

Ein zentraler Baustein jährlicher Mitarbeitergespräche ist meist die *Leistungsbeurteilung*. Ein durchaus üblicher Ansatz besteht darin, Mitarbeiter in drei Klassen einzuteilen: A, B und C. A-Player sind demnach die Top-Performer, jene Mitarbeiter, die in ihrer Leistung konstant über den Erwartungen liegen. B-Player bilden das breite Mittelfeld. C-Player sind die leistungsschwachen Mitarbeiter. Häufig wird in diesem Zusammenhang darüber diskutiert, inwieweit hier bestimmte Anteile vorgegeben werden sollen. Man spricht dann von so genannten Verteilungsvorgaben (Forced Distribution). Hierzu wird im Laufe des Buches intensiver Stellung bezogen. Eine Leistungsbeurteilung wird in den meisten Unternehmen vorgenommen, um besser entscheiden zu können, welche Mitarbeiter im Rahmen eines Talentmanagements für Nachwuchsprogramme nominiert werden sollen, um diese dann gezielt auf Schlüsselpositionen vorzubereiten. Leistungsbeurteilungen spielen bei der Bestimmung variabler Gehaltsbestandteile eine Rolle oder bei der Entscheidung, welcher Mitarbeiter in den Genuss einer Gehaltserhöhung kommen soll und wer nicht. C-Player werden identifiziert, um geeignete Maßnahmen einzuleiten, die zur Leistungssteigerung führen – im Unternehmen oder außerhalb. Nicht selten wird vorgebracht, dass Leistungsbeurteilung eine Form von Feedback ist, die das Lernen der Mitarbeiter fördern soll. Man will den Mitarbeitern mitteilen, »wo sie gerade stehen«.

Kompetenzbeurteilung

Nicht ganz so häufig, aber doch sehr verbreitet, sind so genannte *Kompetenzbeurteilungen*. Hier werden Mitarbeiter meist mittels merkmalsorientierter Einstufungsverfahren beurteilt. Typische Kompetenzen sind etwa Kundenorientierung, Teamfähigkeit, Lernbereitschaft, Anpassungsfähigkeit oder Führungskompetenz (Breisig, 2005). Ähnlich wie bei der Leistungsbeurteilung (A, B und C) werden hier in der Regel Kompetenzniveaus vorgegeben: Anfänger, Fortgeschrittener, Erfahrener, Experte. Diese Levels sind wiederum mit Verhaltensankern hinterlegt, die anhand beispielhafter Verhaltensweisen objektiv verdeutlichen, was die einzelnen Stufen bedeuten. Die Beurteilung erfolgt dann in etlichen Unternehmen auf der Grundlage eines Vergleichs des Ist-Profils des Mitarbeiters mit einem zuvor definierten, stellenspezifischen Soll-Profil. Letzteres wird auch als Kompetenzmodell bezeichnet. Durch diese Kompetenzbeurteilung soll einerseits der Entwicklungsbedarf eines Mitarbeiters ermittelt werden, andererseits wird dessen Eignung für mögliche andere Aufgaben im Unternehmen festgestellt. Zu guter Letzt geht es aber auch hier darum, dem Mitarbeiter Feedback zu geben, um – ähnlich wie bei der Leistungsbeurteilung – seine Lernentwicklung zu fördern.

In manchen Unternehmen werden Kompetenzbeurteilungen sogar herangezogen, um im Rahmen der Unternehmenssteuerung die Verfügbarkeit strategisch relevanter Kompetenzen insgesamt einschätzen zu können. Das kann zum Beispiel eine Rolle spielen, wenn ein Unternehmen auf internationales Wachstum setzt und wissen möchte, wie viele Mitarbeiter auf einem angemessenen Niveau Englisch sprechen können. Ein IT-Unternehmen, das auf mobile Anwendungen umschwenkt, möchte sehen, ob eine ausreichende Anzahl von Softwareentwicklern in der Lage ist, Apps zu programmieren.

Vereinbarung von Leistungs- und Entwicklungszielen

Ein weiterer, sehr verbreiteter Baustein ist die *Zielvereinbarung*. Hier ist zu unterscheiden zwischen der Vereinbarung von Leistungszielen und Entwicklungszielen. Leistungsziele werden vereinbart, um dem Mitarbeiter Orientierung zu geben: Was wird in Zukunft von Dir erwartet? Auf was sollst Du Deine Kräfte konzentrieren – und worauf nicht? Ein implizit erhoffter Nutzen besteht in diesem Zusammenhang auch darin, eine Transparenz wechselseitiger Erwartungen zwischen Mitarbeiter und Führungskraft zu schaffen. Leistungsziele können unter bestimmten Bedingungen motivieren. Darüber hinaus werden Leistungsziele vereinbart, um die Leistung der Mitarbeiter im Sinne einer Top-down-Kaskadierung auf ein übergeordnetes Ziel auszurichten: »In Deutschland ist das Umsatzziel X. Das bedeutet für diese Region Y, für das lokale Team Z und für Dich 500 000 Euro in den kommenden zwölf Monaten.« Schließlich werden Leistungsziele vereinbart, um die zuvor beschriebene Komponente von Mitarbeitergesprächen, die Leistungsbeurteilung zu ermöglichen. Nur wenn zuvor Ziele vereinbart wurden, kann später bestimmt werden, inwieweit diese erreicht wurden.

Neben den Leistungszielen werden meist Entwicklungsziele vereinbart. Aufbauend auf der Kompetenzbeurteilung wird mit dem Mitarbeiter besprochen, wie sein Kompetenzprofil in zwölf Monaten auszusehen hat. Diese Entwicklungsziele bilden wiederum die Grundlage für eine möglichst konkrete Entwicklungsplanung. Hier wird in der Praxis zu Recht immer wieder ins Bewusstsein gerufen, dass Schulungen nur eine Möglichkeit sind. Andere Maßnahmen können unter anderem sein: herausfordernde Projekte, Auslandsentsendungen, Mentoring oder Coaching. Ähnlich wie bei den Leistungszielen sollen Entwicklungsziele dem Mitarbeiter auch Orientierung geben, damit er weiß, an welchen Stellen er in sich investieren sollte.

Potenzialbeurteilung und Klärung von Karrierepräferenzen

Neben der Leistungsbeurteilung erwarten zahlreiche Unternehmen von ihren Führungskräften, dass sie auch das Entwicklungspotenzial ihrer Mitarbeiter einschätzen. Man spricht hier auch von Potenzialbeurteilung: Inwieweit hat ein Mitarbeiter den Antrieb und die nötige Begabung, in den kommenden Jahren signifikant besser zu werden? Bei der Identifikation von Nachwuchskräften (häufig spricht man auch von so genannten »High-Potentials«) werden die Leistungs- und Potenzialbeurteilung kombiniert. Dieser Logik folgend werden schließlich all jene Mitarbeiter als mögliche »High-Potentials« gehandelt, die nicht nur eine überdurchschnittliche Leistung an den Tag legen, sondern denen man darüber hinaus ein erhebliches Entwicklungspotenzial unterstellt (Silzer & Church, 2009).

Etwas seltener als die bisher beschriebenen Komponenten ist die Besprechung von *Karrierepräferenzen* des Mitarbeiters. Früher war noch die typische Frage aus Einstellungs-Interviews verbreitet, wonach der Mitarbeiter gefragt wurde, wo er sich denn in zehn Jahren sieht. Führungskräfte stellen diese Frage vermutlich nur so lange, bis sie die Antwort »Ich sitze auf Ihrem Stuhl« erhalten. Der Inhalt ist aber geblieben, wenngleich in manchen Unternehmen differenzierter gefragt wird. Entscheidende Aspekte sind etwa die Bereitschaft des Mitarbeiters, mehr Verantwortung zu übernehmen, längere Zeit im Ausland zu verbringen. Man fragt nach der Bereitschaft des Mitarbeiters, möglicherweise (neben der regulären Arbeit) Zeit für die Teilnahme an einem Nachwuchsprogramm zu investieren. Zunehmend werden in einem solchen Gespräch die Weichen für eine Führungs-, Experten- oder Projektlaufbahn gestellt (Trost, 2014).

Einschätzung des Fluktuationsrisikos

Es gibt Unternehmen, bei denen die Mitarbeiter über Aspekte ihrer *Arbeitsbedingungen* entscheiden dürfen. So können etwa die Mitarbeiter der Stuttgarter Firma Trumpf alle zwei Jahre entscheiden, wie viel Stunden sie pro Woche arbeiten möchten. Natürlich können auch Fragestellungen wie diese im jährlichen Gespräch geklärt werden. Meist steht dieser Aspekt in Verbindung mit dem Ziel, Mitarbeiter im Unternehmen zu halten. Da das Thema Mitarbeiterbindung in Zeiten des Fachkräftemangels zunehmend an Bedeutung gewinnt, gehen immer mehr Unternehmen dazu über, im Rahmen eines jährlichen Mitarbeitergesprächs die *Fluktuationstendenz* eines Mitarbeiters einschätzen zu lassen. Das Fluktuationsrisiko eines Mitarbeiters wird dann als hoch eingeschätzt, wenn nicht nur eine ausgeprägte Fluktuationstendenz vermutet wird, sondern es sich bei dem Mitarbeiter auch um einen High-Potential oder einen Mitarbeiter auf einer Schlüsselposition handelt. Je nach Ergebnis wird diese Einschätzung zum Anlass genommen, passende Bindungsmaßnahmen in die Wege zu leiten.

Eine Zusammenfassung der üblichen Bausteine eines jährlichen Mitarbeitergesprächs sowie seiner intendierten Zwecke zeigt Abbildung 4.

Baustein	Intendierter Nutzen/Zweck
Leistungsbeurteilung	• Nominierung für Nachwuchsprogramme • Bestimmung variabler Gehaltsbestandteile • Entscheidung über Gehaltserhöhung • Einleitung von Entwicklungsmaßnahmen • Veranlassung von Outplacement • Lernen fördern
Kompetenzbeurteilung	• Ermittlung von Entwicklungsbedarfen • Feststellung interner Eignung • Lernen durch Feedback fördern • Ermittlung unternehmensweiter Kompetenzen
Zielvereinbarung (Leistungsziele)	• Orientierung und Fokussierung • Motivation stärken • Erwartungstransparenz schaffen • Ausrichtung auf übergeordnete Ziele • Leistungsbeurteilung ermöglichen
Zielvereinbarung (Entwicklungsziele)	• Decken von Entwicklungsbedarfen • Orientierung und Fokussierung • Planung von Entwicklungsmaßnahmen
Potenzialbeurteilung	• Nominierung für Nachwuchsprogramme
Karrierepräferenzen	• Nominierung für Nachwuchsprogramme • Planung von Entwicklungsmaßnahmen • Bestimmung der Laufbahn
Einschätzung des Fluktuationsrisikos	• Anpassung von Arbeitsbedingungen • Einleitung von Bindungsmaßnahmen

Abbildung 4: Übliche Bausteine und intendierte Zwecke.

Die rechte Seite der Übersicht in Abbildung 4 macht deutlich, dass unterschiedliche Bausteine eines jährlichen Mitarbeitergesprächs dazu angelegt sind, ähnlich gelagerte Zwecke zu verfolgen. So tragen die Komponenten Leistungsbeurteilung, Potenzialbeurteilung und die Ermittlung von Karrierepräferenzen gemeinsam zu einer Nominierung für Nachwuchsprogramme bei. Im folgenden Kapitel werden diese Nutzenkategorien erneut aufgegriffen, um anschließend der Frage nachzugehen, inwieweit das traditionelle, jährliche Mitarbeitergespräch vor dem Hintergrund unterschiedlicher Rahmenbedingungen tatsächlich dazu geeignet ist, die soeben aufgezeigten Ziele zu erreichen.

Bereits an dieser Stelle kommt der leise Verdacht auf, dass das jährliche Mitarbeitergespräch in so manchen Unternehmen mit einer breiten Vielfalt an Zwecken beladen ist. Es scheint, man wolle mit dem jährlichen Mitarbeitergespräch den Welthunger stillen. Es wird als zentrales Instrument im Rahmen sehr unterschiedlicher Unternehmensprozesse wie etwa der Unternehmenssteuerung oder der Personalentwicklung gesehen. Zumindest besteht häufig dieser Anspruch. Wird ein Instrument in diesem Maße mit anderen Prozessen verzahnt, dann ist eine Welt ohne jährliches Mitarbeitergespräch schlichtweg nicht vorstellbar. Zumindest sehen das viele Personaler so. Zugleich wird deutlich, welche Dramatik damit verbunden wäre, würde dieses Instrument durch die betroffenen Mitarbeiter und Führungskräfte nicht hinreichend angenommen. Tatsächlich ist Letzteres nicht selten der Fall. Wie bereits erwähnt, wird ein Versagen bei der Nutzung dieses System meist der mangelnden Kompetenz und der mangelnden Bereitschaft von Führungskräften zugeschrieben. Die Wirklichkeit ist vermutlich anders. *Das Mitarbeitergespräch versagt in vielen Unternehmen, weil es als System falsch angelegt ist.* Dies ist eine zentrale Annahme des vorliegenden Buches. Ausgangspunkt sollte immer die Frage sein, wofür ein Mitarbeitergespräch implementiert wird. Daraus leiten sich notwendige Inhalte, Prozesse und Verantwortlichkeiten ab, wobei hier die unternehmerischen Rahmenbedingungen sorgfältig in Betracht gezogen werden müssen. Davon handeln die nun folgenden Kapitel.

Auf den Punkt gebracht

- Das jährliche Mitarbeitergespräch in seiner traditionellen, meist verbreiteten Form umfasst sehr unterschiedliche Bausteine. Hierzu gehören die Zielvereinbarung, Leistungsbeurteilung, Kompetenzeinschätzung, Potenzialbeurteilung, Entwicklungsplanung und die Einschätzung des Fluktuationsrisikos.

- Mit dem jährlichen Mitarbeitergespräch wird zugleich die Erreichung einer breiten Vielfalt von Zielen und intendierten Nutzen angestrebt.

3 Was? Für wen? Warum?

Im Kontext des Personalmanagements lautet eine der wohl quälendsten Fragen: *Warum tun wir das, was wir tun eigentlich für wen?* Es sei Geschäftsführern oder Führungskräften empfohlen, diese Frage an ihren Personalleiter zu adressieren, wenn mal wieder irgendeine personalpolitische Maßnahme oder Aktivität um die Ecke kommt. Besonders spannend sind die Antworten immer dann, wenn das jährliche Mitarbeitergespräch zur Sprache kommt. Man könnte hier auch noch konkreter fragen: Wer hätte eigentlich welches Problem, wenn wir das nicht machen würden? Man würde eine Antwort bekommen, die eine ganze Aufzählung von Punkten umfasst. Und wer hat den Nutzen? »Irgendwie alle. Die Mitarbeiter, die Führungskräfte, das Unternehmen.« Bei Antworten dieser Kategorie ist grundsätzlich Vorsicht geboten. Am Ende des letzten Kapitels wurden die Ziele und Zwecke, die im Zusammenhang mit dem jährlichen Mitarbeitergespräch üblicherweise gesehen werden, kurz skizziert. In diesem Kapitel nun werden diese aufgegriffen und detaillierter behandelt. Diese Nutzenkategorien spielen in der Gesamtargumentation dieses Buches eine zentrale Rolle. Es wird verdeutlicht, dass Nutzenüberlegungen immer am Anfang aller Implementationsüberlegungen stehen sollten. Im weiteren Verlauf dieses Buch wird der Versuch unternommen, zu verdeutlichen, dass je nach Rahmenbedingungen im Unternehmen sogar alternative Ansätze besser geeignet scheinen, die im Folgenden thematisierten Nutzen zu erreichen.

Vom Nutzen zum Design

Wir beginnen mit einer etwas akzentuierten Darstellung dessen, wie in zahlreichen Unternehmen das Mitarbeitergespräch eingeführt wird. Daran anschließend wird eine Alternative vorgeschlagen, die zeigt, wie es möglicherweise besser ginge.

Denken in Instrumenten

Personaler lieben bekanntermaßen Instrumente und Systeme. Zumindest ist das meine Beobachtung aus vielen Jahren. Im Personalwesen denkt man in solchen Kategorien, weil man Lösungen für *alle* und *alles* bereitstellen möchte. Der Alltag ist nicht selten geprägt von der Behandlung zahlreicher, meist akuter Problemfälle. Man kann diesen Alltag durchaus mit dem beliebten Computerspiel Mohrhuhnschießen vergleichen, auch wenn der Vergleich zugegebenermaßen etwas gewagt erscheint. Jeden Tag erscheinen neue Probleme auf der Bildfläche. Ein Mitarbeiter fährt seinen Firmenwagen zu Schrott. Was tun? Man sucht einen neuen Werkleiter in Schanghai. Was tun? Ein Team wird durch den Konflikt zweier Kollegen gelähmt. Was tun? Das Vertriebsteam wünscht ein auf die speziellen Bedürfnisse zugeschnittenes Trainingsangebot. Was tun? Ein guter Personaler ist einer, der es schafft, so schnell wie möglich so viele Probleme (Mohrhühner) zu lösen (zu schießen). Da liegt es nahe, Instrumente und Systeme zu implementieren, die in der Fläche greifen und Führungskräfte sowie Mitarbeiter ein Stück weit in die Verantwortung nehmen.

Das jährliche Mitarbeitergespräch ist ein solches System bzw. Instrument. Beginnt man aber bei der Implementation des jährlichen Mitarbeitergesprächs mit der Entscheidung für oder gegen ein solches Instrument, begeht man bereits einen großen Fehler. Häufig wird hier nach einer Logik verfahren, die in Abbildung 5 schematisch wiedergegeben ist.

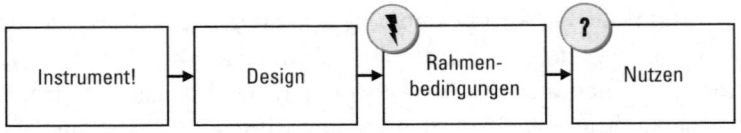

Abbildung 5: Das Instrument als Ausgangspunkt.

Man kennt diese Logik schon seit vielen Jahren im Zusammenhang mit einem anderen personalpolitischen Instrument, der Mitarbeiter*befragung*. Man beschließt, eine Mitarbeiterbefragung durchzuführen – aus welchen Gründen auch immer. Danach denkt man darüber nach, was man wen fragen soll und an wen die Ergebnisse wie gehen werden. Erst kommt das Instrument, dann das Design und am Ende fragt man sich, wozu man das alles eigentlich veranstaltet hat. Auch wenn diese Darstellung der praktischen Wirklichkeit etwas akzentuiert und überzogen erscheint: Zahlreiche Unternehmen werden sich hierin tendenziell wiederfinden – wenn sie es denn zulassen.

Ähnlich verhält es sich bei vielen Unternehmen in Bezug auf das jährliche Mitarbeitergespräch. Am Anfang steht die Entscheidung, das jährliche Mitarbeitergespräch zu implementieren. Natürlich kommt diese Entscheidung nicht aus dem Nichts. Der Antrieb hierfür kann sehr unterschiedliche, zum Teil wage Gründe haben:

- Der neue Personalleiter kennt das Instrument aus seiner vorherigen Firma und möchte seine Erfahrungen in das neue Umfeld einbringen.
- Eine Firma wird sich seiner mangelnden Führungsqualität bewusst und wünscht, dass Führungskräfte wenigstens einmal im Jahr mit ihren Mitarbeitern vernünftig und strukturiert über grundlegende Dinge reden.
- Das Mitarbeitergespräch wird pauschal als wesentlicher Bestandteil eines professionellen und modernen Personalmanagements gesehen.
- Man benötigt das Mitarbeitergespräch für nachfolgende oder benachbarte Prozesse, wie etwa das Talentmanagement oder das Gehaltsmanagement.

Sobald die Entscheidung für die Einführung eines Mitarbeitergesprächs steht, wird über das Wie nachgedacht. Was soll in dem Mitarbeitergespräch behandelt werden? Formulare, Leitfäden, IT-Systeme und Führungskräftetrainings werden entwickelt und in die Organisation ausgerollt. Parallel werden die Mitarbeiter und Betriebsräte eingebunden und informiert.

Spätestens dann, wenn die jeweiligen Gespräche konkret stattfinden sollen, erleben zahlreiche Unternehmen, allen voran die Personalabteilungen, ein böses Erwachen. Die Gespräche finden nicht in dem Maße oder in der Qualität statt, wie man es sich erhofft hat, oder nicht in der Form, wie es der Leitfaden vorschreibt. Es gibt offene und verdeckte Widerstände. Während die einen brav das Mitarbeitergespräch durchführen, wird es von anderen belächelt und auf kreative Weise umgangen. Man erlebt eine bunte Vielfalt an Reaktionen, die nicht nur kaum vorhersehbar erscheinen, sondern oftmals für die Verantwortlichen enttäuschend sind. Was passiert? Das System Mitarbeitergespräch gerät in Konflikt mit den Rahmenbedingungen im Unternehmen. Für zahlreiche Führungskräfte ergibt die Vorgehensweise keinen Sinn. Der Nutzen des Mitarbeitergesprächs wird nicht oder nur teilweise gesehen. Zuweilen finden die relevanten Akteure das Mitarbeitergespräch ganz einfach »affig«, um es in einer eher alltäglichen Sprache auszudrücken. Zu den Rahmenbedingungen gehören Aspekte der Organisation und Kultur, das Verhältnis zwischen Mitarbeiter und ihrem jeweiligen Arbeitgeber, die Art der Aufgaben, das Verhältnis zwischen Mitarbeitern und Führungskräften. Was gerade kulturelle Aspekte betrifft, so wissen wir: Da, wo formale Prozesse mit Kultur konkurrieren, gewinnt immer die Kultur. Am Ende steht der Nutzen insgesamt in Frage oder man versucht, den Nutzen des Mitarbeitergesprächs nachträglich zurechtzurücken und für die Mitarbeiter und Führungskräfte irgendwie greifbar und überzeugend darzustellen.

Der Nutzen als Ausgangspunkt

In diesem Abschnitt wird ein Vorgehen präsentiert, das sich grundlegend von der soeben skizzierten Herangehensweise unterscheidet. Eine grafische Darstellung der vier Schritte zeigt Abbildung 6. Die Inhalte der Schritte sind dieselben wie bei der zuvor skizzierten Vorgehensweise. Nur die Reihenfolge ist anders. Im Folgenden wird auf diese vier Schritte überblicksartig eingegangen.

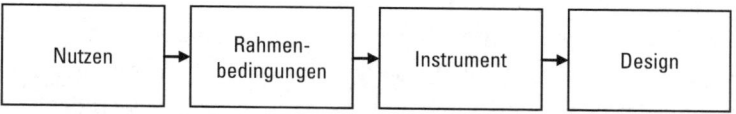

Abbildung 6: Der angestrebte Nutzen als Ausgangspunkt.

Bevor ein Unternehmen über die Einführung eines Mitarbeitergesprächs nachdenkt, sollte es sich klar machen, was es für wen erreichen möchte. Was ist der *Nutzen*, den man sich verspricht? Eine Übersicht der bekannten Intentionen wurde ja bereits in Abbildung 4 vorgestellt: Man will etwa die Talente im Unternehmen fördern und Anreize für herausragende Leistungen bieten. Man will leistungsschwache Mitarbeiter identifizieren, um geeignete Maßnahmen in die Wege

zu leiten. Man will gezielt mit den Mitarbeitern zielführende Entwicklungsmaßnahmen planen. Oder man will das Unternehmen steuern, anhand von Zielen
und Unterzielen. Am Ende geht es um die Relevanz dessen, was man tut. Was
keine Relevanz hat, sondern bestenfalls interessant erscheint, sollte man möglicherweise erst gar nicht zum Bestandteil eines institutionalisierten Ansatzes machen. Darüber hinaus stellt sich bei der Auseinandersetzung mit dem Nutzen
immer auch die Frage, *wem* etwas nutzen soll.

Hat man verstanden, was man für wen erreichen möchte, sollten im Weiteren die
Rahmenbedingungen im Unternehmen in Betracht gezogen werden. Wie ist das
Aufgabenumfeld beschaffen? Wird in komplexen, zum Teil unvorhersehbaren
Projekten gearbeitet oder bearbeiten die Mitarbeiter wiederkehrende Aufgaben
basierend auf klar definierten Routinen? Tun sie dies individuell oder in Teams?
Wie gehen Führungskräfte und Mitarbeiter miteinander um? Was ist in diesem
Zusammenhang das dominierende Führungsverständnis? Wie viel Verantwor-
tung tragen die Mitarbeiter und wie sehr sind diese von ihrem Arbeitgeber abhängig? All dies sind Fragen, die beantwortet werden müssen. In Kapitel 4 wird hierauf im Detail eingegangen. Die Antworten auf diese Fragen werden die Art und
Weise, wie man am Ende versuchen wird, die zuvor gesetzten Ziele zu erreichen,
unmittelbar beeinflussen. Vor diesem Hintergrund wird bereits deutlich, dass ein
Standardvorgehen aus dem Lehrbuch keine gute Idee sein kann. Oftmals ist das
jährliche Mitarbeitergespräch in seiner traditionellen Form sogar der gänzlich falsche Ansatz. Den meisten Lesern wird dieser Gedanke zwar unmittelbar einleuch-
ten. One-Size-Fits-All hat noch selten geklappt. Die vergangenen Jahre haben
aber gezeigt, wie sehr in der Praxis relevante Rahmenbedingungen geradezu ignoriert werden. Auch die zahlreichen Bücher zum Thema Mitarbeitergespräch vermitteln den Eindruck, es gäbe den einen guten Weg, Mitarbeitergespräche durchzuführen. Dieser Eindruck trügt und ist gefährlich.

Erst dann, wenn die Rahmenbedingungen verstanden wurden, sollte über die
Wahl der *Instrumente* nachgedacht werden. Folgt man dieser Logik, dann wird
man sogar an der einen oder anderen Stelle zu dem Schluss kommen, dass das
jährliche Mitarbeitergespräch das falsche Instrument ist, um das zu erreichen, was
man am Ende erreichen möchte. Viele Personaler lieben das Instrument Mitarbeitergespräch. Es mag hier manchem so ergehen, wie demjenigen, der seinen Ham-
mer liebt und deshalb jedes Problem als eine Art Nagel erscheint, den es einzu-
schlagen gilt. Im weiteren Verlauf werden in Abhängigkeit von den Zielsetzungen
und Rahmenbedingungen alternative, agile Instrumente vorgestellt. Man denke
hier beispielsweise an Peer-Rating, Team Reviews oder moderne Formen der Projektsteuerung, um nur wenige Konzepte zu nennen.

Natürlich muss am Ende über das *Design* des jeweiligen Instruments nachgedacht
werden. Wie will man das tun, was man am Ende beschließt zu tun? Hier kommen zahlreiche Gestaltungsoptionen je nach Instrument ins Spiel. An dieser Stelle

soll es genügen, etliche Gestaltungsdimensionen am Beispiel der Leistungsbeurteilung anzusprechen – unter der Annahme, dass dieses Instrument grundsätzlich als geeignet befunden wird:

- Wer wird beurteilt?
- Wer beurteilt? Wer sind die relevanten Akteure? Die direkte Führungskraft, die Kollegen oder höhere Führungskräfte? Oder gar Kunden?
- Nach welchen Kriterien erfolgt die Leistungsbeurteilung? Gibt es überhaupt allgemeingültige Kriterien?
- Erfolgt die Leistungsbeurteilung im gesamten Unternehmen einheitlich oder differenziert nach Funktionen, Divisionen, Management-Ebenen, Ländern?
- Wird eine feste Verteilung der Beurteilung angestrebt?
- Sind qualitative Urteile möglich?
- Kann oder muss eine Leistungsbeurteilung vorgenommen werden? Wer entscheidet darüber? Das Unternehmen? Die Führungskraft? Der Mitarbeiter?
- Wer benötigt das Ergebnis? Wer wird über die Beurteilung informiert? Nur der Mitarbeiter selbst? HR? Die Geschäftsführung?
- Wird die Beurteilung dokumentiert? Wenn ja: Wie? In einem System oder auf Papier?
- Wie häufig soll die Beurteilung der Mitarbeiter vorgenommen werden? Was löst eine Leistungsbeurteilung aus?

Auch diese Liste ließe sich beliebig erweitern. Es sei hier nochmals explizit darauf hingewiesen, dass von einer Sinnhaftigkeit eines solchen Instruments (hier: der Leistungsbeurteilung) grundsätzlich nicht ausgegangen werden kann. Gestaltungsdimensionen, wie sie eben aufgelistet wurden, kommen überhaupt nur dann zum Zug, wenn ein solches Instrument als zielführend in Frage kommt.

Spätestens jetzt wird die Komplexität der hier behandelten Thematik deutlich. Deshalb wird in den folgenden Kapiteln der Versuch unternommen, schrittweise die Feinheiten der vier oben beschriebenen Schritte Nutzen, Rahmenbedingungen, Instrument und Design systematisch zu erläutern. Wir beginnen mit den üblichen Nutzenkategorien.

Auf den Punkt gebracht

- Bei der Entwicklung und Implementierung des jährlichen Mitarbeitergesprächs wird in der Praxis meist auf das Instrument in Verbindung mit dem Design – das *Ob* und *Wie* – fokussiert.

- Am Anfang aller Überlegungen sollte klar sein, was erreicht werden soll und wer der Kunde ist. Danach sollten die Rahmenbedingungen verstanden werden. Erst dann zählt die Frage nach dem geeigneten Instrument und dessen Design.

Die üblichen Nutzenkategorien

Wenn man, wie oben empfohlen, Personalleiter fragt, warum sie in ihrem Unternehmen das Mitarbeitergespräch eingeführt haben, dann erhält man nicht selten eine Antwort folgender Art: »Es ist einfach zentral, dass sich eine Führungskraft wenigstens einmal im Jahr die Zeit und die Ruhe nimmt, um mit ihren Mitarbeitern über Grundsätzliches zu reden, wofür im Laufe der täglichen Hektik keine Zeit besteht. Dies ist wiederum wichtig, damit zwischen einer Führungskraft und ihren Mitarbeitern ein Vertrauensverhältnis gefördert wird.« In einer Betriebsvereinbarung einer öffentlichen Verwaltung ist beispielhaft zu lesen: »Gespräche sollen dazu beitragen, dass in Zukunft ein offener Meinungsaustausch und ein vertrauensvoller Umfang zwischen Vorgesetzten und Mitarbeitern selbstverständlich werden.« (Zitiert nach Hinrichs, 2009, S. 14.) Das ist natürlich schön, wenngleich etwas wage. Ich frage mich, was HR damit zu tun hat. Die übliche Antwort: »Führungskräfte tun das von sich aus leider zu selten.« In diesem Zusammenhang kommt dann nicht selten der Hinweis auf den »sanften Druck« der von HR ausgehen soll. Seit wann ist die Personalabteilung für den vertrauensvollen Umgang zwischen Mitarbeitern und Führungskräften verantwortlich? Wenn aber schon der Sinn und Zweck eines jährlichen Mitarbeitergesprächs eher vage erscheint, dann läuft auch der »sanfte Druck« ins Leere. Am Ende dieses Kapitel (Abschnitt »Sachliche Relevanz«) wird auf diesen Aspekt der Vertrauensbildung und Gestaltung von Beziehungen näher eingegangen. Die in diesem Kapitel behandelten Nutzenkategorien haben hingegen einen sehr sachlichen Charakter. Tatsächlich wird mit dem jährlichen Mitarbeitergespräch meist versucht, harte, prozessrelevante Entscheidungen und Urteile zu generieren. Werfen wir also einen genaueren Blick auf die unterschiedlichen Nutzenkategorien und was konkret dahinter steht.

Urteile und Entscheidungen

Personaler sollten sich auf diese, eben skizzierte Form von Argumentation nicht einlassen. Sie sollten sich vor allem nicht in die Position begeben, erwachsene Menschen, Kollegen zum Gespräch zu drängen, nur weil das eben wichtig sei. Was hier meist fehlt, ist die unternehmerische Relevanz. Natürlich dienen Gespräche immer auch der Vertrauensbildung. Und weil das Mitarbeitergespräch Mitarbeiter*gespräch* heißt, liegt es nahe zu glauben, es ginge genau darum. Schaut man sich das jährliche Mitarbeitergespräch in der heute praktizierten Form aber genauer an, dann stellt man fest, dass die Ergebnisse dieses Instruments häufig sehr konkrete Konsequenzen für Führungskräfte, Mitarbeiter und Unternehmen haben bzw. haben sollen. Vertrauen mag ein erfreulicher Nebeneffekt sein. Worum es aber am Ende geht, sind Urteile und Entscheidungen. Dies sind die eigentlichen Ergebnisse des jährlichen Mitarbeitergesprächs. Wenn es nun um Relevanz geht, stehen folgende Fragen im Vordergrund: Welche *Urteile* sind notwendig? Welche *Entscheidungen* müssen gefällt werden? Wer benötigt diese?

Wofür? Relevanz ergibt sich aus konkreten Zielen, die mit einer Aktivität erreicht werden sollen. In diesem Kapitel wird deshalb aufgezeigt, was die üblichen Ziele und Nutzenkategorien des jährlichen Mitarbeitergesprächs sind. Hierfür werden aus der obigen Übersicht in Abbildung 4 die wichtigsten Zwecke jährlicher Mitarbeitergespräche ausgewählt und zusammengefasst. Im Einzelnen werden nachfolgend die Punkte in Abbildung 7 behandelt (vgl. Eichel & Bender, 1984).

Der Begriff des jährlichen Mitarbeitergesprächs wird in diesem Abschnitt ab sofort nur noch vereinzelt verwendet. Einen Abschnitt lang geht es nun nicht mehr um dieses spezielle System, sondern um den Nutzen, den Unternehmen möglicherweise erzielen möchten. Gedanklich lösen wir uns also für einen Moment vom Instrument. Erst zu einem späteren Zeitpunkt wird dieses Instrument vor dem Hintergrund der Ziele und der gegebenen Rahmenbedingungen wieder aufgegriffen und seine mögliche Anwendung kritisch reflektiert.

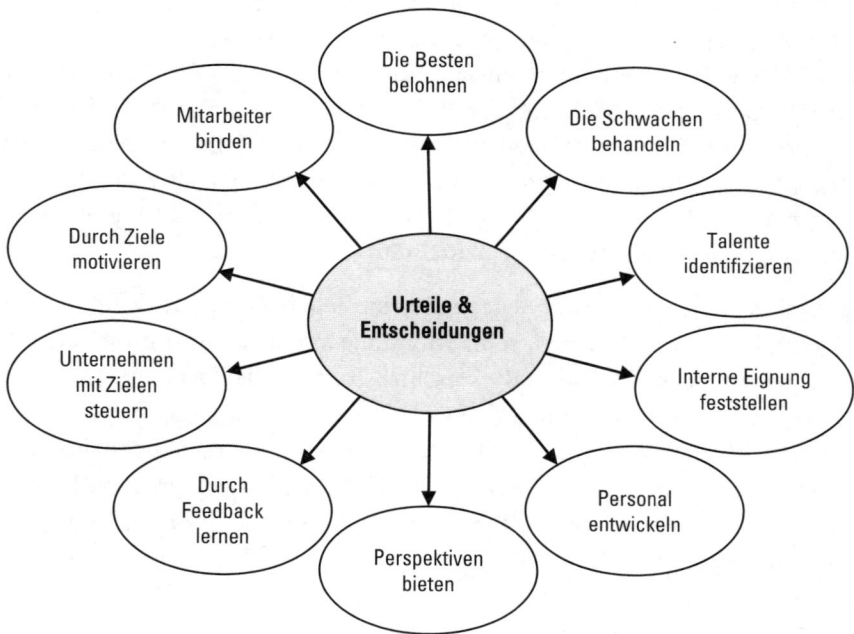

Abbildung 7: Die üblichen Nutzenkategorien von Mitarbeitergesprächen.

Die Besten belohnen

Sicherlich gehört es zu den ältesten und verbreitetsten Prinzipien des Entgeltmanagements, dass Leistung in irgendeiner Weise besonders honoriert werden sollte (vgl. McCoy, 1992). Die grundlegende Annahme ist so einfach wie problematisch: Wenn Mitarbeitern ein besonderer Anreiz für mehr Leistung in Aussicht gestellt wird, leisten sie mehr. Die Dinge sind aber weitaus vielschichtiger, als sie zunächst erscheinen. Zwei wesentliche Befunde seien hier in diesem Zusammenhang vorgebracht.

Kinder malen gerne Bilder. Wenn man nun anfängt, ihnen für jedes Bild ein Bonbon oder etwas Vergleichbares zu geben, malen sie weiterhin Bilder. Allerdings werden sie dann das Malen beenden, wenn man damit aufhört, ihnen Bonbons zu geben. Experimente dieser Art gibt es zwischenzeitlich in unterschiedlichsten Variationen (vgl. Lepper, Greene & Nisbett, 1973). Sie belegen, dass materielle Anreize die intrinsische Motivation reduzieren, was insofern ein Problem ist als intrinsische Motivation meist zu besseren Leistungen führt. Dieser Effekt wurde in der Psychologie als »Overjustification-Effekt« bekannt (Deci, Koestner & Ryan, 1999). Dies ist insbesondere bei Aufgaben der Fall, die Kreativität erfordern. Bei Routineaufgaben können extrinsische Anreize hingegen zu erheblicher Leistungssteigerung führen.

Mindestens so wissenschaftlich fundiert wie der Effekt materieller Anreize auf die intrinsische Motivation ist der Effekt, den Ungerechtigkeit auf die Leistung von Mitarbeitern hat. Geld birgt ein ungeheures Potenzial, die Motivation leistungsstarker Mitarbeiter zu reduzieren. Wenn drei Mitarbeiter, ein A-, ein B- und ein C-Player, denselben Lohn bekommen, motiviert dies den C-Player nachweislich nicht. Allerdings demotiviert dies den A-Player. Und das will sich ein Unternehmen nicht wirklich leisten. So manche erfolgreiche Unternehmen agieren deshalb nach dem Motto: Besser wenigen Mitarbeitern viel bezahlen, als vielen Mitarbeitern wenig bezahlen. Der Fokus liegt darauf, herausragende Leistung durch eine ungerechte Lohnverteilung nicht einzuschränken.

Wie diese Ausführungen andeuten, geht es in diesem Zusammenhang nicht um die Identifikation von Talenten, sondern um die Vermeidung von Demotivation bei den Leistungsstarken. Das sind zwei gänzlich unterschiedliche Ziele. Bei Ersterem wird nicht nur die Leistung in Betracht gezogen, sondern auch das Potenzial der Mitarbeiter. Leistungsgerechte Bezahlung basiert demgegenüber lediglich auf der Beurteilung von Leistung. Je nach Aufgabenumfeld und Organisationsform sind hier unterschiedliche Herangehensweisen angemessen, wie im Laufe dieses Buches noch gezeigt wird.

Die Schwachen behandeln

Intuitiv könnte man annehmen, schwache Leistung sei das Gegenteil von guter Leistung. Im Grunde handle es sich hier lediglich um zwei Extreme ein und desselben Kontinuums. Wer aber verstanden hat, wie Erfolge entstehen, hat noch längst nicht die Gründe für Misserfolge verstanden. Gesundheit ist auch nicht das Gegenteil von Krankheit. Entsprechend kann man den Umgang mit beiden Zuständen kaum vergleichen. Aus diesem Grund wird hier die Identifikation von leistungsschwachen Mitarbeitern verbunden mit der Erarbeitung geeigneter Lösungsstrategien als eine eigene Kategorie möglicher Ziele gesehen.

Die Gründe für einen gezielten Umgang mit leistungsschwachen Mitarbeitern liegen auf der Hand. Neben betriebswirtschaftlichen Überlegungen, wonach die

Leistung eines Mitarbeiters das Geld nicht wert ist, das er kostet, spielen sozial-psychologische Effekte eine große Rolle. Auf schwache Leistung nicht zu reagieren, demonstriert Kollegen eines betroffenen Mitarbeiters, dass Leistung sich nicht lohnt. Es spricht sich die Neigung des Unternehmens herum, es könne einem trotz geringer Leistung »nichts passieren«. Leistungsstarke Mitarbeiter wiederum sehen sich nicht nur in diesem Punkt bestätigt, sondern hinterfragen ihre Position im Team oder gar im ganzen Unternehmen. Schließlich definieren sich leistungsstarke Mitarbeiter auch über ihr Umfeld.

Insofern verfolgte die Leistungsbeurteilung als Kernbestandteil eines jährlichen Mitarbeitergesprächs schon immer das Ziel, leistungsschwache Mitarbeiter als solche zu deklarieren. Wie im Laufe dieses Buches noch verdeutlicht wird, gibt es in diesem Zusammenhang kurze und langfristige Maßnahmen. Kurzfristige Maßnahmen bestehen darin, die Leistungsschwäche oder den Leistungseinbruch eines Mitarbeiters zeitnah und unmittelbar zu thematisieren. Man zeigt dem Mitarbeiter die gelbe Karte und wenn es gut läuft, wird die Sache unmittelbar thematisiert. Die rote Karte hingegen hat eher langfristigen Charakter. Es geht um Trennung, unfreiwillige Kündigung oder interne Versetzung – horizontal oder vertikal. Hier kommt der Wunsch vieler Unternehmen zum Tragen, zu jedem Zeitpunkt eine Liste aller leistungsschwachen Mitarbeiter parat zu haben, unabhängig davon, was mit diesen Mitarbeiter zum aktuellen Zeitpunkt passieren soll. Zynisch Veranlagte würden diese Liste als »schwarze Liste« oder gar als »Abschussliste« bezeichnen. Wie noch gezeigt wird, geht es beim jährlichen Mitarbeitergespräch eher um die langfristige Perspektive als um die kurzfristige. Bei Letzterem kommt üblicherweise das so genannte anlassbezogene Mitarbeitergespräch zum Zuge, das aber in seiner Logik und Verzahnung mit anderen personalpolitischen Instrumenten gänzlich anders gelagert ist (vgl. Winkler & Hofbauer, 2010).

Talente identifizieren

Der legendäre, ehemalige CEO von General Electric (GE), Jack Welch, berichtet in seiner Autobiografie »Was zählt«, wie er als junger CEO seine Business Units besuchte und die dortigen Manager eifrig Kennzahlen über Profitabilität, Qualität oder Umsätze vorbereitet hatten. Regelmäßig überraschte Jack Welch in den Anfangsmonaten die Manager mit seiner für ihn wohl wichtigsten Frage: »Wer sind hier die größten Talente und was tun Sie mit diesen?« Dieser Aspekt gehört noch heute zum essenziellen Bestandteil des erfolgreichen Business Modells von GE.

Mittlerweile hat sich diese Idee der systematischen Identifikation und gezielten Förderung von Talenten weltweit herumgesprochen und wurde sicherlich zu *dem* zentralen Bestandteil eines strukturierten Talentmanagements. Sie besteht im Kern darin, dass man Mitarbeiter auf der Grundlage zweier Dimensionen klassifiziert, nämlich bezüglich ihres aktuellen Leistungsniveaus und ihres Potenzials. Stand heute kann man kaum ein Talentmanagement beobachten, in dem dieser Ansatz nicht vorkommt (Silzer & Church, 2009). Die Grundlage für die Klassifizierung von Mitarbeitern ist demnach die so genannte und weithin bekannte Leistung-Potenzial-Matrix (siehe Abbildung 8). Aufgrund ihrer charakteristischen Form wird sie in der Praxis auch als »9-Box« bezeichnet. Meist findet diese Klassifizierung in so genannten Talent Reviews statt, bei denen hochrangige Führungskräfte gemeinsam über ihre Mitarbeiter befinden.

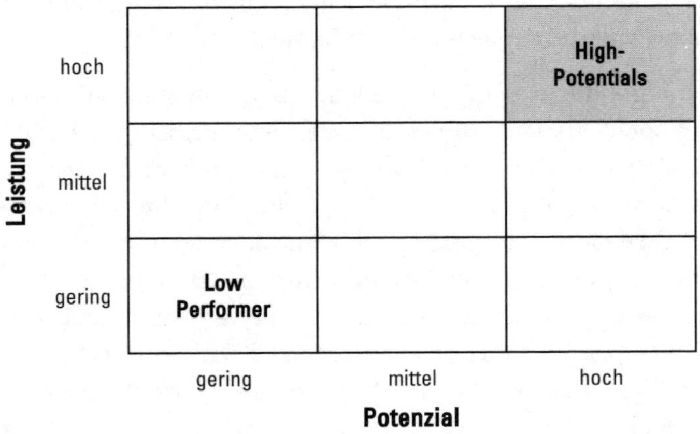

Abbildung 8: Die Leistung-Potenzial-Matrix.

Für Talente werden in der Praxis sehr unterschiedliche Bezeichnungen verwendet. Eine gängige ist sicherlich die der »High-Potentials«. Manchmal werden sie auch als Führungsnachwuchskräfte oder nur Nachwuchskräfte bezeichnet. Es gibt aber auch »Stars« oder »Heros«. Am Ende ist immer dasselbe gemeint. High-Potentials sind jene Mitarbeiter, die nicht nur konstant die an sie gestellten Erwartungen übererfüllen (Leistung) sondern denen man auch eine beträchtliche, langfristige Entwicklungsmöglichkeit (Potenzial) bescheinigt. In manchen Unternehmen gibt es für die Klassifizierung der Mitarbeiter quantitative Vorgaben etwa dergestalt, dass 10% High-Potentials identifiziert werden müssen und 10% Low Performer (geringe Leistung und geringes Potenzial). Der Rest darf sich auf die verbleibenden Felder verteilen.

Diese Identifikation von Talenten oder High-Potentials stellt in den meisten Unternehmen, die dieser Logik folgen, den Ausgangspunkt für langfristige und zum Teil intensive Entwicklungsprogramme dar. Insofern sind die hier gefällten Beurteilungen zunächst für HR relevant, weil meist HR für die Bereitstellung oder Koordination möglicher Entwicklungsmaßnahmen verantwortlich ist. Darüber hinaus sollte auch und gerade die Geschäftsleitung an der Gruppe der High-Potentials interessiert sein. Schließlich werden High-Potentials als die zukünftigen Kollegen und Nachfolger für Schlüsselpositionen im Unternehmen gehandelt.

In der Praxis findet die Identifikation von High-Potentials nur selten im Rahmen des jährlichen Mitarbeitergesprächs statt. Trotzdem wird dem jährlichen Mitarbeitergespräch in diesem Zusammenhang eine wichtige Rolle zugesprochen. So handelt es sich um eine weit verbreitete Praxis, dass direkte Vorgesetzte Mitarbeiter aus ihrem Team für ein Talent Review nominieren können. Praktisch sieht das so aus, dass die jeweilige Führungskraft an einer bestimmten Stelle im Gesprächsformular bei der Kategorie »potenzieller High-Potential« einen simplen Haken setzen kann. In Folge dessen wird der auserkorene Mitarbeiter in einem separaten Prozessschritt eingehender in Augenschein genommen. Die direkte Führungskraft triggert also den Prozess.

Interne Eignung feststellen

So manches Unternehmen träumt von einer unternehmensweiten Skills-Datenbank in der die Fähigkeiten der Mitarbeiter mittels Eignungs- oder Anforderungsprofile abgelegt sind. Mit diesen Datenbanken ist die Zielsetzung verbunden, Mitarbeiter nach ihren Fähigkeiten einzusetzen. Über ein Anforderungsprofil, gebunden an die jeweiligen Stellenbeschreibungen, werden dann Profil-Vergleiche (Matchings) durchgeführt und die Eignung der jeweiligen Mitarbeiter für gegebene Jobs und Aufgaben festgestellt. Tatsächlich war es schon immer eine zentrale Denkhaltung im Personalwesen, Anforderungsprofile mit Eignungsprofilen zu vergleichen, um einen sinnvollen Einsatz der Mitarbeiter entsprechend ihrer Fähigkeiten und Kenntnisse sicherstellen zu können. So schreibt der Kollege Bröckermann (2007) in seinem Lehrbuch in Bezug auf die Personaleinsatzplanung treffsicher, dass »es gilt, die Anforderungen in einem Anforderungsprofil zu präzisieren, um sie später mit den Eignungen der Betroffenen vergleichen zu können« (S. 169). Über die Personaleinsatzplanung schreibt er zuvor, man wolle »ermitteln, welche Beschäftigten wann, wo und wie eingesetzt werden sollen«. Dabei werden im Wesentlichen zwei Prozesse für die Feststellung der Eignungsprofile gesehen: die Personalauswahl und die Personalbeurteilung. Letzteres wird heute als wesentlichen Bestandteil des jährlichen Mitarbeitergesprächs verstanden.

Die methodische Grundlage hierfür sind so genannte merkmalsorientierte Einstufungsverfahren. Gefällt werden die Urteile subjektiv durch die jeweilige Führungskraft, wobei nicht selten die Mitarbeiter aufgefordert sind, ihre eigene Einschätzung abzugeben. Gesprochen wird dann im Wesentlichen über jene Kompetenzen, bei denen es Differenzen zwischen der Sicht der Mitarbeiter und der Führungskräfte gibt. Bezüglich der Validität dieser Urteile besteht ein jahrzehntealter wissenschaftlicher Diskurs (vgl. Breisig, 2009). An einer späteren Stelle im Buch wird dieser Aspekt aufgegriffen und vertieft. Der erfahrene Personaler wird an dieser Stelle anmerken, es ginge bei diesem Verfahren auch nicht um Validität, sondern um den Abgleich zwischen Fremd- und Selbstbild. Mitarbeiter und Führungskraft tauschen sich über die Kompetenzen des Mitarbeiters aus und das sei bereits ein Wert an sich. Einverstanden. Sobald man aber diesen Aspekt in den Vordergrund rückt, geht es nicht mehr, oder nicht mehr nur, um interne Eignungsfeststellung, sondern um das Geben von Feedback durch die direkte Führungskraft, einem Aspekt, der weiter unten als weitere Nutzenkategorie behandelt wird.

Personal entwickeln

Früher war es um die Entwicklung von Mitarbeitern relativ einfach bestellt. Mitarbeiter haben eine Ausbildung genossen und ihren »Abschluss« gemacht. Damit waren sie für ihre nun anstehende Arbeit dauerhaft vorbereitet. In Zeiten rasanter technologischer Veränderungen wird die Halbwertszeit relevanten Wissens immer kürzer, weswegen die Notwendigkeit eines lebenslangen Lernens immer größer wird. Insofern ist es für einen immer größer werdenden Anteil von Mitarbeitern heute kaum absehbar, was er in zwei oder drei Jahren können muss. Jene Mitarbeiter, die heute aufhören dazu zu lernen, sind möglicherweise in wenigen Jahren in Anbetracht neuer Herausforderungen nicht mehr beschäftigungsfähig.

Die Sicherung dieser Beschäftigungsfähigkeit (Employability) ist eine komplexe, vielschichtige Herausforderung, die eine kontinuierliche Betrachtung unterschiedlicher Faktoren erfordert (Speck, 2009). Vereinfacht ausgedrückt bedeutet die Sicherung der Beschäftigungsfähigkeit für jeden Mitarbeiter die regelmäßige Beantwortung folgender Fragen vor dem Hintergrund aktueller und zukünftiger Entwicklungen: Was sollte ich lernen? Was will ich lernen? Was kann ich lernen? Diese Fragen kann ein einzelner Mitarbeiter nur in den seltensten Fällen alleine beantworten, weil sie ein hohes Maß an Selbstreflexion und Auseinandersetzung mit der betrieblichen Zukunft erfordern (siehe Abbildung 9). In der verbreiteten betrieblichen Praxis kommt hier die direkte Führungskraft ins Spiel.

Insgesamt entspricht es dem klassischen Verständnis einer Personalentwicklung, Antworten auf diese Fragen zu erarbeiten, Lernziele zu definieren und geeignete Entwicklungsmaßnahmen in die Wege zu leiten. Klassischerweise findet diese Diskussion im jährlichen Mitarbeitergespräch ihren institutionellen Rahmen.

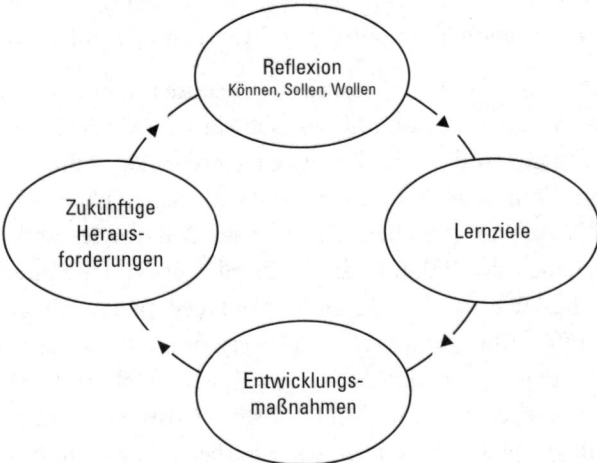

Abbildung 9: Sicherung der Beschäftigungsfähigkeit.

Perspektiven bieten

In den vergangenen Jahrzehnten kann man bei der inhaltlichen Ausrichtung des jährlichen Mitarbeitergesprächs eine Entwicklung hin zu mehr Mitarbeiterorientierung feststellen. Es geht nicht mehr nur um die Erwartungen des Unternehmens oder der Führungskraft an den Mitarbeiter, sondern auch umgekehrt um die Erwartungen des Mitarbeiters an seinen Arbeitgeber. Aus der Zielvorgabe wurde die Zielvereinbarung, die implizit die Möglichkeit für den Mitarbeiter einschließt, Zielvorstellungen »von oben« abzulehnen. Aus der Mitteilung zuvor gefällter Urteile wurde der Dialog. Insofern lag es nahe, zunehmend die langfristigen Erwartungen des Mitarbeiters an seine persönliche Entwicklung zu thematisieren. Gerade der zunehmende Fachkräftemangel und die damit einhergehende Problematik der Mitarbeiterbindung trugen das Ihre dazu bei. Mitarbeiter bleiben im Unternehmen, wenn sie im Unternehmen eine persönliche Perspektive wahrnehmen. Dies ist zumindest eine implizite Annahme, die hier eine Rolle spielen mag.

Nun geht es bei Perspektiven weniger um kurz- oder mittelfristiges Lernen, sondern um langfristige Karrieren. Dabei weckt der Begriff »Karriere« stereotype Assoziationen. Die zwei wohl am meisten verbreiteten Vorstellungen besagen, dass Karriere erstens mit Führungslaufbahn gleichzusetzen ist. Zweitens entscheiden übergeordnete Manager über die Karrieren untergeordneter Mitarbeiter. Beide Sichtweisen passen kaum mehr in unsere Zeit. Neben Führungslaufbahnen ermöglichen immer mehr Unternehmen auch Fach- oder Projektkarrieren (Trost, 2014). Auch wenn diese Unterscheidung in weiten Teilen eher theoretisch als praktisch existiert, kann man zumindest eine Entwicklung hin zu vielfältigeren Optionen beobachten. Wichtiger als dieser Aspekt ist aber die zunehmende Entscheidungshoheit talentierter und motivierter Menschen. Früher wurde die Beförderung einem Hoffnungsträger einfach mitgeteilt: »Herr Pfister, wir haben uns im Führungskreis über Sie unterhalten. Sie werden ab sofort die Leitung der Einkaufsabteilung übernehmen. Glückwunsch und alles Gute!« In moderneren Unternehmen, die auf die Präferenzen ihrer besten Mitarbeiter eingehen, werden Karriereoptionen gemeinsam besprochen und mögliche Perspektiven vereinbart. Perspektiven bieten bedeutet insofern, wechselseitige Transparenz zu schaffen über die Erwartungen der Mitarbeiter einerseits und seine Möglichkeiten im Unternehmen andererseits. Das erfordert wiederum Einschätzungen, Beurteilungen und nicht selten Entscheidungen auf Seiten aller Beteiligten.

Durch Feedback lernen

Lernen ist ohne Rückmeldung (Feedback) nicht vorstellbar. Alle funktionierenden Systeme basieren auf Feedback. Wir wären ohne Feedback nicht einmal in der Lage, erfolgreich nach einer Kaffeetasse zu greifen. Das Leben insgesamt setzt Regelkreise mit Rückkoppelungen voraus. Insofern ist der Ruf nach Feedback immer begründet. In der personalwirtschaftlichen, betrieblichen Praxis wird beim

Thema Feedback aber vor allem an die Rückmeldung an den Mitarbeiter gedacht hinsichtlich ihrer Leistung und ihres Verhaltens. Und davon bekommen sie nie genug. Seit Jahren verweisen Medien immer wieder auf die vom Meinungsforschungsinstitut Gallup durchgeführte Langzeitstudie zum so genannten »Engagement Index« (Gallup, 2013). Und so wird Jahr für Jahr »bestätigt«, dass Mitarbeiter offenbar zu wenig Feedback bekommen oder zu wenig Anerkennung erfahren. Es ist beliebig, welche Studie zu Feedback oder Feedbackkultur man zu Rate zieht, man wird kaum eine Studie finden, in der das Gegenteil gesagt würde. Vermutlich wird sich dieser Aspekt auch in den kommenden Jahren aufgrund der Bedürfnisse junger, nachwachsender Generationen nicht ändern. Wer sich in den vergangenen Jahren an Internet, Web 2.0 und Social Media gewöhnt hat, ist nicht mehr bereit, länger als 24 Stunden auf eine Antwort zu warten. Wer etwas auf Facebook postet, auf Twitter twittert oder auf WhatsApp eine Nachricht schreibt, rechnet in den ersten Minuten danach mit Likes, Kommentaren, Retweets oder Antworten.

Am Ende steht die Feststellung: Mitarbeiter brauchen mehr Feedback! Und wer traditionell hierarchisch denkt, weiß auch sofort, von wem ein Mitarbeiter Feedback erhalten sollte, nämlich von seiner Führungskraft. Denn Feedback geben ist Führungsaufgabe. Kaum jemand denkt in diesem Zusammenhang übrigens daran, dass *Feedback holen* auch Mitarbeiterverantwortung sein kann. Wenn man dem Anspruch nach Feedback durch die Führungskraft mit dem Wunsch nach Regelmäßigkeit und Struktur verbindet, ist man unmittelbar beim jährlichen Mitarbeitergespräch angelangt. Ob Lernen aber durch Feedback im Rahmen eines jährlichen Mitarbeitergesprächs tatsächlich gefördert oder gar ermöglicht wird, sei dahingestellt. Wir werden zu einem späteren Zeitpunkt in diesem Buch darauf zurückkommen.

Unternehmen mit Zielen steuern

Wie schafft man es, dass 100, 1000, 10 000 oder gar mehrere 100 000 Mitarbeiter zur Erreichung eines einzigen Unternehmensziels beitragen – jeder auf seine Weise in seiner Rolle? An unterschiedlichen Stellen strömt Material in eine Firma und am Ende verlassen moderne, funktionierende Autos das Gelände. Dazwischen üben Heerscharen von Menschen unterschiedliche Aufgaben aus, die diese erstaunliche Wertschöpfung zustande bringen. Die Lösung dieses Problems liegt unter anderem in der Aufgabenteilung oder der Auf- und Ablauforganisation. Zur Steuerung dienen Ziele und Kennzahlen. Es gibt sehr unterschiedliche Ansätze, wie mit Zielen und Kennzahlen umgegangen werden kann. Ein zentraler Ansatz ist in der Kaskadierung zu sehen. Übergeordnete Ziele, die eher allgemein definiert werden, werden schrittweise, über alle Hierarchieebenen hinweg »runtergebrochen«. Dieser Ansatz basiert auf der weithin bekannten Idee des »Management by Objectives« (Odiorne, 1965). Dabei leiten sich untergeordnete Ziele und Kennzahlen von übergeordneten Vereinbarungen und Festsetzungen ab. Die eigentliche Übergabe der Ziele von der einen Ebene zur anderen erfolgt nach dem

Verständnis zahlreicher Unternehmen im Rahmen des jährlichen Mitarbeitergesprächs. Für die in einer Organisation agierenden Mitarbeiter und Führungskräfte bedeutet dies, dass sie zu unterschiedlichen Zeitpunkten die Verpflichtung eingehen, bestimmte Ziele zu erreichen. Und wo es Ziele und Kennzahlen gibt, gibt es auch die Kontrolle ihrer Erreichung. Insofern erscheinen Ziele und deren Kontrolle immer im Doppelpack.

Durch Ziele motivieren

Ziele dienen in vielen Unternehmen aber nicht nur zur Koordination und Steuerung, sondern auch zur Motivierung von Mitarbeitern. In den späten 1960er-Jahren wurde von den Psychologen Locke und Latham (1984) auf der Grundlage eines einfachen experimentellen Paradigmas eine Theorie zur motivierenden Wirkung von Zielen begründet. Wenn man Menschen eine Aufgabe gibt, dann kann man unter anderem zwischen zwei Möglichkeiten unterscheiden. In Möglichkeit A werden die Probanden aufgefordert, »Ihr Bestes zu geben«. Bei Möglichkeit B wird ein herausforderndes, konkretes Ziel vereinbart. Zahlreiche Experimente basierend auf diesem Paradigma zeigen, dass das Vorhandensein von Zielen in der Tendenz zu höheren Leistungen führt. Diese Theorie ist unter dem selbsterklärenden Namen »Zielsetzungstheorie« (goal-setting-theory) bekannt. Sie hat in die arbeits- und organisationspsychologische Auseinandersetzung mit der Frage, was Mitarbeiter motiviert, Eingang gefunden. Die praktische Relevanz ist unübersehbar. Es wird noch gezeigt, dass eine Zielvereinbarung im Sinne der Motivierung nach anderen Regeln funktioniert als eine Zielvereinbarung zur Steuerung von Prozessen und Unternehmen.

Mitarbeiter binden

Ein Aspekt, der eng mit dem der Perspektiven verbunden ist, ist die Bindung von leistungsstarken Mitarbeitern. Diese zu halten funktioniert nach anderen Regeln als ihnen nur Karriereoptionen in Aussicht zu stellen. Gute Mitarbeiter verlassen Unternehmen nicht nur deshalb freiwillig, weil sie etwa keine Karriereaussicht im Unternehmen hätten. Häufig kommen hier ganz andere Faktoren im oder außerhalb des Unternehmens zum Tragen. Auch wenn sich freiwillige Kündigungen über längere Zeit anbahnen, wird die Tendenz eines Mitarbeiters, sich nach außen zu orientieren erst dann sichtbar, wenn die Sache akut wird (Phillips & Edwards, 2009). Tatsächlich realisieren viele Führungskräfte diese Tendenz erst dann, wenn es für sie »zu spät« ist. Aus diesem Grund gehen immer mehr Unternehmen dazu über, die Fluktuationstendenz ihrer leistungsstarken Mitarbeiter gerade in Schlüsselfunktionen oder auf Schlüsselpositionen frühzeitig einzuschätzen, um auf etwaige Fluktuationsrisiken vorbereitet zu sein oder um Möglichkeiten zu nutzen, diesen aktiv zu begegnen.

Praktisch bedeutet das in so manchen Unternehmen, dass die Führungskräfte im Rahmen des jährlichen Mitarbeitergesprächs dazu angehalten sind, im Gesprächsformular an der entsprechenden Stelle eine Häkchen zu setzen, wenn ein Fluktuationsrisiko besteht, was immer auch mit dieser Information in der Folge geschieht. Andere Unternehmen wiederum besprechen einmal im Jahr mit ihren Mitarbeitern gewünschte Arbeitsbedingungen, beispielsweise wenn es um Arbeitszeitflexibilität oder um den Umfang der wöchentlichen Arbeitszeit geht.

Auf den vergangenen Seiten wurden nun zahlreiche Nutzenkategorien, die üblicherweise mit dem jährlichen Mitarbeitergespräch in Verbindung gebracht werden, kurz skizziert. An der Sinnhaftigkeit dieser Ziele soll an dieser Stelle nicht gezweifelt werden. Sicherlich ist Feedback wichtig. Ziele sind wichtig. Perspektiven sind wichtig. Potenzialerkennung ist wichtig. Es gibt kaum Gründe, diese Intentionen in Frage zu stellen. Es bleibt aber die spannende Frage, ob das jährliche Mitarbeitergespräch das geeignete Instrument und der geeignete institutionelle Rahmen ist, all diese Nutzenkategorien erfolgreich auszufüllen.

Auf den Punkt gebracht

- Das Ergebnis des jährlichen Mitarbeitergesprächs sind immer Urteile und Entscheidungen – nicht mehr und nicht weniger. Vertrauensbildung kann ein positiver Nebeneffekt sein.

- Mit dem jährlichen Mitarbeitergespräch wird häufig versucht, die Besten zu belohnen, die Schwachen zu behandeln, Talente zu identifizieren, interne Eignung festzustellen, Perspektiven zu bieten, Personal zu entwickeln, durch Feedback zu lernen, das Unternehmen zu steuern, durch Ziele zu motivieren und Mitarbeiter zu halten.

Der Kunde des Mitarbeitergesprächs

Bisher wurde vom Nutzen bzw. von den Zielen gesprochen, die Unternehmen üblicherweise mit dem jährlichen Mitarbeitergespräch in Verbindung bringen. Eine zentrale Frage wurde dabei stillschweigend ausgelassen: *Wem soll das Mitarbeitergespräch primär nutzen?* Grundsätzlich müsste man davon ausgehen, dass bei einem Gespräch immer alle Beteiligten und deren Beziehung zueinander profitieren. Schließlich ist im Zusammenhang mit dem Mitarbeitergespräch sehr häufig davon die Rede, dieses Instrument würde in erster Linie Klarheit zwischen einer Führungskraft und ihrem Mitarbeiter schaffen, etwa im Hinblick auf wechselseitige Erwartungen oder Einschätzungen von Verhalten und Leistung (z.B. Winkler & Hofbauer, 2010). In Anbetracht der bereits diskutierten Nutzenkategorien und Ziele wird aber offenkundig, dass eben nicht nur der Mitarbeiter oder der Mitarbeiter *und* seine Führungskraft von einem jährlichen Mitarbeitergespräch profitieren, sondern in mancherlei Hinsicht auch die Personalabteilung oder die Geschäftsführung. Werden Mitarbeitergespräche beispielsweise zur Unternehmenssteuerung durchgeführt, liegt es nahe, das obere Management als primären Nutznießer zu sehen.

Wenn ich Personalleitern die Frage stelle, wem das jährliche Mitarbeitergespräch nutzt, erhalte ich meist die Antwort, allen würde dieses System nutzen und jedem auf seine Weise, den Führungskräften, den Mitarbeitern, der Geschäftsführung usw. Alles hilft allen. In gewisser Weise ist diese Antwort vor dem Hintergrund der meist zahlreichen Ziele gerechtfertigt, aber möglicherweise auch naiv. Schaut man genauer hin, wird man in jedem Unternehmen Instanzen erkennen, die sich als dominierende Treiber für ein Thema hervortun. Betrachtet man weiterhin die Spielart, mit der ein personalpolitisches Instrument genutzt wird, kann man erkennen, dass sich in diesem die Interessen bestimmter Instanzen widerspiegeln. Und wo unterschiedliche Instanzen unterschiedliche Interessen, Bedürfnisse und Probleme haben, sind Zielkonflikte vorprogrammiert. Kompromisse oder die Ausrichtung der jeweiligen Lösungen in die eine oder andere Richtung sind die natürliche Folge.

Besonders dramatisch wird diese Angelegenheit immer dann, wenn ein personalpolitisches Instrument dazu eingeführt wird, um einer bestimmten Instanz (beispielsweise den Mitarbeitern oder Führungskräften) zu nutzen, diese diesen Nutzen aber gar nicht erwartet. Diesem Fall begegnet man in der Praxis zum Beispiel dann, wenn man versucht, den Führungskräften klarzumachen, das jährliche Mitarbeitergespräch würde ihnen das Leben einfacher machen, die Führungskräfte ihrerseits das jährliche Mitarbeitergespräch aber als lästige Pflicht einstufen. Wer die Praxis kennt, weiß, dass dieser Fall nicht sehr selten ist.

Nun wurde bereits zu Beginn dieses Buches verdeutlicht, dass das Mitarbeitergespräch ein *System* ist. So geht es nicht etwa darum, dass Führungskräfte mit ihren Mitarbeitern ab und an über irgendwas sprechen. Vielmehr geht es um Systematik, Einheitlichkeit und flächendeckende Verbreitung. Weiterhin wurde bereits deutlich, dass das Mitarbeitergespräch selten allein anzutreffen ist, sondern über entsprechende Schnittstellen meist mit anderen, benachbarten Instrumenten und Prozessen in Verbindung steht. Der entscheidende Punkt ist nun, dass Systeme immer auch einen System-Verantwortlichen erfordern, eine Instanz, die sich um die inhaltliche Gestaltung, die Implementation und die laufende Nutzung kümmert. Üblicherweise kommt der Personalabteilung diese Rolle zu. Dies führt zu der spannenden und für die Praxis äußerst relevanten Frage, in wessen Auftrag und aus welcher Position heraus HR das Mitarbeitergespräch in die Organisation trägt und es dort am Laufen hält. Die Antwort auf diese Frage hat erhebliche Implikationen auf die Möglichkeiten, Grenzen und Spielarten jährlicher Mitarbeitergespräche, wie sie in nachfolgenden Kapiteln dieses Buches diskutiert werden.

Vier Konstellationen

Im Folgenden werden vier charakteristische Konstellationen in Unternehmen vorgestellt. Hierzu zunächst zwei Beispielsituationen aus der Praxis:

Ein Personalleiter hat vor wenigen Monaten in einem Unternehmen den Posten des Personalleiters angenommen. Er war zuvor Personalleiter in einem anderen Unternehmen, einem internationalen Konzern. Das Mitarbeitergespräch ist sein Lieblingsthema, nicht zuletzt deshalb, weil er an dessen Einführung bei seinem vorherigen Arbeitgeber erfolgreich beteiligt war. Er möchte seinen neuen Arbeitgeber nun ebenfalls mit diesem Instrument beglücken. Seine besonderen Chancen erkennt er auch darin, dass er in seinem neuen Unternehmen eine Art »grüne Wiese« vorfindet – ein ideales Beet für zahlreiche, neue HR-Ideen. Nach wenigen Wochen überzeugt er die Geschäftsleitung von seinem Vorhaben. Sie lässt ihn gewähren mit großzügigem Budget und besten Glückwünschen. Gespräche können schließlich nicht schlecht sein, Ziele und Feedback auch nicht. Und dass man Ergebnisse daraus dokumentiert, kann nicht schaden, sondern trägt eher zu einem professionellen und nachhaltigen Miteinander bei.

Diese kurze Darstellung wird sicherlich bei vielen Personalern Erinnerungen wecken. Beim nun folgenden Beispiel wird dies wohl seltener der Fall sein:

Die Geschäftsführung eines Unternehmens reagiert auf den dramatischer werden Fachkräftemangel und beschließt, mehr für die Entwicklung der Mitarbeiter zu tun. In diesem Unternehmen wird Autonomie gelebt und es ist von Anfang an klar, dass die Mitarbeiter auch in Zukunft selbst für Ihre Entwicklung und ihre Ziele verantwortlich sein werden. Die Führungskräfte sollen hierbei ihre Rolle als Coaches oder Mentoren verstärkt und partnerschaftlich wahrnehmen. Man entscheidet sich für eine Form des Mitarbeitergesprächs und der Personalleiter erhält den Auftrag, hierfür ein passendes Konzept zu entwickeln.

Unterschiedlicher könnten die Ausgangsbedingungen kaum sein. Wir sprechen beide Male über die Einführung eines jährlichen Mitarbeitergesprächs. Im ersten Fall erteilt sich der Personalleiter selbst den Auftrag. Möglicherweise ist er selbst Kunde des von ihm intendierten Instruments. Er will *seine* Personalarbeit professionalisieren. Im zweiten Fall sind die Mitarbeiter die dominierenden Kunden, auch wenn der Auftrag von der Geschäftsleitung kommt. Sie, die Mitarbeiter, sollen am Ende auch über ihre Führungskräfte dazu befähigt werden, ihrer Verantwortung besser nachzukommen.

Grundsätzlich erfordert das Mitarbeitergespräch aufgrund seines systemischen Charakters immer den Auftrag der Geschäftsführung. Trotzdem können die Dynamik und die Position von HR sehr unterschiedlich sein, wie die obigen zwei Beispiele zeigen. Um diese Überlegung auf eine systematischere Betrachtungsebene zu bringen, sind in Abbildung 10 vier charakteristische Konstellationen grafisch wiedergegeben. Nachfolgend wird auf diese im Einzelnen eingegangen.

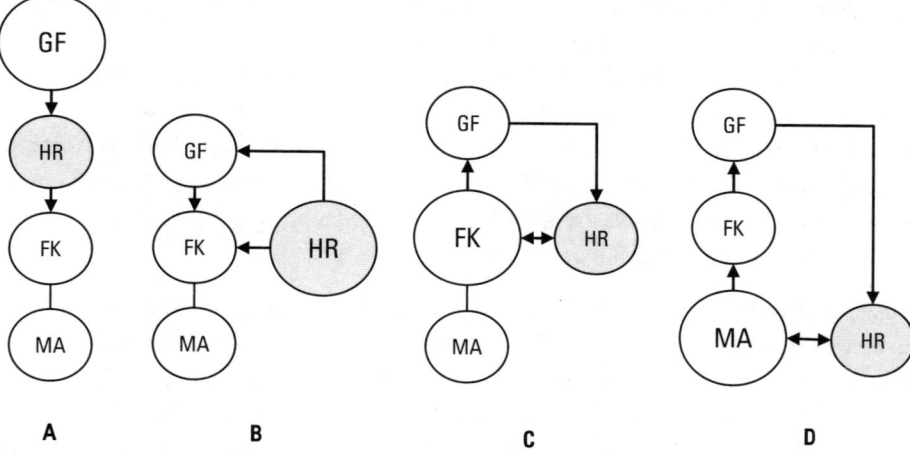

Abbildung 10: Die Kunden des jährlichen Mitarbeitergesprächs und die Rolle von HR.

In den vier Konstellationen in Abbildung 10 sind jeweils vier Instanzen angezeigt: Geschäftsführung (GF), HR, Führungskräfte (FK) und Mitarbeiter (MA). Jede Konstellation weist darüber hinaus einen großen Kreis auf. Dieser signalisiert, welche Instanz die treibende Kraft ist und wer am Ende der primäre Kunde des jährlichen Mitarbeitergesprächs ist. Wie man erkennen kann, unterscheiden sich diese Konstellationen je nachdem, wer am Ende als primärer Kunde in Betracht kommt. Im Folgenden sei kurz auf die verschiedenen Situationen eingegangen.

Die Geschäftsführung als Kunde (A)

Nehmen wir an, ein Unternehmen führt für seine mittleren Führungskräfte in regelmäßigen Abständen 360-Grad-Beurteilungen durch. Hierbei handelt es sich um einen Ansatz, der durchaus eine gewisse Verwandtschaft zu Mitarbeitergesprächen aufweist, da hier auch Beurteilungen stattfinden. Die spannende Frage ist, wer am Ende die Ergebnisse bekommt. Die betroffene Führungskraft? HR? Oder die Geschäftsführung? Die Antwort auf diese Frage liefert ein sicheres Indiz dafür, wer nach dem Verständnis dieses Unternehmens der Kunde der 360-Grad-Beurteilungen ist. Wenn in erster Linie die Geschäftsführung die Ergebnisse erhält, ist ganz offensichtlich die Geschäftsführung auch der Kunde dieser Maßnahme. Möglicherweise hat sie ein Interesse daran, zu sehen, welche Führungskräfte gut und welche nicht so gut beurteilt werden. Es ist denkbar, dass die Geschäftsführung diese Ergebnisse für Fragen der Beförderung oder für die Nachfolgeplanung nutzt.

Bei Mitarbeitergesprächen können ähnliche Interessen auf Seiten der Geschäftsführung im Vordergrund stehen. Sie erachtet es als relevant, zu wissen, wie die Leistung der Mitarbeiter im Unternehmen durch die jeweiligen Führungskräfte gesehen wird. Wo stehen die Mitarbeiter in Bezug auf bestimmte, für das Unternehmen kritische Kompetenzen? In welchen Bereichen besteht das höchste Fluktuationsrisiko? All diese Fragen können strategische Prioritäten und Interessen der Geschäftsführung berühren. Häufig haben Geschäftsführer ein besonderes Interesse an der Kaskadierung ihrer strategischen Ziele. Im Sinne der Balanced Scorecard (Kaplan & Norton, 1996) werden Ziele schrittweise von oben nach unten »gebrochen«. In dieser Konstellation artikuliert die Unternehmensleitung einen natürlichen Bedarf, das, was man sich oben ausgedacht hat, systematisch und sicher nach unten zu transportieren.

Insgesamt verfolgt die Geschäftsführung mit der Einführung eines jährlichen Mitarbeitergesprächs die Sicherstellung *eigener* Ziele. Die Geschäftsleitung geht davon aus, dieses System zu benötigen, um selbst erfolgreich zu sein. Von dieser Idee getrieben, wird sie üblicherweise die Personalabteilung beauftragen, ein entsprechendes System zu entwickeln, um dieses sodann, getragen vom starken Commitment des oberen Managements, in die Organisation auszurollen. Im Wesentlichen geht es hier um Maßnahmen der Kommunikation und Befähigung etwa durch entsprechende Trainingsmaßnahmen. Hierbei sind dann die Führungskräfte meist die ersten Adressaten.

HR als Kunde (B)

Die wenigsten Personaler werden sich selbst als die primären Kunden eines Mitarbeitergesprächs sehen. Schließlich versucht man ja, mit diesem Instrument dem Unternehmen mit seinen Mitarbeitern und Führungskräften etwas Gutes zu tun. Mitarbeitergespräche steigern die Führungsqualität und erhöhen die Zufriedenheit der Mitarbeiter. So, oder so ähnlich klingen die wohl gemeinten, viel zitierten Intentionen. Bei genauerem Hinsehen wird man aber feststellen, dass die Dinge in vielen Fällen gänzlich anders gelagert sind.

Wie im obigen Beispiel bereits skizziert, versuchen zahlreiche Personalabteilungen mit dem Mitarbeitergespräch *ihre* Personalarbeit zu professionalisieren. Insofern sind Mitarbeitergespräche oft und auch dazu da, das Personalmanagementsystem der Personalabteilung aufrechtzuerhalten oder es überhaupt zu ermöglichen (Culberts, 2010). Die HR-Abteilung benötigt die Kompetenzbeurteilungen aus den Mitarbeitergesprächen, um die richtigen Entwicklungsmaßnahmen auf die Beine zu stellen. Sie benötigt Leistungs- und Kompetenzbeurteilungen, um relevante Personalentscheidungen über die Mitarbeiter fällen oder vorbereiten zu können. Das Maß der Zielerreichung der Mitarbeiter dient als Grundlage für die Bestimmung variabler Gehaltsbestandteile. Zielvereinbarung und Zielerreichung könnten (arbeitsrechtlich) relevant werden, wenn es darum geht, einen Mitarbeiter abzumahnen oder die Trennung vorzubereiten.

An all dem ist grundsätzlich nichts auszusetzen. Was man bei dieser Haltung insgesamt zu Gute halten muss, ist, dass HR offenbar Verantwortung übernimmt. Die Frage ist nur, ob das Unternehmen das so will und ob dies in jeder Hinsicht für das Unternehmen gut ist. In dem Moment, wo die Personalabteilung als Kunde die Verantwortung für zahlreiche personalpolitische Fragestellungen und Herausforderungen übernimmt, macht sie sich eine bestimmte Grundhaltung zu Eigen. HR geht dann davon aus, dass HR (besser) weiß, als die Mitarbeiter und Führungskräfte, was für diese gut ist. Indem HR Ergebnisse aus zahlreichen Mitarbeitergesprächen einfordert, bildet es eine Grundlage für zentrale Entscheidungen und Maßnahmen. Nicht selten sind Personalabteilungen dabei mit umfassenden Personalinformationssystemen bewaffnet, die nicht selten dazu da sind, eher das Leben der Personaler einfacher zu machen, als das der Führungskräfte und Mitarbeiter. In zynischen Momenten neige ich dazu, diesen Ansatz auch als »Personalplanwirtschaft« zu bezeichnen.

Wie in Abbildung 10 angedeutet, ist bei diesem Ansatz HR die treibende Kraft. Dabei erfolgt das Zusammenspiel mit der Geschäftsführung und den Führungskräften meist nach dem Muster, dass sich HR den Auftrag und die Unterstützung für die Einführung eines Mitarbeitergesprächs bei der Geschäftsleitung abholt. Im Rahmen der Implementation werden aber dann in erster Linie die Führungskräfte als relevante Zielgruppe gesehen. Von ihnen werden die ausgefüllten Formulare aus den Mitarbeitergesprächen eingefordert. Und damit sie dies können, werden die Führungskräfte im Rahmen der Implementation von HR flächendeckend trainiert und mit dazugehörigen Leitfäden und Handbüchern ausgestattet.

Die Führungskräfte als Kunden (C)

Kürzlich berichtete mir mal wieder ein Personalleiter ganz stolz, er habe nun in seinem Unternehmen auch »das Mitarbeitergespräch eingeführt«. Mittlerweile reagiere ich auf Situationen wie diese reflexartig mit der Frage »Warum?«. Sichtlich überrascht berichtet er weiter: »Unsere Führungskräfte sind eigentlich keine richtigen Führungskräfte. Das sind größtenteils technisch sozialisierte Spezialisten, die zwar in die Führungsverantwortung geschlittert sind, aber irgendwie keinen Bock [seine Worte] haben, mit ihren Leuten zu reden. Mit dem Mitarbeitergespräch wollen wir nun sanften Druck auf sie ausüben, damit sie sich endlich mal die Zeit nehmen, strukturiert über Leistung und Perspektiven ihrer Mitarbeiter zu reden.« Man erkennt in dieser Aussage klar den HR-zentrierten Ansatz. Er erinnert an die soeben beschriebene Konstellation, bei der HR etwas will. Was aber wollen die Führungskräfte?

In gewisser Weise tat mir dieser Personalleiter leid. Denn eigentlich würde er sich bestimmt eine andere Ausgangslage wünschen. Diese könnte sich wie folgt anhören: »Unsere Führungskräfte haben vor allem einen technischen Hintergrund. Sie haben nie gelernt, wie man Mitarbeiter richtig führt. Das wollen sie aber. Sie wollen gute Führungskräfte sein und wissen, dass strukturierte Gespräche zumindest ein Ansatz sein könnten. Wir von HR haben deshalb gemeinsam mit einigen Führungskräften einen Orientierungsrahmen entwickelt, der ihnen hilft, ihren eigenen Ansprüchen gerecht zu werden.« Bei diesem Ansatz sind die Führungskräfte die Kunden des Systems Mitarbeitergespräch. HR übernimmt hierbei eine befähigende Rolle gegenüber den Führungskräften. Der Sog für diesen Ansatz geht klar von den Führungskräften aus.

Praktisch kann ein derartiger Ansatz durch eine flankierende Führungskräftebeurteilung befeuert werden – mit der Geschäftsleitung als Kunden. In regelmäßigen Führungskräftebeurteilungen bewerten Mitarbeiter die Leistung und das Verhalten ihrer Manager. Die Ergebnisse werden der Geschäftsführung vorgelegt. Unter diesem Druck werden Führungskräfte versuchen, ihr Führungsverhalten zu optimieren und erkennen in einem Mitarbeitergespräch möglicherweise einen geeigneten Stellhebel. Das Mitarbeitergespräch könnte in einer solchen Situation weniger als (lästige, von HR aufgedrückte) Pflichtübung, sondern vielmehr als Lösung in den Augen der Führungskräfte erscheinen.

Die Mitarbeiter als Kunden (D)

Wenn Unternehmen das jährliche Mitarbeitergespräch einführen, dann werden klassischerweise irgendwann alle Führungskräfte entsprechend trainiert. Sie lernen, wie man Leistung beurteilt, wie man vordefinierte Kriterien interpretiert, sachlich bleibt, positiv beginnt und das Gespräch positiv beendet, Ziele »smart« definiert usw. Ist eigentlich schon jemandem aufgefallen, dass ganz selten die Mitarbeiter trainiert werden? Warum werden bei der Einführung von *Mitarbeiter*gesprächen fast ausschließlich *Führungskräfte* trainiert? Der Grund ist hierfür vermutlich recht einfach. Es wird davon ausgegangen, Führungskräfte würden das Mitarbeitergespräch führen. Und wenn HR im Laufe eines Jahres feststellt, dass offenbar etliche Führungskräfte ihrer Pflicht nicht nachgekommen sind, dann haben jene Führungskräfte ein Problem und nicht die Mitarbeiter, was HR wiederum dazu veranlasst, den viel zitierten »sanften Druck« auf die Führungskräfte – nicht auf die Mitarbeiter – auszuüben.

Hier lohnt es, für einen Moment eine andere Perspektive einzunehmen. Denn insbesondere in modernen, von Autonomie geprägten Unternehmen, wo Mitarbeiter wie Erwachsene behandelt werden, übernehmen zunehmend die Mitarbeiter selbst die Verantwortung für ihre Ziele und ihre persönliche Entwicklung, individuell oder in Teams. Gerade im Kontext der Personalentwicklung und insbesondere der Entwicklung von Talenten oder Nachwuchskräften sollten sich Unternehmen grundlegend entscheiden, welchen Weg sie hier einschlagen wollen. Meinen Beobachtungen zufolge haben dies die wenigsten Unternehmen für sich geklärt. An dieser Stelle hilft es, sich das Feld möglicher Spielarten vor Augen zu führen (siehe Abbildung 11, vgl. Trost, 2011).

In Bezug auf die Entwicklung ihrer Mitarbeiter können Unternehmen einerseits überhaupt nichts tun. Man könnte diesen Ansatz als Darwinismus bezeichnen. Die Besten werden durchkommen – »The cream always comes to the top«. Wenn

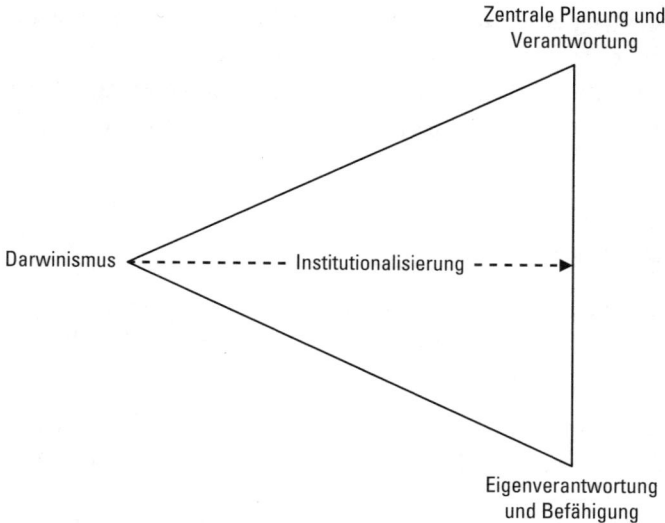

Abbildung 11: Spielarten im Talentmanagement.

man sich bewusst für diesen Weg entscheidet, ist dies zwar mutig, aber durchaus eine Alternative. Im Zuge einer zunehmenden Professionalisierung auch von HR-Prozessen überlassen Unternehmen aber immer seltener die Entwicklung ihrer Mitarbeiter dem Zufall oder dem natürlichen Lauf der Dinge. Eine Institutionalisierung der Personalentwicklung ist die Folge, verbunden mit Prozessen, Instrumenten, Regeln und Methoden. Hierbei können Unternehmen zwei Wege einschlagen. Der eine Weg führt in Richtung zentraler Planung. Hier übernimmt HR die Verantwortung, so wie in Konstellation B (HR als Kunde) skizziert. Auf der Grundlage umfassender Informationen etwa über Anforderungsprofile, Mitarbeiterprofile, Karrierepfade usw. werden möglichst rationale Entscheidungen über Mitarbeiter gefällt oder zumindest vorbereitet. HR nimmt die Position ein, zu wissen, was für die Mitarbeiter und das Unternehmen gut ist. Anders stellt sich die Situation im Fall der Eigenverantwortung dar. Hier sind die Mitarbeiter für ihre Entwicklung selbst verantwortlich. Im Unterschied zur darwinistischen Variante wird hier nicht *nichts* unternommen. Die Maßnahmen bei dieser Spielart haben das alleinige Ziel die Mitarbeiter zu befähigen. Im weiteren Verlauf dieses Buches wird es auch um die Frage gehen, ob und wie das jährliche Mitarbeitergespräch hier einen Beitrag leisten kann und wie es bei einer solchen Spielart gestaltet sein sollte.

Stand heute liegen keine empirischen Erkenntnisse über die Verbreitung der unterschiedlichen Spielarten in der Praxis vor. Dies ist vermutlich dem Umstand geschuldet, dass sich diese Unterscheidung weder in der Praxis und noch weniger in der akademischen Welt herumgesprochen hat. Aufgrund eigener Beobachtungen aus vielen Jahren würde ich aber die Hypothese wagen, dass die personalplanwirtschaftliche Variante insbesondere in größeren Unternehmen als das Ideal betrachtet wird. Gängige Lehrbücher unterstreichen diese Sichtweise: Ein professionelles HR übernimmt Verantwortung und agiert aus einer zentralen Position heraus möglichst rational, basierend auf einer möglichst umfangreichen Informationslage. Der Traum eines umfassend integrierten Personal- oder Talentmanagements.

Auf den Punkt gebracht

- Bei der Implementierung eines personalpolitischen Instruments muss neben der Frage, *warum* man dieses braucht, immer auch die Frage stehen, *für wen* es genutzt wird.

- Das jährliche Mitarbeitergespräch kann die Bedarfe unterschiedlicher interner Kunden adressieren: Geschäftsführung, HR, Führungskräfte oder Mitarbeiter.

- Je nachdem, wer der Kunde ist, wird sich die inhaltliche Gestaltung und Anwendung des Instruments sehr unterschiedlich darstellen.

Die interne Positionierung

Wenn immer in einem Unternehmen ein personalpolitisches Instrument implementiert werden soll, tut man gut daran, dieses Instrument gegenüber den Mitarbeitern und Führungskräften eindeutig zu positionieren. Das bedeutet die klare Beantwortung von zwei zentralen Fragen: Warum tun wir das? Und: Für wen tun wir das? Bekanntermaßen sind es oft die einfachen Fragen, die in der Praxis so schwer zu beantworten sind. Dass diese Fragen aber häufig nur schwammig beantwortet werden, begegnet einem in der Praxis auf Schritt und Tritt.

Alles hilft irgendwie allen

Zum ersten Mal richtig deutlich wurde mir diese Problematik im Zusammenhang mit Mitarbeiter*befragungen* in den späten 90ern. Ich habe damals mit zahlreichen Unternehmen zusammengearbeitet, die gerade dabei waren, eine Mitarbeiterbefragung zu planen und durchzuführen. Die Logik war relativ klar: Alle Mitarbeiter werden aufgefordert, ca. 80 Fragen zu sehr unterschiedlichen Themen zu beantworten. Danach erhalten alle Führungskräfte auf allen Ebenen die Ergebnisse zu allen Fragen, worauf alle Mitarbeiter und Führungskräfte in Workshops mit den Ergebnissen arbeiten müssen. Dieses aufwendige Prozedere rollt alle ein bis zwei Jahre über die gesamte Organisation. Wenn man den verantwortlichen Personalleiter etwas ärgern möchte, kann man ihm die Fragen stellen: »Warum machen Sie das und für wen?« Die Antwort wird sich ungefähr so anhören: »Wir wollen damit erreichen, dass die Bedingungen für eine hohe Arbeitszufriedenheit, -produktivität, aber auch die Arbeitgeberattraktivität beurteilt und unter Einbindung aller schrittweise optimiert wird. Am Ende profitieren davon alle – die Mitarbeiter, die Führungskräfte, die Geschäftsführung, das ganze Unternehmen und zu guter Letzt unsere Kunden.« In anderen Worten: »Alles wird für alle verbessert.« Das klingt wieder einmal wie der Versuch, den Welthunger stillen zu wollen. Mitarbeiterbefragungen nach diesem klassischen Muster werden ihrem Anspruch erfahrungsgemäß bei Weitem nicht gerecht. Das Problem ist, dass nicht selten personalpolitische Instrumente von Anfang an mit Nutzen für zu viele nicht nur überladen werden und dadurch Konflikte vorprogrammiert sind. Es gibt zu viele Kunden und zu viele Intentionen zusammengepackt in einem einzigen Instrument (vgl. Trost & Hagmeister, 2005). Wenn man den Aufwand schon betreibt, dann sollen möglichst viele etwas davon haben – dies scheint zumindest ein leitendes Motiv zu sein.

Beim jährlichen Mitarbeiter*gespräch* ist diese Gefahr noch höher. Die im vorausgegangenen Abschnitt aufgezeigten Nutzenkategorien liefern einen Eindruck von der Vielfalt an möglichen Zielsetzungen. Tatsächlich kann man in der Praxis auf die Frage, warum Mitarbeitergespräche eingeführt wurden, die immer gleich klingenden, endlosen Listen von Zielsetzungen erfahren. Dabei wird stillschweigend davon ausgegangen, dass alle Zielsetzungen miteinander vereinbar sind und ein einziges Instrument dafür geeignet ist, all diesen Zielsetzungen und Nutznießern zugleich gerecht zu werden. Vermutlich ist diese Annahme in den meisten Fällen falsch.

Immanente Zielkonflikte

Ein häufiger Inhalt jährlicher Mitarbeitergespräche besteht darin, dem Mitarbeiter eine Rückmeldung zu seinem Verhalten, seinen Kompetenzen und seiner Leistung zu geben. Wie bereits dargestellt, soll der Mitarbeiter durch dieses Feedback lernen. Nun sind sich viele Unternehmen darin einig, dass eine Rückmeldung dieser Art einen offenen, respektvollen und vertrauensvollen Umgang erfordert, was dem Umstand geschuldet ist, dass es hierbei um hoch sensitive und persönliche Aspekte geht. Die Gefahr, dass sich ein Mitarbeiter in einer solchen Situation missverstanden, gar verletzt fühlt, ist nicht gering. Fingerspitzengefühl ist gefragt – nicht nur auf Seiten der Führungskraft. Jeder kennt dies aus dem privaten Umfeld. Gespräche zwischen Lebenspartnern, die mit dem Satz »Wir müssen miteinander reden« eingefordert werden, sind nicht immer die einfachsten. Deshalb findet sich in den Betriebsvereinbarungen zahlreicher Unternehmen folgender Satz in unterschiedlicher, aber immer gleichlautender Weise wieder: »Die Vertraulichkeit des Mitarbeitergesprächs muss immer gewährleistet sein« (Hinrichs, 2009). In einer Betriebsvereinbarung eines Unternehmens der IT-Branche heißt es etwas ausführlicher:

Wir erwarten von Führungskräften aller Stufen, dass sie das Mitarbeitergespräch mit der nötigen Sorgfalt, Respekt und Achtung dem Mitarbeiter gegenüber als Teil ihrer Führungsverantwortung führen. [...] Vom Mitarbeiter erwarten wir eine positive Einstellung zum Mitarbeitergespräch, das nötige Verständnis für Kritik und die Bereitschaft, sich der Beurteilung entsprechend zu verbessern und sich offen über alle Probleme zu äußern (zitiert nach Hinrichs, 2009, S. 22).

Für sich genommen ist dieser Zielsetzung, durch Feedback zu lernen und dem Anspruch an Vertraulichkeit, Respekt und Offenheit nichts entgegenzusetzen. Es ist schön, wenn ein Mitarbeiter und seine Führungskraft in der Lage und willens sind, eine Auseinandersetzung dieser Art im beschriebenen Rahmen zu führen. Der Kunde dieses vertrauensvollen Dialogs sollte immer der Mitarbeiter selbst sein. Er ist es, der von der Rückmeldung durch die Führungskraft profitieren sollte. Wenn die Zusammenarbeit zwischen Führungskraft und Mitarbeiter Gegenstand des Gesprächs ist, sind beide beteiligten Personen Nutznießer dieser Auseinandersetzung.

Nun gibt es in vielen Unternehmen aber eine weitere Zielsetzung, die mit jährlichen Mitarbeitergesprächen verfolgt wird, nämlich die Behandlung leistungsschwacher Mitarbeiter oder die Belohnung ihrer besonders leistungsstarken Kollegen. Die Führungskräfte führen mit ihren Mitarbeitern dasselbe Gespräch, wie oben beschrieben. Es geht um Leistung, Verhalten, Kompetenzen usw. Der Kunde für diesen Teil des Gesprächs ist nun aber nicht der Mitarbeiter selbst oder die Führungskraft, sondern die Geschäftsführung, nicht selten vertreten durch HR. Sie benötigen diese Informationen, um Entscheidungen über die Zukunft der jeweiligen Mitarbeiter zu untermauern.

Spätestens jetzt sollte der Konflikt in diesem System Mitarbeitergespräch aufgefallen sein. Auf den ersten Blick klingt alles selbstverständlich. Schließlich spiegelt dieses Szenario die gewünschte Wirklichkeit in vielen Unternehmen mehr oder weniger wider. Bei näherem Hinschauen wird aber unmittelbar deutlich, dass man ein Gespräch nicht einerseits vertrauensvoll und offen führen kann, um das Lernen des Mitarbeiter durch Feedback zu beflügeln, und andererseits die Inhalte des Gesprächs an eine zentrale, hierarchisch übergeordnete Instanz weiterleiten kann, die dann (möglicherweise negative) Entscheidungen auf dieser Grundlage fällt. Der Mitarbeiter wird dann eben nicht offen sprechen, sondern vielmehr verhandeln. Er wird Schwächen nicht einräumen, sondern entschuldigen – auch dann, wenn in der Betriebsvereinbarung etwas anderes steht.

Man kann vergleichbare Konflikte noch an vielen anderen Stellen eines Mitarbeitergesprächs finden, je nachdem, wie dieses System in einem Unternehmen konzipiert ist. Ein schönes, weiteres Beispiel ist das Thema Zielvereinbarung. Scheinbar beseelt von gewisser Naivität geht so mancher Personaler von der Annahme aus, Ziele würden grundsätzlich motivieren. Bei der internen Kommunikation (Vermarktung) des Mitarbeitergesprächs ist der Hinweis darauf dann auch ein echter Klassiker. Selbst wenn man annimmt, Ziele würden in den meisten Fällen motivieren, stellt sich doch die Frage, wer der Kunde dieser Motivationstechnik ist. In diesem Fall ist die Antwort klar: In erster Linie sollte dies der Mitarbeiter selbst sein. Er ist es, der motiviert wird, wenn auch am Ende das ganze Team und das Unternehmen von der Motivierung profitieren. Tatsächlich werden in zahlreichen Unternehmen Ziele nicht vereinbart, um Mitarbeiter zu motivieren. Vielmehr dienen sie der Unternehmenssteuerung, wie bereits oben beschrieben wurde, und im weiteren Verlauf als Grundlage für eine Leistungsbeurteilung – welche wiederum über die Zukunft eines Mitarbeiters entscheidet. Mit Motivation hat dies nichts zu tun, schon gar nichts mit intrinsischer Motivation. Hierbei sind meist die Geschäftsführung und HR die Kunden des Prozesses und nicht der Mitarbeiter. In erster Linie benötigt das Management Mitarbeiterziele, um kaskadierend die Leistung der Unternehmenseinheiten und Mitarbeiter zu steuern und zu kontrollieren.

Vermischte Botschaften

Ein personalpolitisches Instrument mit zu vielen Zielsetzungen für zu viele Nutznießer zu beladen, führt unweigerlich zu so genannten »vermischten Botschaften« (mixed messages) für die ein Unternehmen von Seiten seiner Mitarbeiter schnell abgestraft wird. Kürzlich führte ich eine charakteristische Konversation mit dem Personalleiter eines mittelständischen Automobilzulieferers:

Er: Ich benötigen dringend ein IT-System, mit dem wir unsere jährlichen Mitarbeitergespräche unterstützen können.

Ich: Warum machen Sie Mitarbeitergespräche?

Er: Damit unsere Mitarbeiter von ihren Vorgesetzen unter anderem ein Feedback zu ihren Kompetenzen erhalten.

Ich: Warum?

Er: Feedback ist wichtig, um sich weiterzuentwickeln.

Ich: Und wozu brauchen Sie dafür ein System?

Er: Damit wir in der Personalabteilung Reports erstellen können.

Ich: Wofür benötigen Sie diese Reports?

Er: Damit wir sie der Geschäftsführung weiterleiten können.

Ich: Wofür benötigt die Geschäftsführung diese Reports?

Er: Sie wünscht sich diese Reports.

Ich: Warum?

Er: Das ist einfach so.

In dem Moment dachte ich im Stillen: »Da sind sie wieder, die mixed messages.« Feedback um zu lernen ist sinnvoll. Der Geschäftsführung Reports über die Kompetenzverteilung zu liefern, kann für die Unternehmenssteuerung sinnvoll sein. Geht beides auf einmal mit ein und demselben Instrument? Kann man zwei Kunden, Mitarbeiter und Geschäftsführung gleichermaßen bedienen? Vermutlich nicht, zumindest nicht in diesem Fall. Wie bereits gesagt, sollte man den Mitarbeitern eine klare Botschaft darüber liefern, warum etwas personalpolitisch genutzt wird. Das eine sagen und das andere tun wird von den Mitarbeitern aber nur schwer honoriert. Sie sind nicht dumm. Und gerade dann, wenn es um das jährliche Mitarbeitergespräch geht, entwickeln Mitarbeiter nicht selten ein hohes Maß an Neugier und Empfindsamkeit.

Auf den Punkt gebracht

- Jedes personalpolitische Instrument bedarf gegenüber den Mitarbeitern eine klare Positionierung: Warum machen wir was für wen?

- Das Überfrachten des jährlichen Mitarbeitergesprächs mit unterschiedlichsten Nutzenerwartungen für unterschiedlichste Instanzen macht eine klare Positionierung tendenziell unmöglich.

- Nicht selten wird das jährliche Mitarbeitergespräch mit den Interessen unterschiedlicher Instanzen beladen, was zu vermischten Botschaften, Konflikten und Misstrauen führen kann.

Sachliche Relevanz

Die bisherigen Überlegungen zur Frage des Nutzens jährlicher Mitarbeitergespräche waren insgesamt sehr sachlich. Vergleichsweise nüchtern wurde verdeutlicht, dass bei Überlegungen rund um das jährliche Mitarbeitergespräch immer der angestrebte Nutzen im Vordergrund stehen sollte. Die in Folge dargestellten Nutzenkategorien hatten zugegebenermaßen einen recht mechanischen Charakter: Welche Entscheidungen und Urteile müssen gefällt werden, um bestimmte Maßnahmen zu ermöglichen? Welche Informationen sind für wen relevant und wofür? Was wird wie dokumentiert und wer erhält diese Dokumentation? All dies sind sehr formale Aspekte.

Einmal im Jahr Zeit füreinander haben

Nun geht es aber im Mitarbeitergespräch aus Sicht vieler Unternehmen weit mehr als nur um diese sachlichen Aspekte. Im jährlichen Mitarbeitergespräch steht häufig das Mitarbeiter-Führungskraft-Verhältnis im Vordergrund. Und dieses Verhältnis hat natürlich eine zwischenmenschliche Ebene, die weit über die rein sachlichen Belange hinausgeht. Es geht nicht nur um Leistungsziele, Kompetenzerwartungen oder Potenzialeinschätzungen. Für viele Mitarbeiter ist die Führungskraft eine sehr zentrale Person im Leben. Manchmal verbringt man mit der eigenen Führungskraft mehr Zeit als mit dem Lebenspartner. Dabei kann die Führungskraft eine entscheidende Rolle für die eigene berufliche und private Zukunft spielen. Deshalb wäre es grundsätzlich wünschenswert, dass zwischen einem Mitarbeiter und seiner Führungskraft ein gutes, vertrauensvolles Verhältnis besteht. Das muss nicht in jeder Konstellation so sein. Man kann sich durchaus Situationen vorstellen, wo ein Mitarbeiter-Führungskraft-Verhältnis auf rein sachlichen, formellen Füßen steht. Dies wird aber eher die Ausnahme sein.

Für manche Unternehmen kommt gerade hier das jährliche Mitarbeitergespräch zum Zug. Hier wird zu Recht argumentiert, ein funktionierendes, vertrauensvolles Verhältnis erfordere Kommunikation und Zeit, die in der Hektik des beruflichen Alltags oft nicht vorhanden sei. Wenigstens einmal im Jahr solle sich die Führungskraft Zeit für ihre Mitarbeiter nehmen, um nicht nur über sachliche Belange, sondern auch über Dinge zu sprechen, die das zwischenmenschliche Verhältnis betreffen. So überrascht es nicht, dass man in der Praxis zahlreiche Unternehmen beobachten kann, die gerade diesen Aspekt bei der internen Nutzenargumentation besonders hervorheben.

Manche Unternehmen tun dies auf recht einseitige Weise, indem sie argumentieren, das Mitarbeitergespräch sei wichtig, damit der *Mitarbeiter* Vertrauen gegenüber der *Führungskraft* entwickeln könne (vgl. auch Winkler & Hofbauer, 2010). Vermutlich steht dahinter die implizite Annahme, es käme vor allem auf dieses einseitige Vertrauensverhältnis an, damit der Mitarbeiter das tut, was die Führungskraft will – eine offenkundig sehr hierarchische Sichtweise. Das Pferd muss dem Reiter vertrauen, weswegen ein Reiter viel mit seinem Pferd sprechen sollte. In anderen Unternehmen wird demgegenüber das wechselseitige Vertrauensverhältnis mehr in den Vordergrund gerückt. Hier wird verstanden, dass nicht nur der Mitarbeiter der Führungskraft vertrauen sollte, sondern auch die Führungskraft dem Mitarbeiter.

Mitarbeitergespräche können eine toxische Wirkung entfalten

Wenn nun ein Personalleiter in seinem Unternehmen argumentiert, jährliche Mitarbeitergespräche würden zur Entwicklung von Vertrauen zwischen Mitarbeiter und Führungskraft beitragen, wird dieser nur selten Widerspruch aus den eigenen Reihen erfahren. Der Gedanke ist zu nahe liegend: Erstens kann man gegen Vertrauen nichts einwenden. Zweitens sind Gespräche grundsätzlich gut, um Vertrauen zu fördern. So weit, so gut. Was aber den wenigsten Personalleitern und Geschäftsführern in den Sinn kommt, ist die Idee, dass gut gemeinte, verordnete Gespräche zur Vertrauensbildung im Unternehmen eine toxische Wirkung entfalten können. Diese Überlegung lässt sich an folgender *Geschichte vom Mann, der seiner Frau Blumen schenkt* veranschaulichen:

In Deutschland lebt ein Mann, der seiner Frau seit vielen Jahren an jedem Wochenende Blumen schenkt. Er tut dies, weil er seine Frau von Herzen liebt. Seine Frau weiß diese Geste nicht nur zu schätzen, sondern ist besonders stolz darauf. Er müsste das nicht tun und sie weiß, dass er dies weiß. Das macht diesen wöchentlichen Liebesbeweis so besonders und wertvoll.

In Berlin macht sich unterdessen die Bundesregierung zunehmend Sorgen über die wachsenden Scheidungsraten in Deutschland. Scheidungen sind ein gesellschaftliches und sozialpolitisches Problem. Nach intensiver Auseinandersetzung mit der Frage, was Lebenspartner in erfolgreichen Ehen anders machen als Partner in gescheiterten Ehen beschließt die Regierung ein Gesetz. Das Gesetz schreibt allen Ehemännern in Deutschland vor, ihren Frauen einmal pro Woche einen Blumenstrauß zu schenken.

Wie reagiert der liebende Mann, der dies bereits seit Jahren ohne Gesetz praktizierte? Es wird nicht mehr so sein wie vorher. Dieser Mann wird das Gesetz nicht begrüßen, obwohl es sein natürliches Verhalten nun offiziell bekräftigt. Es wäre ihm zu raten, ab sofort keine Blumen mehr zu schenken, sondern seine Frau einmal die Woche zum Essen einzuladen.

Man kann vertrauensbildende Gespräche institutionell nicht verordnen. Tut man es trotzdem, erzielt man genau das Gegenteil dessen, was man eigentlich erreichen wollte. Der einfache Grund liegt darin, dass ein solches Gespräch nur dann erfolgreich sein kann, wenn beide Parteien dies *intrinsisch*, also aus eigenen Stücken wollen. Aus der Psychologie kennt man das Konzept der Attribution. Hierbei geht es um die Frage, auf welche Ursachen ein Mensch das eigene Verhalten oder aber das Verhalten anderer zurückführt. Letzteres ist hier von besonderer Bedeutung: Warum tut der andere das, was er tut? Sobald extrinsische Motivatoren, wie materielle Anreize, die Androhung von Sanktion oder institutionelle Zwänge ins Spiel kommen, wird ein Mensch das Verhalten des anderen immer auf diese zurückführen: Er tut das, weil er es muss. In vielen Situationen mag das keine Rolle spielen. Im Zusammenhang mit jährlichen Mitarbeitergesprächen ist dieser Effekt aber eklatant und kann erheblichen Schaden anrichten, vor allem dann, wenn Vertrauensbildung das erklärte Ziel ist. In einem Gespräch kann Vertrauen nur dann aufgebaut werden, wenn die Gesprächspartner beiderseits davon überzeugt sind, der jeweils andere führe das Gespräch aus innerem, intrinsischem Antrieb. Dieser Wahrnehmung wird aber durch ein verordnetes Gespräch der Boden entzogen. Führungskräfte werden dadurch reihenweise in Situationen manövriert, die sie als skurril erleben. Gute Führung kann durch ein gut gemeintes Führungsinstrument beschädigt werden. Schlechte Führung wird durch die Bereitstellung eines Führungsinstruments aber nicht besser, wie folgende Analogie versucht zu vermitteln.

Man stelle sich vor, das Familienministerium ginge von der richtigen Annahme aus, Gespräche zwischen Eltern und Kindern seien wichtig für die Zukunft des Kindes. Stellen wir uns weiter vor, dieses Ministerium würde durch diese (richtige) Annahme motiviert ein Gesetz erlassen, wonach Eltern nur dann Kindergeld bekommen, wenn sie ein jährliches Erziehungsgespräch führen. Die Eltern würden aufgefordert, das Gespräch in einem extra hierfür entwickelten Formular zu dokumentieren, damit ein hierfür geschulter Beamter in seinem Verwaltungsgebäude sitzend überprüfen kann, ob die Eltern ihrer Pflicht nachkommen. Man will sich nicht ausmalen, wie Eltern auf eine derartige Anweisung reagieren würden. Auf jeden Fall kann man davon ausgehen, dass dieser Erlass kaum zur Qualität der Erziehung in Deutschland beitragen würde.

Sehr ähnlich sind die Dinge aber in zahlreichen Unternehmen gelagert, wo Personalleiter von ihren Führungskräften ein vertrauensbildendes Gespräch formal und dokumentiert einfordern. Es spielen sich dann Szenen ab, die weder von der Personalabteilung noch von der Geschäftsführung gewünscht sein können: »Peter, du weißt ja, es ist Januar und das jährliche Mitarbeitergespräch steht an. HR will das so. Wir müssen über unser Verhältnis sprechen. Erster Punkt (man schaut aufs Formular) ist, wie wir unsere Zusammenarbeit erleben. Peter, willst Du vielleicht zuerst was dazu sagen?« Man muss verstehen, wenn für zahlreiche Mitarbeiter und Führungskräfte eine Situation wie diese nur schwer zu ertragen ist – zu Recht. Tragisch ist vor allem, dass gerade jene Führungskräfte bestraft werden, die intrinsisch solche Gespräche führen würden oder schon immer geführt haben, ohne Aufforderung durch die Personalabteilung und ohne offizielles Formular.

Die sachliche Relevanz steht im Vordergrund

Kommen wir zurück zu den in diesem Kapitel beschriebenen Nutzenkategorien. Es war von Leistungsdifferenzierung, Potenzialerkennung, Feedback oder Zielen die Rede. Alle hier beschriebenen Nutzenkategorien haben in erster Linie sachlichen Charakter. Ihre Relevanz ergibt sich aus dem, was mittels erforderlicher Urteile und Entscheidungen erreicht werden soll. Wie bereits betont, sollten diese sachlichen Überlegungen als Ausgangpunkt dienen. Spätestens in den Neunzigerjahren setzte sich die Überzeugung durch, dass etwa Leistungsbeurteilung oder Kompetenzeinschätzung mit Gesprächen mit den betroffenen Mitarbeitern einhergehen sollten. Dies gilt auch weitestgehend für die anderen Nutzenkategorien, die hier beschrieben wurden. Häufig können relevante Urteile und Entscheidungen ohne entsprechende Gespräche auch gar nicht gefällt werden. Nun aber zu argumentieren, diese verordneten Gespräche hätten zum Ziel, Vertrauen aufzubauen, führt eindeutig in die falsche Richtung. Die Beziehungsebene sollte in einem institutionalisierten Ansatz niemals von der Sachebene getrennt werden. Vertrauen kann nur insofern eine Rolle spielen, als zwischen Mitarbeiter und Führungskraft ein Einverständnis mit den jeweiligen Urteilen und Entscheidungen erzielt wird.

Natürlich ist nachvollziehbar, wenn eine Personalabteilung Verantwortung für die Qualität der Führung im Unternehmen übernehmen möchte. Manche Unternehmen haben etwa im Rahmen von Mitarbeiterbefragungen bescheinigt bekommen, dass die Führungsqualität im Unternehmen leidet, und man ist aufgrund der Ergebnisse gezwungen, etwas zu tun. Man hat den Wunsch, die Führungskräfte würden mehr mit ihren Mitarbeitern reden, ihre Beziehungen reflektieren, wechselseitige Erwartungen klären, Enttäuschungen oder Konflikte ausräumen. Der Anspruch aber, durch einen institutionellen, verpflichtenden Ansatz in die zwischenmenschlichen Beziehungen zwischen Führungskräften und Mitarbeitern einwirken zu können, ist naiv. Hier können bestenfalls Empfehlungen und Hilfestellungen einen Beitrag leisten für die Führungskräfte, die diese selbst wünschen. Eine herrschsüchtige Führungskraft mit diktatorischen Zügen wird auch in einem verordneten Mitarbeitergespräch seine »bewährten« Verhaltensmuster entfalten. Im Privaten verhält sich die Sache nicht anders. Ist eine Ehe zerstritten und von gegenseitigem Misstrauen geprägt, würden weder Gesprächsleitfäden noch dazu passende Formulare helfen, die Situation zu retten. Vielmehr würden diese Hilfestellungen in das vorhandene Beziehungsmuster integriert. Und um die funktionierenden Ehen sollte man sich keine Sorgen machen.

Aus den in diesem Abschnitt dargelegten Gründen werden im weiteren Verlauf dieses Buches Ziele, wie das Schaffen von Vertrauen, die Klärung wechselseitiger Erwartungen zwischen Führungskraft und Mitarbeiter auf der Beziehungsebene oder ähnlich gelagerte Aspekte, nicht weiter vertieft. Der Fokus richtet sich ausschließlich und bewusst nur auf sachlich Relevantes. Personalleitern sei empfohlen, dieser Sichtweise zu folgen. Ansonsten besteht die Gefahr, dass das jährliche Mitarbeitergespräch im Unternehmen als eine Art Psychonummer abgetan würde.

Auf den Punkt gebracht

- Man kann erwachsene Führungskräfte und Mitarbeiter nicht formal und »auf Kommando« dazu zwingen, ein vertrauensvolles Gespräch zu führen.

- Wenn Menschen extrinsisch verpflichtet werden, etwas zu tun, was sie intrinsisch nicht wollen, tun sie tendenziell das Gegenteil von dem, was erwartet wird.

- Im Vordergrund eines jährlichen Mitarbeitergesprächs muss die sachliche Relevanz der damit bewirkten Urteile und Entscheidungen stehen.

4 Rahmenbedingungen

Wer sich mit dem jährlichen Mitarbeitergespräch intensiver auseinandersetzt, Bücher darüber liest, einschlägige Seminare besucht oder sich den Rat so mancher Berater einholt, wird schnell den Eindruck gewinnen, es gäbe den *einen* richtigen Ansatz des jährlichen Mitarbeitergesprächs. Kritische Literatur hinterfragt andererseits nicht selten auf eher polarisierende Weise den grundsätzlichen Nutzen dieses Instruments. Es gibt aber weder den »One best Way«, noch sollte man das jährliche Mitarbeitergespräch entweder als Allheilmittel betrachten oder es pauschal verteufeln. Hier sollte man genauer in eine Organisation hineinschauen und relevante Rahmenbedingungen verstehen.

Zwei extrem unterschiedliche Arbeitswelten

Martin ist Maler im einzigen Malerbetrieb in seinem kleinen Heimatstädtchen in Süddeutschland. Seine Arbeit ist klar geregelt. Sein Chef, dem der Betrieb gehört macht die Ansagen, liefert die Aufträge und Martin setzt sie zusammen mit seinen Kollegen um: In der Einsteinstr. 21 streichst Du diese Woche die Fassade mit 220qm zwei Mal mit weißem Silikonharz. Unebenheiten sind auszubessern, die Ränder abzukleben. Zuvor werden die Wände sorgfältig hochdruckgereinigt. Der Auftrag ist schriftlich und klar beschrieben. Am Ende der Woche kontrolliert der Chef die Arbeit im Rahmen einer offiziellen Abnahme.

In seiner privaten Zeit ist Martin in einem Projekt seiner örtlichen Kirchgemeinde engagiert. Gemeinsam mit anderen sammeln sie Kleidungsstücke und Spielsachen für notdürftige Kinder und Familien eines Partnerstädtchens in Kroatien. Das Projekt wird von dem örtlichen Pfarrer geleitet. Natürlich ist die Arbeit in dieser Organisation für alle freiwillig. Die engagierte Projektgruppe trifft sich regelmäßig gemeinsam mit ihrem Pfarrer und berät über nächste Maßnahmen und setzt sie gemeinsam um, jeder im Rahmen seiner persönlichen Möglichkeiten.

Mit wenigen Sätzen wurden soeben zwei sehr unterschiedliche Arbeitswelten in zwei Organisationen ein und derselben Person beschrieben. In beiden Welten leistet Martin seinen Beitrag, wenngleich die Ergebnisse sehr unterschiedlich sind. Vor allem aber unterscheiden sich die Rahmenbedingungen. Das Verhältnis von Martin zu den jeweiligen Organisationen könnte nicht unterschiedlicher sein. In der einen Organisation ist er abhängiger Mitarbeiter, wo er tut, was er gesagt bekommt. In der anderen Organisation bringt er sich freiwillig ein. Die Art der Aufgaben ist hinsichtlich ihrer Dynamik und Klarheit unterschiedlich. Einmal geht es um klare Aufträge. Das andere Mal um Projekte mit unsicherem Ausgang. Zudem können wir davon ausgehen, dass die Rollen der jeweiligen Führungskräfte kaum vergleichbar sind. Zumindest darf angenommen werden, dass das kirchliche Projekt weniger autoritär geführt wird als der Malerbetrieb. Aspekte wie diese werden im Folgenden differenziert aufgegriffen. Für den Moment stelle man sich vor, wie sich aus Sicht von Martin ein jährliches Mitarbeitergespräch in den beiden Welten darstellen könnte – einmal mit dem Malermeister und einmal mit dem Pfarrer. In welcher Welt würde das jährliche Mitarbeitergespräch in seiner traditionellen Variante funktionieren? Wie müsste dieses Instrument in den jeweiligen Welten angepasst werden? An welchen Nutzen könnten die beiden skizzierten Organisationen überhaupt interessiert sein?

Drei Dimensionen

Bereits diese beiden, sehr einfachen Beispiele deuten implizit auf die Relevanz des Umfelds, der Rahmenbedingungen. Nun habe ich in den vergangen 20 Jahren zahlreiche Erfahrungen rund um das jährliche Mitarbeitergespräch sammeln dürfen, entweder als Mitarbeiter oder als Führungskraft. Ich habe zahlreiche Publikationen zu diesem Thema studiert. Vor allem aber habe ich in den vergangenen Jahren viele Gespräche mit Führungskräften, Personalleitern aber auch mit berufserfahrenden MBA-Studenten geführt – aus unterschiedlichsten Branchen oder Ländern. Die Sichten auf dieses Thema könnten kaum heterogener sein. Selbst wenn ein jährliches Mitarbeitergespräch auf ein und dieselbe Weise in zwei Unternehmen A und B durchgeführt wird, so kann es gut sein, dass es im einen Unternehmen funktioniert, während es im anderen Unternehmen als lächerlich und nutzlos abgetan wird. Offenbar spielen die Rahmenbedingungen eine entscheidende Rolle. Im Folgenden werden drei relevante Dimensionen bezüglich der Rahmenbedingungen genauer betrachtet und deren Bedeutung für das jährliche Mitarbeitergespräch diskutiert (siehe Abbildung 12).

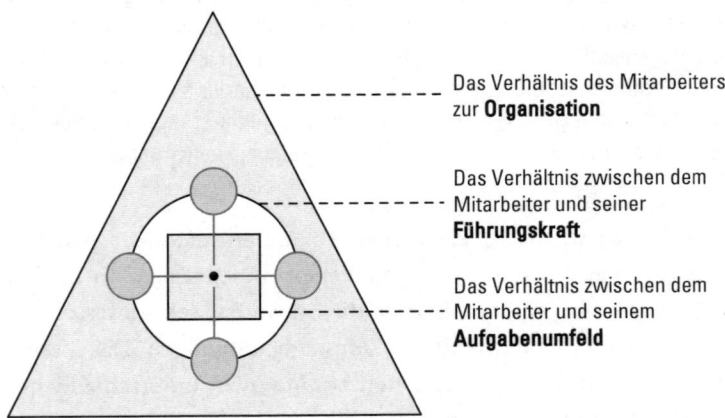

Das Verhältnis des Mitarbeiters zur **Organisation**

Das Verhältnis zwischen dem Mitarbeiter und seiner **Führungskraft**

Das Verhältnis zwischen dem Mitarbeiter und seinem **Aufgabenumfeld**

Abbildung 12: Drei Dimensionen relevanter Rahmenbedingungen.

- Das Verhältnis zwischen dem Mitarbeiter und seinem *Aufgabenumfeld*. Arbeiten die Mitarbeiter in Projekten oder an klar beschriebenen Aufgaben mit eindeutigen Ergebnissen und Lösungswegen? Wie komplex und vorhersehbar sind die Aufgaben oder Projekte? Welche wechselseitigen Abhängigkeiten bestehen zwischen Aufgaben und welche Dynamik ergibt sich daraus?
- Das Verhältnis zwischen dem Mitarbeiter und seiner *Führungskraft*. Wie gehen Mitarbeiter und Führungskräfte miteinander um? Wie ist deren Verhältnis zueinander? Was ist das Selbstverständnis der Führungskräfte? Was ist die domi-

nierende Rolle der Führungskraft? Ist sie eher Boss, Coach, Partner oder Befähiger?

- Das Verhältnis des Mitarbeiters zur *Organisation*. Arbeiten die Mitarbeiter eher individuell oder gemeinsam in Teams? Gleicht die Organisation mehr einer Hierarchie oder einem Netzwerk? Wie dezentral werden Entscheidungen gefällt? Wie viel Autonomie genießen die Mitarbeiter? Sind die Mitarbeiter von der Organisation abhängig oder umgekehrt, die Organisation von den Mitarbeitern?

Je nachdem, wie die Rahmenbedingungen in einer Organisation beschaffen sind, wird das jährliche Mitarbeitergespräch in seiner klassischen Variante funktionieren oder auch nicht. Individuelle Zielvereinbarung kann bei starker Arbeitsteilung funktionieren. Bei Teamarbeit funktioniert sie nicht bzw. hat negativen Einfluss auf die Teamleistung. Führungskräfte, die partnerschaftlich oder als Coach führen, werden niemals eine einseitige, formale Beurteilung gegenüber ihren Mitarbeiter vornehmen. Wenn nicht die Mitarbeiter von ihrem Arbeitgeber abhängig sind, sondern der Arbeitgeber vom Mitarbeiter – was in Zeiten des Fachkräftemangels zunehmend der Fall sein wird –, dann werden Mitarbeiter moderater beurteilt. Diese Liste an Überlegungen ließe sich beliebig erweitern. Sie soll an dieser Stelle lediglich einen kurzen Vorgeschmack auf das liefern, was nun kommt.

Leser, die sich in der Praxis mit dem jährlichen Mitarbeitergespräch beschäftigen, weil sie entweder dabei sind, über die Implementation eines solchen Systems nachzudenken oder den aktuellen Betrieb des Systems in ihrem Haus auf den Prüfstand zu stellen, mögen die oben skizzierten Fragen zunächst reflektieren. Auf die Relevanz der Antworten wird im Folgenden detaillierter eingegangen.

Aufgabenumfeld

Gibt es Jobs, bei denen man sich intuitiv das traditionelle, jährliche Mitarbeitergespräch nur schwer vorstellen kann? Bei welchen Aufgaben ist eine Zielvereinbarung oder Leistungsbeurteilung kaum möglich? Was ist mit dem Job eines Bundeskanzlers, Rockmusikers, Buchautors, Schäfers? Oder denken wir an extrem einfache, reduzierte Jobs mit klarer Routine und einfachen Tätigkeiten: Ticketabreißer im Kino, Jobs an Fließbändern bei höchstmöglicher Arbeitsteilung usw. Funktionieren Zielvereinbarung, Leistungsbeurteilung, Potenzialeinschätzung, Kompetenzbeurteilung, Personalentwicklungsplanung bei allen Aufgaben gleichermaßen – gut oder weniger gut? Vermutlich nicht. Und sicherlich können wir davon ausgehen, dass dieser Umstand etwas mit der Natur der Aufgabe zu tun haben könnte. Wenn es aber Unterschiede gibt, dann stellt sich die Frage, in welchem Aufgabenumfeld all die Elemente klassischer, jährlicher Mitarbeitergespräche besser funktionieren und wo weniger. Möglicherweise gibt es sogar Extrembedingungen, unter welchen dieses System überhaupt nicht funktioniert.

Die Organisation als Maschine

In zahlreichen Köpfen hält sich eine traditionelle, lehrbuchartige Vorstellung davon, was Mitarbeiter bei ihrer Arbeit tun: Im Sinne der Arbeitsteilung werden Aufgaben in kleine, planbare Einheiten strukturiert und beschrieben. Das Ergebnis sind Jobs, Stellen und die dazugehörigen Stellenbeschreibungen, gepaart mit relevanten Kennzahlen und Zielen. Diese planbaren Einheiten fügen sich insgesamt zu einem Gesamtgebilde, das dafür geeignet ist, den Unternehmenszweck insgesamt zu erfüllen. Dahinter steht das Bild einer Organisation als statisches, mechanistisches Ganzes – die Maschinenmetapher (vgl. Morgan, 1997). Das Unternehmen als Uhrwerk, von einem genialen Schöpfer geschaffen, bei dem jede Stelle einem Zahnrad entspricht. Sollte die Maschine nicht rundlaufen, wird dies zum Anlass genommen, noch genauer zu strukturieren und zu planen, getreu nach dem Prinzip »Mehr desselben«.

In meinen Seminaren für Personalleiter oder MBA-Studenten, die berufsbegleitend studieren, stelle ich gerne die Frage: »Wann haben Sie zum letzten Mal die für Ihren Job relevanten Ziele und Kennzahlen im System angeschaut?« Meist folgt die Antwort: »Beim letzten Mitarbeitergespräch«, welches im Durchschnitt ein halbes Jahr zurückliegt. »Kennen Sie Ihre Stellenbeschreibung?« Klare, einstimmige Antwort: »Die habe ich zum letzten Mal bei meiner Einstellung gesehen.« »Wenn Sie sich an Ihre Stellenbeschreibung erinnern, inwieweit entspricht Ihre jetzige Tätigkeit dieser Beschreibung?« Die üblichen Antworten reichen von »weiß ich nicht« über »hat nur noch wenig mit meiner jetzigen Tätigkeit zu tun« bis hin zu »das ist nicht relevant«.

Wie kann das sein? Müssten nicht längst sämtliche Unternehmen im Chaos versunken sein, wenn sich Mitarbeiter tagtäglich weder für ihre Ziele, ihre Kennzahlen noch für ihre Stellenbeschreibungen interessieren? Die meisten Teilnehmer wirken aber auch nach diesem kurzen Frage-und-Antwort-Spiel sichtlich entspannt. Das Problem lässt sich einfach klären: Die Aufgaben der meisten Mitarbeiter sind nicht so, wie sie im Lehrbuch stehen und dies wird auch in Zukunft immer weniger der Fall sein.

Von der Hand- zur Kopfarbeit

Wir erleben einen Megatrend von der Hand- zur Kopfarbeit. Die Dynamik und Unsicherheit des Aufgabenumfelds nimmt konstant zu. Das bedeutet, dass Mitarbeiter und Führungskräfte fast täglich darüber nachdenken müssen, was sie als Nächstes tun. Nur weil mittel- bis langfristige Ziele sowie Stellenbeschreibungen im Alltag kaum relevant sind, heißt dies aber noch lange nicht, dass Mitarbeiter wahllos oder ungesteuert in den Tag hinein arbeiten. Dafür hätten sie heute gar nicht mehr die Zeit. Megatrends wie der demografische Wandel, Globalisierung oder die Zunahme disruptiver Technologien sind hinlänglich ins Bewusstsein vieler getreten. Man kennt die sich verändernden Alterspyramiden, die zu Altersdö-

ner mutieren. Man hat zu Lebzeiten ganze Industrien und Technologien verschwinden sehen – von heute auf morgen. Man macht sich zuhause Sorgen, wenn
irgendwo in der Welt etwas Dramatisches passiert. All diese Megatrends verändern unsere Arbeitswelt. Das war in den vergangenen Jahrzehnten so und das
wird in Zukunft so sein. Aber der wohl wichtigste Megatrend ist der Wandel von
der Hand- zur Kopfarbeit. Dieser Trend hat keinen Tsunami bedingt, kein ein-
schneidendes Ereignis, das diesen Trend in unser Bewusstsein rückte. Dieser
Trend ist schleichend. Was Mitarbeiter in Zukunft vor allem tun werden, sind
zwei Dinge: Denken und Kommunizieren. Was sie in Zukunft denken und was sie
kommunizieren, unterliegt einer dramatischer werdenden Unsicherheit und Dynamik. Kopf- oder Wissensarbeit heißt aber nicht nur, dass man für die tägliche
Arbeit mehr seinen Kopf benötigt als die Hände. Dies tun Sachbearbeiter, die mit
sehr einfachen, repetitiven Aufgaben betraut sind, in gewisser Weise auch. Hier
geht es vielmehr um kontinuierliches Lösen neuer Probleme, um Reflektieren des
eigenen Handelns, Perspektiven wechseln, sich immer wieder auf Menschen einlassen, die man zuvor nicht kannte, Beziehungen aufbauen und pflegen und vieles
andere mehr.

Nun wird häufig reflexartig eingewendet, es gäbe auch in Zukunft Menschen, die
Häuser bauen, Spargel ernten, Dinge von A nach B befördern, Haare schneiden,
Teile zusammenbauen und vieles andere mehr. Natürlich ist dem so. »Irgendje-
mand wird doch auch noch *etwas Richtiges* arbeiten« würde man in meiner
schwäbischen Heimat zu Recht sagen. Zwei Dinge sind hier allerdings zu sehen.
Erstens wird der Anteil an repetitiver Handarbeit zunehmend geringer, auch wenn
er niemals verschwinden wird. Dies ist zum einen der zunehmenden Automatisie-
rung geschuldet. Zudem werden gerade in westlichen Industrieländern immer
mehr händische, körperliche Routinearbeiten in Niedriglohnländer verlagert. An
dieser Stelle soll diese Entwicklung nicht bewertet werden. Es reicht die Feststellung, dass diese Entwicklung stattfindet. Zweitens wird es insbesondere an Stand-
orten, die von moderner Technologie profitieren – dazu gehört Deutschland mit
an erster Stelle – einen zentralen Wettbewerbsfaktor geben. Es geht um Produkt-
und Prozessinnovation: neue, innovative Produkte entwickeln und deren Herstellung intelligent optimieren. Auch wenn diese Produkte und die dazugehörige Pro-
zessautomatisierung für die Herstellung praktisch realisiert werden müssen, wird
deren Erfolg durch zwei Aktivitäten bestimmt: Denken und Kommunizieren.

Aufgabenunsicherheit

Aber was bedeutet Aufgabenunsicherheit in der Arbeitswelt? Im Folgenden werden unterschiedliche Aufgabentypen differenziert betrachtet. Hierbei sind drei
Dimensionen relevant:

- *Ergebnissicherheit.* Sind die Ergebnisse einer Aufgabe von Anfang an klar oder
  ergeben sich diese erst im Laufe der Zeit?

- *Prozesssicherheit.* Ist klar, wie ein Ergebnis erreicht wird?
- *Umfang.* Handelt es sich um eine überschaubare Aufgabe oder um ein umfangreiches Projekt?

Fasst man diese drei Dimensionen zusammen, dann ergibt sich das in Abbildung 13 dargestellte Schema.

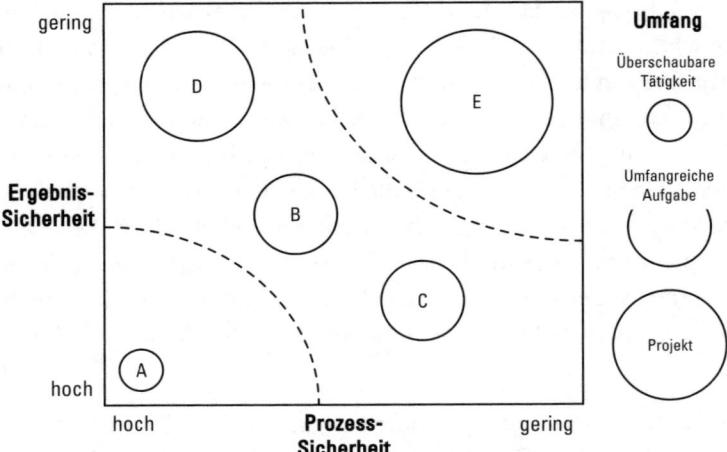

Abbildung 13: Unsicherheit von Aufgaben und Projekten.

In Hotels gibt es den Job des so genannten Housekeeping. Mitarbeiter (»Zimmermädchen«) bringen täglich Hotelzimmer in Ordnung. Hierfür gibt es klar beschriebene Routinen und Abläufe. Die Ergebnisse sind eindeutig beschrieben und folgen klaren, sehr hohen Standards – je nach Hotel. Auch die Zeiten, die hierfür benötigt werden dürfen, sind unmissverständlich definiert. Weil diese Zeiten relativ kurz getaktet sind – es geht um wenige Minuten –, handelt es sich hier um eine durchaus überschaubare Aufgabe.

In der Softwareentwicklung ist bei manchen Entwicklungsprojekten von Anfang an nicht klar, wie das Ergebnis aussehen soll. Manche Software-Unternehmen priorisieren zwar im Vorfeld Anforderungen zum Teil nach einem einfachen Schema. So gibt es Muss-Anforderungen, Soll- und Kann-Anforderungen. Trotzdem haben die Entwickler das Endprodukt am Anfang nicht vor Augen. Anstatt die Anforderungen von Anfang an detailliert zu definieren, um dann die Ressourcen anzupassen, wird oft nach einer umgekehrten Logik vorgegangen, wonach die Ressourcen von Anfang an stehen, um dann zu schauen, wie weit man mit diesen kommt. Der Weg zum Endprodukt ist ebenfalls nicht klar. Bestenfalls verfügt man über definierte Meilensteine. In kurzen Iterationsschleifen wird entschieden, was die nächsten, richtigen Schritte sind. Entwicklungsprojekte dieser Art können hinsichtlich ihres erforderlichen Aufwands und ihrer zeitlichen Dimension sehr aufwendig sein.

Ordnet man diese beiden Aufgaben in das Schema in Abbildung 13 ein, wird man schnell erkennen, dass Housekeeping durch die Aufgabe A links unten (hohe Ergebnissicherheit, hohe Prozesssicherheit, geringer Umfang) gut repräsentiert ist. Softwareentwicklung kann in diesem Schema eher durch Aufgabe E widergespiegelt werden. Aufgaben dieser Art sind mit hoher Unsicherheit behaftet, umfangreich und weisen eine geringe Ergebnis- und Prozesssicherheit auf. In Abbildung 13 sind sie durch große Kreise in der rechten, oberen Ecke angesiedelt. Zwischen diesen beiden, hier beispielhaft aufgeführten Extremen gibt es eine große Bandbreite an Aufgaben unterschiedlicher Unsicherheit und mit unterschiedlichem Umfang.

Mitarbeitergespräche bei hoher Aufgabenunsicherheit

Nun stelle man sich einen Mitarbeiter vor, der jeden Tag hoch repetitive Aufgaben mit entsprechend geringem Umfang auf immer dieselbe Weise (hohe Prozesssicherheit) durchführt, um ein immer gleiches, klar vorgegebenes Ergebnis zu erzielen. Ganz offensichtlich handelt es sich hier um den extremsten vorstellbaren Fall geringster, möglicher Unsicherheit. In der obigen Matrix würde man die Aufgabe dieses Mitarbeiters in der linken, unteren Ecke mit einem kleinen Kreis andeuten. Wie würde ein jährliches Mitarbeitergespräch mit diesem Mitarbeiter ablaufen? Die Führungskraft könnte sich einfach eine Stunde Zeit nehmen, um mit diesem Mitarbeiter losgelöst von der täglichen Hektik über »alles Mögliche« zu sprechen. Zum Beispiel, darüber, wie es dem Mitarbeiter insgesamt geht. Ob er gut mit den Kollegen klarkommt. Wie der Mitarbeiter insgesamt besser werden könnte. Das wäre alles nett und für die Mitarbeiter sicherlich eine besondere Form der Anerkennung und Wertschätzung.

An dieser Stelle soll aber auf die zuvor, in Kapitel 3 genannten Ziele und Nutzen fokussiert werden, insbesondere auf das Ziel der Unternehmens- und Prozesssteuerung mittels Zielvereinbarung. Denn wie noch gezeigt wird, hat die Unsicherheit der Aufgabe einen wesentlichen Einfluss auf die Frage, inwieweit eine jährliche Zielvereinbarung als Instrument der Steuerung Sinn ergibt. Es ist in diesem extremen Fall schwer vorstellbar, dass jährlich vereinbarte, individuelle Ziele für eine Steuerung der Abläufe geeignet sind. Die Ziele sind hier einerseits per Definition klar. Andererseits ist die Arbeit des Mitarbeiters nicht auf mittel- bis langfristige Ziele ausgerichtet, sondern auf die korrekte Ausführung minimaler Aufgabenpakete entsprechend vorgegebener Standards. Sollte das Unternehmen die Notwendigkeit sehen, diese Standards zu ändern, würde es dies wohl kaum im Rahmen eines Mitarbeitergesprächs mitteilen, sondern dann, wenn die Änderung als wichtig erscheint. Meist haben solche Standards auch eine Bedeutung für mehr als nur einen einzigen Mitarbeiter. In diesem Zusammenhang klingen mir noch die Worte eines Verkaufsleiters einer Discount-Filiale im Ohr, der mir sagte: »Was soll ich mit meinen Mitarbeitern jedes Jahr Ziele vereinbaren. Das einzige was ich will, ist, dass sie ihren verdammten Job [seine Worte] machen und gut ist es.« Diese Sichtweise empfinde ich heute noch als extrem, aber ich hatte verstanden, was er meinte und ganz falsch lag er damit sicherlich nicht.

Nun stelle man sich einen anderen extremen Fall vor. Eine Gruppe von Mitarbeitern arbeitet an einem sehr umfangreichen Projekt, dessen Ausgang nicht klar ist (geringe Ergebnissicherheit) – sozusagen eine Expedition ins Ungewisse. Dabei ist ebenso ungewiss, welche Wege das Team im Laufe seiner Arbeit einschlagen wird, weil sie absolutes Neuland betreten. Es gibt zwar eine Vision, eine Vorstellung davon, wofür das Ganze am Ende gut sein könnte. Sonst wäre ja kein vernünftig geführtes Unternehmen bereit, hierfür Ressourcen bereitzustellen. Man findet Aufgaben dieser Art nicht selten in der Wissenschaft oder bei der Neuentwicklung hoch innovativer Lösungen. Arbeiten in solchen Projekten bedeutet, täglich mit Unsicherheiten zu leben. Mitarbeiter erleben beides, Glücksmomente und herbe Enttäuschungen – der Umschwung kann kurzfristig kommen. Nicht selten stehen gerade Projekte zur Entwicklung innovativer Lösungen zudem unter erheblichem Zeitdruck. Wie verlaufen Mitarbeitergespräche in einem derartigen Aufgabenumfeld? Wie ist es hier insbesondere um den Aspekt der individuellen Zielvereinbarung bestellt? Jene Personaler, die bereits versucht haben, dieses Instrument bei Kollegen dieser Art einzuführen, werden durchweg folgenden Satz gehört haben: »Wie kann ich mich auf Ziele für die kommenden zwölf Monate einlassen, wo ich nicht einmal weiß, was übermorgen sein wird?« Per Definition sind Ziele im Kontext höchster Unsicherheit nicht sicher. Und sie werden es auch nicht bei dem Versuch, Ziele im Rahmen eines Mitarbeitergesprächs zu erzwingen. Wenn aber doch Ziele definiert werden, dann handelt es sich selten um echte Ziele, sondern bestenfalls um Wunschvorstellungen. Sie werden spätestens nach wenigen Wochen nicht mehr ernstgenommen. Für Mitarbeiter mit unsicheren Aufgaben erscheint auch die viel zitierte und beliebte Regel, wonach Ziele *smart* (*s*pezifisch, *m*essbar, *a*kzeptiert, *r*ealistisch, *t*erminiert) definiert werden müssen, als äußerst realitätsfern.

Eine jährliche, individuelle Zielvereinbarung ist also weder bei hoher Sicherheit sinnvoll, weil hier die Ziele von vornherein klar sind und sich diese auf eher kurz getaktete Aufgaben beziehen. Bei hoher Unsicherheit wäre eine Zielvereinbarung zwar wünschenswert, ist aber aufgrund der Natur der Aufgaben nicht möglich. Es soll hier aber nicht von der Annahme ausgegangen werden, eine Vereinbarung von Zielen mit Mitarbeitern sei grundsätzlich entweder sinnlos oder nicht möglich. Daraus folgt vielmehr die einfache und für das jährliche Mitarbeitergespräch zentrale Implikation, dass eine jährliche und individuelle Zielvereinbarung nur bei Aufgaben *mittlerer* Sicherheit sinnvoll und möglich ist.

Ziele, die nicht motivieren

Nun geht man im Zusammenhang mit Mitarbeitergesprächen häufig davon aus, Ziele hätten eine motivierende Wirkung auf die Mitarbeiter. Die wissenschaftliche

Begründung bezieht sich meist auf die so genannte Zielsetzungstheorie von Locke und Latham (1984): Wenn zwei Personen versuchen, eine Aufgabe so gut wie möglich zu lösen, dann ist diejenige erfolgreicher, die sich zuvor ein herausforderndes Ziel gesteckt hat. Hierzu gibt es unterstützende, psychologische Experimente in allen Variationen. Diese Experimente wurden größtenteils in künstlichen Laborsituationen durchgeführt, unter kontrollierten Bedingungen. Was passiert aber, wenn ein Mitarbeiter dazu veranlasst wird, Ziele zu vereinbaren, wo man keine Ziele vereinbaren *kann*? Die Ziele werden konservativ und äußerst vage (alles andere als »smart«) ausfallen. Von motivierender Wirkung kann hier am Ende keine Rede mehr sein. In der Praxis kann man beobachten, dass in solchen Situationen Ziele eher vermieden werden. Und wenn, dann handelt es sich im engeren Sinne nicht um Ziele, sondern um Visionen. Letztere sind zwar äußerst motivierend, aber normalerweise weder an Individuen gebunden, noch ist deren Erreichung mit variablen Gehaltsbestandteilen verknüpft. Darüber hinaus sind Visionen eher langfristiger Natur und nicht Teil der operativen, kurz- und mittelfristigen Unternehmens- und Prozesssteuerung.

Dynamik

Neben dem Merkmal der Unsicherheit spielt die *Dynamik* des Aufgabenumfelds eine wichtige Rolle. Wie bereits angedeutet gibt es die naive Vorstellung, die Leistung eines Unternehmens sei die Summe der Einzelleistung seiner Mitarbeiter. Man geht hier von einer sequenziellen Leistungserbringung im Rahmen einer linearen Wertschöpfungskette aus. Jeder Mitarbeiter leistet unabhängig von den anderen Mitarbeitern im Unternehmen seinen Beitrag. Zusammengefügt bilden die Einzelleistungen den gesamten Wertschöpfungsbeitrag des Unternehmens. An manchen Unternehmensbereichen funktioniert dies in der Tat so – mehr oder weniger. In anderen Bereichen ist die Wirklichkeit weit von dieser Vorstellung entfernt. Manche Teams funktionieren wie ein Achter im Rudern. Die Gesamtleistung ist die Summe der Einzelleistung. Aus der Sozialpsychologie und insbesondere aus dem Bereich der Gruppendynamik ist zwar bekannt, dass es hier durchaus zu Motivations- und Koordinationsverlusten kommen kann (Latané, Williams & Harkins, 1979). Dennoch kann man bei dieser Disziplin weitestgehend von dieser Annahme ausgehen – auch wenn ein Ruderprofi dies etwas differenzierter bewerten würde. Andere Teams funktionieren eher wie eine Fußballmannschaft. Der Erfolg eines Fußballteams ergibt sich nicht aus der Summe der Einzelbeiträge, sondern aus dem Zusammenspiel aller Beteiligten. Wenn ein Feldspieler in seiner Leistung ausfällt bzw. komplett versagt, ist die Mannschaft nicht etwa 10 % schlechter, sondern *insgesamt* geschwächt.

Moderne, komplexe Organisationen sind eher mit einer Fußballmannschaft als mit einem Achter vergleichbar. Der Erfolg des Unternehmens ergibt sich aus dem dynamischen Zusammenspiel aller oder vieler Aufgaben, Funktionen, Mitarbeiter. Auch ist der Erfolg einzelner Mitarbeiter und Teams vom Zusammenspiel mit anderen Mitarbeitern und Organisationseinheiten abhängig. Dieses Bild einer Organisation entspricht nicht mehr der Maschinenmetapher, sondern dem des Organismus. Hier wird ein Unternehmen als dynamisches, kybernetisches System aufgefasst. Ein System wiederum besteht aus Systemelementen, die sich gegenseitig unterschiedlich stark beeinflussen. Abbildung 14 zeigt ausschnitthaft ein System voneinander abhängiger Aufgaben. Die Kreise stehen für Aufgaben und die Pfeile für die jeweilige Wirkung einer Aufgabe auf eine andere.

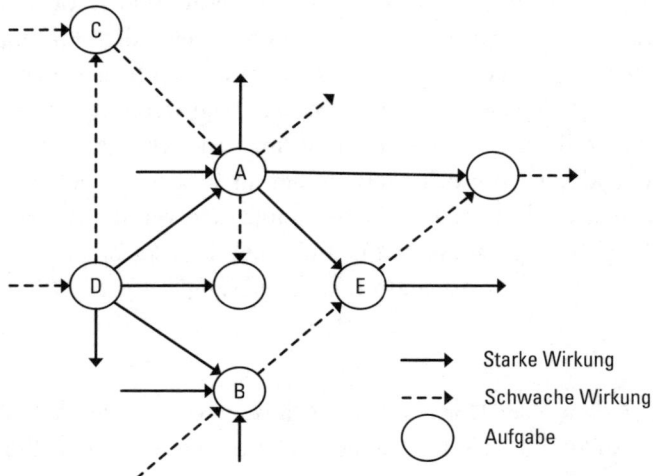

Abbildung 14: Dynamik bei voneinander abhängigen Aufgaben.

Im Folgenden sei diese Überlegung anhand von Aufgaben veranschaulicht. Es gibt Aufgaben, die in hohem Maße von anderen Aufgaben abhängig sind. Hierzu mag in manchen Unternehmen die Vertriebstätigkeit gehören. Der Vertrieb ist dann erfolgreich, wenn die Produktqualität stimmt, das Marketing einen guten Job macht, das Produktmanagement wettbewerbsfähige Produkte voranbringt. Andererseits gibt es Aufgaben, die einen signifikanten Einfluss auf andere Aufgaben im Unternehmen haben. Bei den internen Dienstleistungsfunktionen, wie HR oder IT ist dies vorstellbar. Es gibt also Aufgaben, die eine starke Wirkung haben auf andere und es gibt Funktionen, die stark auf die Leistungen anderer Funktionen reagieren. Bei manchen ist beides der Fall und bei anderen weder das eine noch das andere.

In Abbildung 15 sind beide Dimensionen, Reaktion und Wirkung grafisch veranschaulicht. Beispielhaft zeigt diese Abbildung fünf Aufgaben (A bis E) in Anlehnung an die Darstellung in Abbildung 14.

Dieses Schema basiert auf einer Idee des Systemtheoretikers Frederic Vester (1988). Die Abbildung 15 ist demnach ein Ergebnis der so genannten Sensitivitätsanalyse. Das daraus resultierende Sensitivitätsmodell zeigt die dynamische Einbettung unterschiedlicher Systemelemente innerhalb eines Systems wechselseitiger Wirkung und Reaktion an. In der Praxis kann ein solches Modell mit

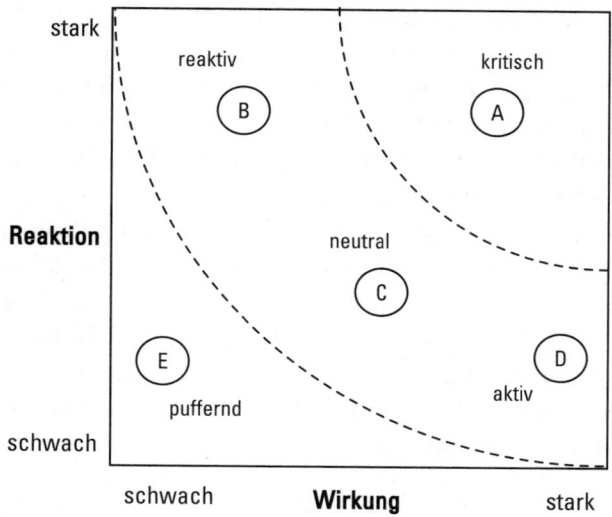

Abbildung 15: Dynamik in einem kybernetischen Sensitivitätsmodell.

wenigen Mitteln entwickelt werden. Im Folgenden geht es nun um die Frage, welche Implikationen sich aus der Dynamik unterschiedlicher Aufgaben für das Mitarbeitergespräch ergeben.

Der Vertrieb ist ein gern genutztes Beispiel, um die Funktionsweise von Zielvereinbarung und der damit verbundenen variablen Vergütung zu veranschaulichen. Vermutlich liegt dies daran, dass in kaum einem anderen Bereich so klare, oft individuelle Leistungsindikatoren zur Verfügung stehen. Die Leistung eines Vertriebsmitarbeiters bemisst sich an dem Umsatz, den er generiert. Punkt. So einfach, wie dies für manche Situationen scheint, so problematisch ist dies in anderen. Für den Vertriebsmitarbeiter, der von Haus zu Haus zieht, um Kartoffeln zu verkaufen, mag der Fall einfach sein – nicht nur wegen der hohen Prozess- und Ergebnissicherheit seiner Aufgabe. Wenn zwei Vertriebsmitarbeiter in einer vergleichbaren Region Produkte an Haustüren verkaufen, dann ist jener erfolgreicher, der den größeren Umsatz erzielt. Für einen Vertriebsmitarbeiter im B2B-Umfeld stellt sich dies aber gänzlich anders dar. Werden Produktionsanlagen (Investitionsgüter) an Key Accounts verkauft, ist ein verantwortlicher Vertriebsmitarbeiter auch intern massiv von der Leistung anderer abhängig. Hinzu kommt die Abhängigkeit seiner Leistung von externen gesamtwirtschaftlichen Rahmenbedingungen. Der Kartoffelverkäufer unterliegt einer geringen Dynamik. Man würde seine Aufgabe in Abbildung 15 links unten anordnen (puffernd). Die Aufgabe jenes Vertriebsmitarbeiters, der Anlagen verkauft, würde man in derselben Abbildung oben links sehen (reaktiv). Im B2B-Umfeld sind Vertriebsmitarbeiter von der Liefertreue, Flexibilität und Qualität der Produktion abhängig, genauso von überzeugendem Marketing, den Netzwerken einiger Top-Entscheider, um nur wenige zu nennen.

Das letzte Beispiel zeigt, wie schwer es ist, die Leistung eines einzelnen Mitarbeiters zu beurteilen, wenn seine Aufgabe in ein komplexes System abhängiger Aufgaben und Bedingungen eingebettet ist. Wenn er erfolgreich ist, dann nur weil das System *insgesamt* erfolgreich ist. Darüber hinaus wird man in solch einer Konstellation Zielvereinbarungen immer an Bedingungen knüpfen, was die Komplexität der Sache exponentiell in die Höhe triebe. Eine Führungskraft, die es wagen sollte, die Leistung eines Vertriebsmitarbeiters als schlecht einzustufen und sich hierbei auf den Umsatz beruft, wird in einem derartigen Kontext immer eine Lawine an Entschuldigen auslösen, die sich auf die entsprechenden Rahmenbedingungen beziehen: »Wie, bitteschön, kann ich diese Anlage erfolgreich im internationalen Markt verkaufen, wenn unser Schwarzwälder Marketing nicht in der Lage ist, englische Produktbeschreibungen ohne Rechtschreibfehler bereitzustellen?« So, oder so ähnlich klingt das dann in der Praxis.

Neben reaktiven Aufgaben (in Abbildung 15 oben, links) gibt es aktive Aufgaben (unten, rechts). Aktive Aufgaben beeinflussen nachgelagerte Aufgaben. Häufig handelt es sich hier um Aufgaben am Anfang der Wertschöpfungskette. Ein gutes Beispiel hierfür ist die Aufgabe eines Designers. Das Design eines Produkts oder einer Komponente hat zum Teil erheblichen Einfluss auf die Produktion, das Marketing, die Finanzen und den Vertrieb. Eine falsche Entscheidung an dieser Stelle kann nachhaltige und weitreichende Probleme bei anderen Aufgaben nach sich ziehen. Ein Fehler bei aktiven Aufgaben wirkt sich ähnlich aus wie das Ziehen an einem Faden eines Spinnennetzes: Das komplette System kommt in Bewegung.

Schließlich gibt es kritische Aufgaben (Aufgabe A in Abbildung 14 und Abbildung 15). Hier sind die Überlegungen bezogen auf reaktive und aktive Aufgaben gemeinsam zu betrachten. Alle Ausführungen bezogen auf die zuvor beschriebenen Aufgabenarten kommen hier gleichermaßen zum Tragen. An dieser Stelle sei angemerkt, dass das im Personalmanagement gängige Konzept der Schlüsselposition auf der Grundlage dieser Überlegungen verstanden werden kann. Eine Schlüsselposition ist demnach eine Position, die mit Aufgaben hoher Aktivität verbunden und am Ende maßgeblich für den Erfolg des Gesamtsystems verantwortlich ist (vgl. Trost, 2013a, Huselid, Beatty & Becker, 2005).

Individuelle Ziele in dynamischen Systemen

In der gelebten Praxis wird man wohl kaum das Ziel vereinbaren, Kunden nicht »über's Ohr zu hauen«, wie man in der Alltagsprache zu sagen pflegt. Man wird kaum vereinbaren, hie und da eine Extrameile zu gehen, wenn Not am Mann ist, oder im Team füreinander da zu sein. Man wird kaum das Ziel vereinbaren, Informationen mit Kollegen zu teilen, hilfreich, empathisch und aufrichtig zu sein. Gibt es einen Bankberater, mit dem »smart« das Ziel vereinbart wurde, Kunden konsequent über die Risiken des »Produkts des Monats« aufzuklären, wenn dadurch die Wahrscheinlichkeit deutlich gesteigert würde, dass dieser Kunde von diesem Produkt Abstand nimmt?

Für die Leistungsbeurteilung hat die Wirkung (Aktivität) von Aufgaben weniger Konsequenzen als für die Vereinbarung von Zielen. Mitarbeiter, die Ziele haben, werden sich auf die Erreichung derselben konzentrieren. Dafür sind Ziele schließlich da. Sie haben nicht nur eine Orientierungsfunktion, sondern auch eine Fokussierungsfunktion: Was ist wichtig und was eben *nicht*. Letzteres wird in einer Zielvereinbarung wohl kaum festgehalten. Dadurch, dass bestimmte Ziele aber *nicht* vereinbart werden, erlangen sie implizit und automatisch eine untergeordnete Priorität. Dies kann bedeuten, dass Mitarbeiter relevante Aspekte aus den Augen verlieren, die aber für nachgelagerte Aufgaben durchaus relevant sind. Der Designer, der nur auf äußerliche Ästhetik achtet, kann beispielsweise erhebliche Kosten in der Produktion bewirken oder gar die Qualität eines Gesamtproduktes in Mitleidenschaft ziehen. Insofern sind Zielkonflikte bei aktiven Aufgaben vorprogrammiert. Und da ein Designer seine Ziele meist mit seiner direkten Führungskraft bespricht (Designchef), sind diese nicht selten nach innen gerichtet und übersehen die langfristigen und nachgelagerten Auswirkungen im gesamten System. Bei aktiven Aufgaben wäre es insofern naheliegender, als Mitarbeiter Ziele nicht mit der direkten Führungskraft zu vereinbaren, sondern mit den Verantwortlichen nachgelagerter Aufgaben. Aber auch hier kann die Komplexität relativ schnell ins Unüberschaubare steigen. Dies ist nur *ein* Beispiel. In der Praxis findet man ein Universum ähnlich gelagerter Konstellationen. Eine jährliche Zielvereinbarung als Instrument der Unternehmens- und Prozesssteuerung erscheint in diesem Lichte als gänzlich ungeeignet. Aktive Aufgaben erfordern darüber hinaus aufgrund ihrer hohen kybernetischen Bedeutung Regelkreise mit deutlich schnellerer Taktung.

Auf den Punkt gebracht

- Wir erleben einen Trend von der Hand- zur Kopfarbeit. Die Arbeit der Zukunft umfasst im Wesentlichen Denken und Kommunizieren und ist geprägt von Unsicherheit und Dynamik.

- Die Unsicherheit einer Aufgabe ist dann hoch, wenn sie umfangreich ist und weder das Ergebnis noch der Weg dahin von Anfang an klar und beschreibbar ist.

- Zielvereinbarungen sind nur bei Aufgaben mittlerer Sicherheit sinnvoll.

- Die starke Vernetzung und Interdependenz der Aufgaben hat eine hohe Dynamik zur Folge. Nicht mehr der Einzelne ist erfolgreich, sondern das System.

- Jährliche Zielvereinbarung und individuelle Leistungsbeurteilung können bei hoher Dynamik insbesondere bei aktiven Aufgaben eine nachteilige Wirkung für das Gesamtsystem entfalten.

Führungsrolle

Beginnen wir mit einer einfachen, kleinen Übung. Man nehme eine leere Seite Papier und schreibe darauf fünf Tipps für Führungskräfte zur Durchführung eines Mitarbeitergesprächs. Wem hier spontan nichts einfällt, sei auf das Internet verwiesen. Hier beschreiben Armeen von Verhaltenstrainern und Beratern, wie es richtig geht. Das Ergebnis könnte wie folgt aussehen:

- Beginnen Sie das Gespräch mit einer lockeren, unverfänglichen Frage, z.B.: »Wie geht es Ihnen?«
- Strukturieren Sie das Gespräch und klären Sie Ihr Gegenüber zu Beginn über den Ablauf auf.
- Geben Sie Ihrem Gegenüber ausreichend Gelegenheit, sich zu den einzelnen Punkten des Gesprächs zu äußern.
- Sprechen Sie kritische Punkte ruhig und langsam aus. Halten Sie Ihren Kopf aufrecht und schauen Sie Ihrem Gegenüber in die Augen.
- Machen Sie während des Gesprächs Notizen und erläutern Sie Ihrem Gegenüber wichtige und relevante Inhalte.

So weit, so gut. Nun schreiben wir über die Punkte die Überschrift »Tipps für die Durchführung eines Gesprächs mit dem Lebens- oder Ehepartner«. Urplötzlich erscheinen diese Tipps in einem anderen Licht. Sie wirken dominierend, zuweilen skurril und lebensfern. Für so manchen erhalten diese Tipps sogar eine verachtende Konnotation. Welches verächtliche Verhältnis muss man zu seinem Lebenspartner haben, um in dieser Weise in ein Gespräch zu gehen? Implizit gehen die meisten gut gemeinten Ratschläge zur Durchführung des jährlichen Mitarbeitergesprächs von einem traditionellen Führungsverständnis aus. Hier ist der Boss und hier ist der Mitarbeiter. Es gibt ein Oben und ein Unten. Dem ist grundsätzlich nichts entgegen zu halten. So ist das in tausenden von Unternehmen. Allerdings beobachten wir in der Praxis zunehmend andere Verhältnisse zwischen Mitarbeitern und ihren Führungskräften.

Als Professor bin ich von meiner Hochschule auch angehalten, jedes Jahr das Mitarbeitergespräch durchzuführen. Bei uns heißt das »Personaldialog« und kommt in seinen inhaltlichen Bestandteilen dem traditionellen Ansatz des jährlichen Mitarbeitergesprächs sehr nahe. Wenn ich die Aufforderung dazu erhalte und ich daraufhin mit einem Mitarbeiter spreche, dann klingt das ungefähr so: »Petra [den Namen habe ich geändert], wir müssen wieder den Personaldialog durchführen. Du kennst das Spiel ja. Wir reden das ganze Jahr über immer über alles, was Dir und mir wichtig ist, jederzeit, wie Erwachsene das eben tun. Wenn's was gibt oder Du was brauchst, komm einfach zu mir. Kannst Du das Formular irgendwie ausfüllen, oder soll ich das machen? Ich unterschreibe das dann.« Diese Art des Umgang funktioniert, weil wir partnerschaftlich zusammenarbeiten und wir dieses Instrument schlichtweg nicht brauchen. Darin sind wir uns einig. Dabei kann ich natürlich nicht für andere Führungskräfte in unserer Organisation sprechen. Mit sachlichen Beurteilungen und Formularen habe ich aber grundsätzlich kein Problem. Als Professor, der Noten vergibt, gehört das gegenüber unseren Studenten zu meinen selbstverständlichen Aufgaben. Als Professor und Lehrer bin ich in gewisser Weise der Boss (was meistens gut so ist). Als Kollege und Führungskraft bin ich Partner auf Augenhöhe. Und da ich als offizielle Führungskraft für manches den Kopf hinhalten muss, darf ich zuweilen auch Entscheidungen fällen.

In einem jährlichen Mitarbeitergespräch werden Mitarbeiter durch ihre Führungskräfte entlang unterschiedlicher Dimensionen, wie Leistung, Kompetenz oder Potenzial beurteilt. Auch wenn dies bekanntermaßen für die Führungskräfte keine einfache Aufgabe ist, wird dies von ihnen erwartet. »Eine gute Führungskraft muss das können.« Wenn Mitarbeitergespräche nicht in der gewünschten Qualität erfolgen, wird dies häufig auf die mangelnde Fähigkeit der Führungskräfte zurückgeführt, ein Verständnis, das an der Realität vorbeigeht und gefährlich ist. Denn je nach Führungsrolle hat das jährliche Mitarbeitergespräch eine professionalisierende oder eine toxische Wirkung und die Führungskräfte spüren oder wissen das, vor allem die guten. Dies liegt im Wesentlichen am sozialen Charakter von Beurteilungen.

Der Prozess sozialer Urteilsbildung

Wenn eine Führungskraft einen Mitarbeiter beurteilt, dann ist das etwas anderes, als wenn dieselbe Führungskraft beispielsweise ein Buch beurteilt, ein Haus, ein Auto, oder ein Schnitzel. Zwischenmenschliche Urteile berühren immer die Beziehung, die zwischen einem Urteiler und einem Beurteilten besteht. Ohne das Verständnis dieser Beziehung ist die Dynamik, die beim Urteilen zutage tritt, nicht zu verstehen. In manchen Situationen wird die Beziehung zwischen einer Führungskraft und einem Mitarbeiter sogar so beschaffen sein, dass sie einseitige Urteile erst gar nicht zulässt. Im Folgenden sollen daher die möglichen Beziehungen zwischen Mitarbeiter und Führungskraft differenzierter behandelt werden.

Nun kann man von einer vereinfachten Vorstellung ausgehen, dass eine Führungskraft weiß, wie sie ihren Mitarbeiter zu beurteilen hat, und dieses Urteil im Mitarbeitergespräch lediglich artikuliert und entsprechend dokumentiert. In der Realität sind die Dinge aber weitaus komplexer und haben mit dieser, eher naiven Vorstellung nur wenig zu tun. Hier lohnt es, den kognitiven Prozess der sozialen Urteilsbildung genauer zu betrachten (siehe auch Fiske & Taylor, 1991). Der Einfachheit halber wird hier von der praktischen Situation ausgegangen, dass eine Führungskraft (nennen wir sie Stefan) eine Mitarbeiterin (Martina) hinsichtlich ihrer Teamfähigkeit beurteilt. Was passiert? Es mag sein, dass Stefan bereits über ein Urteil verfügt, weil er Martina seit vielen Jahren kennt, vor einem Jahr bereits ein Urteil gefällt hat und er kaum Veränderungen seit damals wahrnimmt. Wenn er aber während des Mitarbeitergesprächs oder im Zuge seiner Vorbereitung über kein Urteil verfügt, dann muss er sich ein Urteil bilden (siehe Abbildung 16). Nun folgen eine Reihe charakteristischer Schritte – bewusst oder unbewusst (vgl. Illgen & Feldman, 1983).

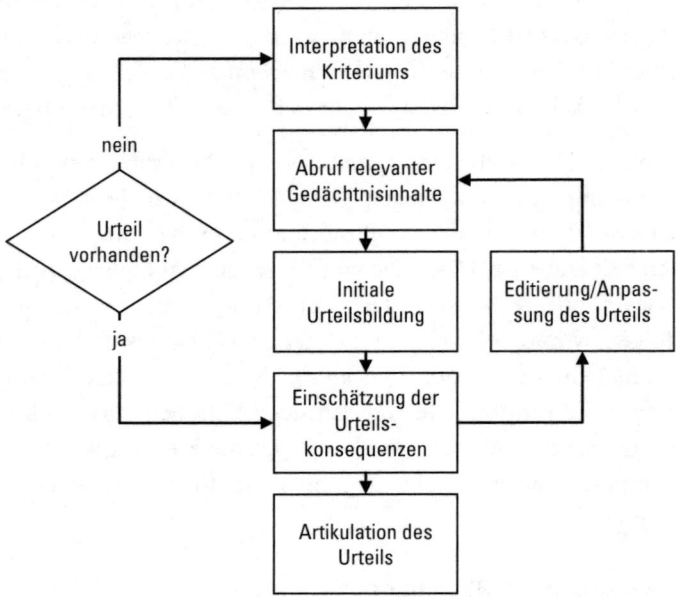

Abbildung 16: Der Prozess sozialer Urteilsbildung beim Mitarbeitergespräch.

Zunächst muss Stefan das Kriterium der Teamfähigkeit interpretieren. Teamfähigkeit bedeutet bei einem Call-Center-Mitarbeiter etwas anderes als bei einem Projektleiter. Hier können Verhaltensanker mit klar beschriebenen Verhaltensmustern leider nur bedingt weiterhelfen. Nachdem sich Stefan eine Vorstellung davon gemacht hat, was er nun unter Teamfähigkeit verstehen möchte, wird er versuchen, relevante Beobachtungen und Erfahrungen über Martina aus dem Gedächtnis abzurufen. Er muss sich erinnern, vor allem dann, wenn er – wie fast jede Führungskraft – über das Jahr hinweg kein Tagebuch geführt hat. Hier kommen zahlreiche, psychologische Effekte zum Tragen, auf die hier im Einzelnen nicht näher eingegangen werden soll (siehe Fiske & Taylor, 1991). Auf jeden Fall ist bereits dieser Schritt für die meisten Führungskräfte mit einem gewissen Maß an Unsicherheit behaftet. Was fällt mir zu meinem Mitarbeiter ein? Hab ich was vergessen? Wie war das nochmal?

Irgendwann wird Stefan ein erstes, initiales Urteil bilden. Er kommt möglicherweise zu dem Schluss, Martina befände sich bezüglich ihrer Teamfähigkeit auf einer Skala von 1 (Basic) bis 4 (Expert) auf Level 2. Nun wird Stefan die Urteilskonsequenzen abschätzen. Was passiert, wenn ich dieses Urteil Martina so mitteile? Wird sie das ähnlich sehen oder gibt es hier möglicherweise Potenzial etwa für einen Erklärungsbedarf oder gar einen Konflikt? Welche Relevanz hat das Urteil für die Zukunft von Martina, oder für ihr Gehalt (sie hat gerade ein Haus gekauft und braucht das Geld)? Werde ich meiner Verantwortung gerecht? Gefährde ich die gute Beziehung zu Martina, wenn ich mein Urteil so artikuliere, wie ich es eigentlich für angemessen halte?

Auf der Grundlage dieser Abschätzung etwaiger Urteilskonsequenzen wird eine Führungskraft möglicherweise ihr Urteil anpassen oder korrigieren, in dem sie versucht, sich weitere Erinnerungen über den Mitarbeiter ins Gedächtnis zu rufen. Hier besteht die aus der psychologischen Forschung bekannte Gefahr, dass eine Führungskraft gezielt nach Inhalten sucht, die das initiale Urteil bestätigen. Dies wird umso intensiver passieren, je negativer die Urteilskonsequenzen aufgrund des initialen Urteils eingeschätzt werden. Dieser Kreislauf von Urteilsbildung, Erinnern zusätzlicher Inhalte, Abschätzung der Konsequenzen wird solange stattfinden, bis sich die Führungskraft einigermaßen sicher fühlt. Hier geht es nicht um Validität, sondern zunächst um die Urteilssicherheit der Führungskraft. Das eine hat mit dem anderen nichts zu tun. Ultimativ steht aber die Beziehung zwischen Urteiler und Beurteiltem im Fokus.

Dieser Prozess verdeutlicht, dass das Fällen eines Urteils im Rahmen eines Mitarbeitergesprächs immer ein sozialer Prozess ist. Wenn eine Person A eine andere Person B beurteilt, ist das etwas anderes, als wenn Person A einen Gegenstand beurteilt. Von zentraler Bedeutung ist die subjektive Einschätzung der Urteilskonsequenzen, vor allem dann, wenn ein Urteil direkt kommuniziert werden muss, was im jährlichen Mitarbeitergespräch üblicherweise gefordert wird. Diese antizipierten Konsequenzen wiederum sind einerseits von der Art und Qualität der zwischenmenschlichen Beziehung abhängig und andererseits von der Verwendung des Urteils. Es ist ein Unterschied, ob ein Manager ein Urteil über einen Mitarbeiter fällt, den er als austauschbar und von ihm unabhängig wahrnimmt, oder ob es sich bei dem Mitarbeiter um einen engen Vertrauten handelt, den er dringend braucht. Es ist weiterhin ein Unterschied, ob ein Urteil nur verbal kommuniziert wird oder ob es dokumentiert und an die Personalabteilung für weitere Prozesse weitergeleitet wird. Basiert das Verhältnis zwischen einem Mitarbeiter und seiner Führungskraft auf Vertrauen, wird dieser Prozess zu anderen Ergebnissen führen, als wenn das Verhältnis auf Macht und Unterordnung gebaut ist.

Urteiler oder Richter?

Wo Menschen aufeinandertreffen, fällen sie gegenseitige Urteile. Menschen können sich nicht *nicht* beurteilen. Meine Studenten reagieren regelmäßig eingeschüchtert, wenn ich ihnen in der Vorlesung sage, dass jedes Mal, wenn ich einem Studenten in die Augen schaue, ich zugleich ein Urteil fälle. Umgekehrt wurde ich beispielsweise in der ersten Vorlesung, in den ersten Sekunden, nachdem ich den Raum betrat, von mehr als 100 Studenten beurteilt. Das liegt in der Natur des Menschen. Der Mensch wäre in seiner sozialen Umwelt nicht überlebensfähig, würde er nicht kontinuierlich soziale Urteile fällen.

Auch Führungskräfte urteilen über ihre Mitarbeiter – täglich, stündlich, in wirklich jeder sozialen Situation. Diese Urteile sind immer auch handlungsleitend, mehr oder weniger. Sie bestimmen das, was eine Führungskraft sagt oder entscheidet. Hierin liegt ein wesentliches Argument, das im Zusammenhang mit formaler Personalbeurteilung häufig vorgebracht wird. So wird argumentiert, es sei eine Sache der Fairness, dass ein Mitarbeiter weiß, was seine Führungskraft über ihn denkt. Schließlich ist dieser unmittelbar davon betroffen. Dieses Argument hat sicherlich Gewicht. Und in der Tat birgt ein offener Austausch über wechselseitige Wahrnehmung und Beurteilung Chancen, solange dieser in einer angemessenen, empathischen und wenn nötig in einer diplomatischen Weise erfolgt.

Nun spricht der große und von mir sehr geschätzte Managementdenker Douglas McGregor (1960) bei einer Führungskraft, die Mitarbeiter formal beurteilt, von einem »Judge«, was man mit »Richter« übersetzen kann. Ist die Führungskraft nun ein Urteiler oder ein Richter? Ein Urteiler ist sie, weil sie ein Mensch ist. Damit ist Urteilen in Ordnung. Eigene Urteile mit Mitarbeitern zu teilen, kann sehr produktiv sein. Dies würde man vom Richten nicht uneingeschränkt behaupten wollen. Zwischen Richten und Urteilen gibt es einen einfachen Unterschied. Wenn eine Führungskraft über einen Mitarbeiter ein Urteil fällt (was sie naturgemäß tut), dieses Urteil aber auch dokumentiert und an eine zentrale, relevante Instanz weitergibt, wird aus dem Urteiler ein Richter. Für die betroffenen Mitarbeiter ist dieser Unterschied erheblich. Kaum ein professionell denkender Mitarbeiter wehrt sich grundsätzlich gegen ein persönliches Feedback. Mit dem Umstand, dass das Feedback möglicherweise quantitativ entlang vorgegebener Skalen erfolgt und dieses unwiderruflich an die Personalabteilung oder gar an die Geschäftsführung weitergeleitet wird, haben Mitarbeiter aber häufig ein Problem. Mitarbeiter wollen tendenziell beurteilt, aber nicht immer gerichtet werden.

Dieser feine Unterschied spielt in den folgenden Überlegungen eine zentrale Rolle. Es wird deutlich werden, dass bestimmte Führungsrollen zwar das Urteilen erlauben, aber nicht das Richten. Der klassische Chef, der im Wesentlichen will, dass die Mitarbeiter das tun, was er fordert, sieht im Richten keinen Widerspruch zu seinem eigenen Führungsverständnis. Vielmehr wird er Richten sogar als Teil seiner Aufgabe erkennen. Eine Führungskraft aber, die als Coach agiert, wird dies niemals tun. Zu Recht. Auf verschiedene Rollen, die eine Führungskraft grundsätzlich annehmen kann, wird im Folgenden eingegangen.

Die Beziehung zwischen Mitarbeiter und Führungskraft

Was tut ein Mitarbeiter, wenn er ein Problem hat? Im Grunde gibt es fünf Handlungsmuster. Erstens, er geht zu seiner Führungskraft und sagt: »Chef, ich habe ein Problem. Was soll ich tun?« Daraufhin wird der Chef ihm sagen, was er zu tun hat. Zweitens, er geht zu seiner Führungskraft und sagt: »Bernd, wir haben ein Problem, lasst uns darüber reden.« Bernd: »Was schlägst Du vor?« Anschließend wird man gemeinsam nach einer Lösung suchen, für die die Führungskraft am Ende die Verantwortung trägt. Drittens, der Mitarbeiter geht zu seiner Führungskraft und sagt: »Ich habe eine Problem. Lasst uns reden.« Die Führungskraft wird fragen: »Was ist das Problem? Was ist Deine Lösung? Hast Du über Risiken, Alternativen usw. nachgedacht? Wie sicher bist Du Dir, dass Deine Lösung funktioniert?« Die Verantwortung bleibt beim Mitarbeiter. Viertens, der Mitarbeiter geht zu seiner Führungskraft und sagt: »Ich habe eine Problem und eine Lösung. Aber dafür brauche ich Deine Unterstützung.« Fünftens, der Mitarbeiter versucht selbst, das Problem zu lösen, alleine oder mit Kollegen. Hier bleibt die Führungskraft außen vor. Im Folgenden sind insofern nur die ersten vier Handlungsmuster relevant.

Diese vier, einfachen Situationen verdeutlichen vier unterschiedliche Führungsrollen: Boss, Partner, Coach und Befähiger. Im Folgenden werden diese vier möglichen Rollen einer Führungskraft detaillierter behandelt (siehe Abbildung 17).

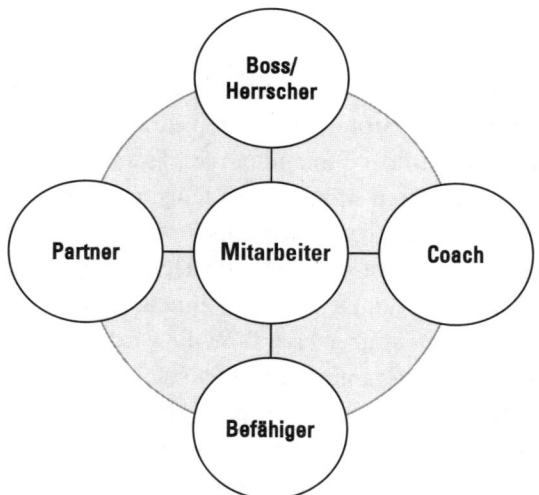

Abbildung 17: Vier mögliche Rollen einer Führungskraft.

Wie noch gezeigt wird, hat die Rolle der Führungskraft eine maßgebliche Relevanz dafür, ob ein traditionelles, jährliches Mitarbeitergespräch funktioniert und angemessen ist oder nicht.

Die Führungskraft als Boss

Eine Führungskraft kann die Rolles eines »*Boss*« haben. Hier wird bewusst dieser eher plakative Begriff verwendet, weil er am besten beschreibt, was damit gemeint ist. Führt der Boss eine große Zahl von Mitarbeitern, kann man ihn auch als »Herrscher« bezeichnen. Dahinter steckt die stereotype Vorstellung dessen, was einen »Chef« ausmacht. Der Boss steht über den Mitarbeitern, die er »unter sich« hat. Er sagt den Mitarbeitern, was sie wie zu tun haben und kontrolliert sie entsprechend. Dahinter steht die implizite Annahme, dass der Boss gegenüber seinen Mitarbeitern nicht nur einen Machtvorteil hat, sondern auch über einen Wissensvorsprung verfügt. Er weiß, wie man Dinge richtig macht. Das Führungsverständnis eines Bosses rankt um eine zentrale Frage: Wie schaffe ich es, dass die Mitarbeiter das tun, was ich will? Umgekehrt lebt der Mitarbeiter in dem Bewusstsein, dass seine Arbeit dann gut ist, wenn sich sein Chef zufrieden zeigt – nicht der Kunde. Das Verhältnis zwischen dem Boss und »seinen« Mitarbeitern ist durch hierarchische Überordnung und Macht geprägt. Weil der Boss alles weiß, sind die Mitarbeiter »unter ihm« vergleichsweise austauschbar und von ihm abhängig. Klassischerweise findet hier eine Trennung zwischen Denken und Handeln statt. Der Boss denkt und die Mitarbeiter handeln. In extremen Fällen sollen die Mitarbeiter gar nicht denken. Henry Ford hat dieses Verhältnis durch sein berühmtes Zitat treffend zum Ausdruck gebracht: »Why is it every time I ask for a pair of hands, they come with a brain attached?« Wie noch gezeigt wird, gehen viele Unternehmen beim Design ihrer jährlichen Mitarbeitergespräche von dieser Rolle aus. In der Praxis entwickelt sich allerdings ein zunehmend anderes Rollenverständnis, zum Beispiel die eines Partners.

Die Führungskraft als Partner

Gerade in wissensintensiven Bereichen und Branchen nehmen Führungskräfte immer häufiger die Rolle eines *Partners* ein. Partner agieren mit ihren Mitarbeitern auf Augenhöhe und sehen sich als zentraler Bestandteil des Teams, das sie führen. Sie unterscheiden sich von den anderen Mitarbeitern lediglich dadurch, dass sie eine besondere Verantwortung für das Gesamtergebnis ihres Teams oder ihrer Abteilung tragen. Ein typisches Beispiel ist die Rolle des Dekans an einer universitären Fakultät. Ein Dekan führt die Fakultät und trägt eine hohe Verantwortung für ihre Zielerreichung. Ein Dekan ist aber kein Boss. Er wird von den anderen Fakultätsmitgliedern gewählt, die er gegenüber der universitären Leitung repräsentiert. Ein Dekan wird niemals einen Professor seiner Fakultät anweisen, für ihn ein Buch zu kopieren, um ein extremes Beispiel zu nennen. Er kann Professoren zwar anweisen, bestimmte Lehrveranstaltungen durchzuführen, wird dies aber immer in gegenseitigem Einverständnis tun. Die Führungskraft als Partner findet sich meist in wissensintensiven Bereichen, in denen der Erfolg eines Teams oder einer Abteilung von der Kreativität der Mitarbeiter abhängig ist. Kreativität kann man nicht verordnen. Man kann sie nur ermöglichen. Mick Jagger war und ist der Bandleader der Rolling Stones. In den Anfangsjahren agierte er aus einer Partnerrolle heraus, als gleichwertiges Bandmitglied mit besonderen Verantwortungen. Als Mick Jagger dann die Rolle eines Boss übernahm, brach die Band für längere Zeit auseinander – laut einer sicherlich subjektiven Darstellung Keith Richards'.

Die Notwendigkeit einer Partnerrolle ergibt sich häufig aus dem relevanten Wissen der Mitarbeiter und der Führungskraft. In einer modernen Arbeitswelt haben sich diesbezüglich die Gewichte verlagert. Eine einfache Gegenüberstellung einer hierarchischen, traditionellen Arbeitswelt und einer modernen, wissensintensiven Welt findet sich schematisch in Abbildung 18.

 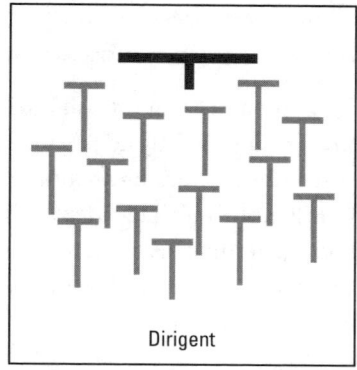

Abbildung 18: Allgemeinwissen, Expertenwissen und die Rolle der Führungskraft.

Die Ts in Abbildung 18 repräsentieren Personen, die über ein Allgemeinwissen (Querbalken) und über ein Expertenwissen (senkrechter Balken) verfügen. Das große schwarze T stellt jeweils die Führungskraft dar. In der traditionellen Welt verfügt der Boss zugleich über viel Allgemein- und Expertenwissen. Er agiert in gewisser Weise als eine Metaintelligenz. Die Mitarbeiter sind wie er, nur in allem etwas kleiner. Hat man eine Frage, kennt der Chef die Antwort, zumindest sind die Mitarbeiter angehalten in erster Linie ihn zu fragen – auch wenn ein anderer die bessere Antwort kennen sollte. In einer wissensintensiven, komplexen und von Kreativität geprägten Welt verfügt der Manager über viel Allgemeinwissen. Er hat den Überblick und weiß aufgrund seiner Erfahrung von allem etwas. Darüber hinaus hat er ein rudimentäres Expertenwissen, meist aus früheren Zeiten seiner Karriere. Jeder Mitarbeiter kennt sich in seinem Expertenbereich besser aus als seine direkte Führungskraft. Die Führungskraft in der Partnerrolle ist mit einem Dirigent eines Orchesters vergleichbar, in dem jeder Musiker sein Instrument besser beherrscht als der Dirigent. Komplexe Projekte funktionieren in der Weise, dass eine Gruppe von unterschiedlichen Experten orchestriert wird. Alles andere wäre in dieser Welt nicht denkbar. Die Halbwertszeit relevanten Wissens wird immer kürzer, so dass kein Mitarbeiter mit der Entwicklung neuer Erkenntnisse umfassend Schritt halten kann. Sie müssen sich fokussieren. Gerade in technischen Bereichen ist es auch deshalb nicht möglich, dass ein Mitarbeiter ohne die Fokussierung auf einen bestimmten Bereich dauerhaft als Experte betrachtet werden kann. Hier deuten sich bereits Implikationen an im Hinblick auf die Beurteilung von Leistung und Kompetenz im Rahmen von Mitarbeitergesprächen. Natürlich ist die Partnerrolle auch in nicht-wissensintensiven Bereichen möglich.

Führungskräfte, die aus einer Partnerrolle heraus agieren, setzen vor allem auf Vertrauen und weniger auf Macht. Das tun sie aus dem Bewusstsein heraus, dass sie mehr von ihren Mitarbeitern abhängig sind als umgekehrt. Gerade in großen und unsicheren Projekten sind Teams und ihre Führungskräfte mit einer erheblichen Komplexität konfrontiert. Traditionellerweise begegnet man dieser Komplexität mit einem entsprechend umfangreichen Planungsaufwand und möglichst detailliert beschriebenen, wechselseitigen Vereinbarungen.

Seit Niklas Luhmann, dem großen Soziologen und Systemtheoretiker, wissen wir, dass Vertrauen die mächtigste Art und Weise ist, soziale Komplexität zu reduzieren. Die Menschheit weiß dies schon immer, zumindest implizit. Es scheint aber, dass diese Erkenntnis im Zuge der Entwicklung immer komplexer werdender Planungs- und Steuerungsinstrumente aus der Managementlehre und einer Zunahme juristischer, komplexer Regelungssysteme an Aufmerksamkeit verloren hat (vgl. Luhmann, 2000).

Die Führungskraft als Coach

Eine Führungskraft, die als *Coach* agiert, belässt die Verantwortung so weit und so lange wie möglich bei den Mitarbeitern. Das wichtigste Führungsinstrument eines Coaches sind daher Fragen. Er wird einem Mitarbeiter nicht sagen »Versuchen Sie es mal von links nach rechts, dann geht's besser« sondern: »Haben Sie schon mal über alternative Herangehensweisen nachgedacht?« Der geschulte Arbeits- und Organisationspsychologe denkt hier zu Recht an das, was man als »non-direktive Gesprächsführung« bezeichnet (Neuberger, 1980). Ein Coach geht von der impliziten Annahme aus, dass der Mitarbeiter die Lösung für ein Problem kennt oder zumindest in der Lage ist, eigenständig eine Lösung zu entwickeln. Sobald ein Coach den Eindruck gewinnt, dass sein Mitarbeiter nicht mehr weiterweiß, wird er mit ihm auf non-direktiver Weise darüber sprechen, wie er einen Weg findet, eine am Ende funktionierende Lösung zu entwickeln: »Was könnte Ihnen helfen, um in dieser Sache weiterzukommen? Haben Sie versucht, eine andere Perspektive einzunehmen? Mit wem sollten Sie reden? Wie sicher sind Sie sich bei dem, was Sie vorhaben?«

Diese Rolle ist in der Praxis sehr schwer durchzuhalten, was weniger an der Führungskraft, sondern an den Erwartungen der Mitarbeiter und deren Sozialisation im Berufsleben liegt. Führungskräfte, die praktisch versuchen, Mitarbeiter nondirektiv zu führen, werden regelmäßig Sätze wie diesen hören: »Chef, jetzt sag mir einfach, was ich tun soll. Dann mach ich das und gut ist es.« In solchen Situationen wird der Boss eingefordert. Für Mitarbeiter ist dies eine geeignete, meist über Jahre gelernte Strategie, sich von ihrer Verantwortung zu befreien. Viele von ihnen haben über Jahrzehnte gelernt, das zu tun, was ihr Chef ihnen sagt. Wen wundert es also? Natürlich gibt es Situationen, die einen Boss erfordern. Ich selbst bin Segler und kenne solche Situationen zu genüge. Wenn Sturm aufkommt und damit Gefahr für Boot und Besatzung, muss der Skipper seiner Rolle als Boss nachkommen, selbst dann, wenn Coaching seinem dominierenden Führungsverständnis entspricht. Schnelle, klare Entscheidungen und Ansagen gepaart mit entschlossenem Handeln sind dann allemal besser als Diskussion und gemeinsame Reflexion, auch wenn die Entscheidungen nicht die optimalen sind. Gute Führungskräfte, die non-direktiv führen, wissen die eine von den anderen Situation zu unterscheiden und handeln danach.

Die Führungskraft als Befähiger

Schließlich kann eine Führungskraft auch ein *Befähiger* sein. Ein Manager, der nach diesem Selbstverständnis führt, sieht seine Aufgabe im Wesentlichen darin, seinen Mitarbeitern ein Umfeld zu schaffen, in dem sie motiviert Bestleistung erbringen können. Auch hier steht der Mitarbeiter im Mittelpunkt. Extreme Formen dieser Rolle findet man etwa in den Bereichen Sport oder Kunst. So war Sir George Martin der Manager der Beatles. In dieser Funktion war er weder der Boss, noch der Partner oder Coach. Seine ultimative Aufgabe bestand darin, dafür zu sorgen, dass die vier Bandmitglieder das tun können, was sie am besten können: Songs schreiben, aufnehmen, sowie öffentliche Auftritte absolvieren. Bei den Rolling Stones hatte deren Manager mit dem langen Namen Prinz Rupert Ludwig Ferdinand zu Loewenstein-Wertheim-Freudenberg über 40 Jahre diese Rolle inne. Bezeichnend ist, dass er von Musik weder Ahnung hatte noch die Musik der Rolling Stones mochte.

Bei diesem Mitarbeiter-Führungskraft-Verhältnis ist der Mitarbeiter eine Art Kunde der Führungskraft, auch wenn man dies in der Praxis so kaum artikulieren würde. Die Führungskraft ist dann erfolgreich, wenn die Mitarbeiter glücklich und produktiv sind. Umgekehrt kommt die Führungskraft genau dann in Erklärungsnot, wenn sich die Mitarbeiter über ungünstige, einschränkende Rahmenbedingungen beschweren, sei es hinsichtlich organisationaler, prozessualer oder infrastruktureller Gegebenheiten.

Rollenkonflikte

Die soeben beschriebenen, möglichen Rollen einer Führungskraft haben erhebliche Implikationen für die Durchführung und den Erfolg des jährlichen Mitarbeitergesprächs. Bereits im Jahr 1960 ging der bereits erwähnte, einflussreiche Denker der Managementtheorie Douglas McGregor in seinem wegweisenden Buch *The Human Side of Enterprise* auf die Rolle von Führungskräften und die Bedeutung für Leistungsbeurteilung (Performance Appraisal) ein. Er fasst seine Überlegungen in dem Satz zusammen: »The role of judge and the role of counselor are incompatible«(McGregor, 1960, S. 117). So wie er den »counselor« beschreibt, ist diese Rolle mit der des Coaches, wie sie hier beschrieben wurde, mehr oder weniger identisch. Man kann diesen Gedanken aber weiter fassen. Ein Partner kann einem Mitarbeiter eine Rückmeldung über die Leistung eines Mitarbeiters geben. Sobald er dieses Urteil aber dokumentiert, an die Personalabteilung weiterleitet und sich daraus positive oder negative Folgen für den Mitarbeiter ableiten, wird der Manager zu dem, was McGregor als »Richter« bezeichnet. Ein Partner oder Coach wird sich mit dieser Rolle äußerst schwer tun, da sein Verhältnis zu seinen Mitarbeitern auf Vertrauen basiert. Dabei ist die Erhaltung des wechselseitigen Vertrauens gerade in einer solchen, partnerschaftlichen Beziehung das oberste Gebot. Um bei den Stones zu bleiben: Mick Jagger als unangefochtener Bandleader wird im Laufe der Bandgeschichte gegenüber Keith Richards tausende Male eine Rückmeldung gegeben haben. Gegenseitige Urteile gehören zum wesentlichen Bestandteil von Bandproben. Kann man sich aber vorstellen, dass Mick Jagger seinen Bandkollegen zu einem jährlichen Mitarbeitergespräch auffordert, um ihm dieses eine Mal im Jahr strukturiert eine Gesamtbeurteilung zu verpassen? »Keith, es ist Januar, Zeit für unser Mitarbeitergespräch.« Partner tun das nicht.

Ein Boss hat hingegen mit der formalen Beurteilung eines Mitarbeiters absolut kein Problem. Seine Position und das Verhältnis zu seinen Mitarbeitern basiert auf Macht und hierarchischer Überlegenheit. Weisung und Kontrolle ist üblich. Unter dieser Rahmenbedingung sind die Beurteilung eines Mitarbeiters und die entsprechende Information der Personalabteilung Teil der alltäglich gelebten Logik. Ein Coach hingegen wird niemals einen Mitarbeiter formal beurteilen. Dies widerspräche gänzlich seiner Beziehung zum Mitarbeiter. Zwar kann ein Coach seinen Mitarbeiter zum kritischen Reflektieren der eigenen Leistung und Kompetenzen anregen. Er wird aber niemals selbst das ultimative Urteil fällen, geschweige denn dieses dokumentieren und HR darüber in Kenntnis setzen, es sei denn der Mitarbeiter wünscht dies. Eine Führungskraft in der Befähigerrolle wird ebenfalls nur in eingeschränktem Maße ein Urteil über einen Mitarbeiter fällen, genauso wenig, wie dies ein professionell agierender Lieferant gegenüber seinem Kunden tun würde.

Partner urteilen anders

Mit meinen Studenten führe ich ab und an ein einfaches Experiment im Rahmen meiner Vorlesung durch. Ich bilde zufällig Viorergruppen. Die Aufgabe der Gruppen besteht darin auf einem vorgezeichneten Grundriss eine optimale Dreier-WG architektonisch zu gestalten, in dem entsprechend Wände und Türen eingezeichnet werden. Auf dem Plan sind nur die Außenwände vorgegeben. Diese Viorergruppen teile ich wiederum in zwei Bedingungen zufällig ein: A und B. In Bedingung A bestimme ich den Leiter der Gruppe. Er muss der Gruppe die Aufgabe mitteilen, soll sich aber aus der Arbeit insgesamt heraushalten. Er darf zwischendurch kontrollieren. In Bedingung B bestimmt die Gruppe ihren Leiter selbst. Dieser wiederum darf sich an der Problemlösung aktiv beteiligen. Beide Leiter tragen die Verantwortung für das Ergebnis. Wie man unschwer erkennen kann, schaffe ich künstlich unterschiedliche Führungsrollen. In Bedingung A schaffe ich einen Boss und in Bedingung B einen Partner (siehe Abbildung 19).

Nach ca. 20 Minuten breche ich die Übung ab und bitte die Leiter zu mir. Diese müssen nun das Ergebnis beurteilen. Das Ergebnis: Partner beurteilen die Ergebnisse ihrer Gruppe deutlich besser als Bosse. Nachträgliche, unabhängige Beurteilungen der Ergebnisse zeigen hingegen, dass die Ergebnisse der Gruppe B (Partner) aus etwas objektiverer Sicht nicht wirklich besser sind.

Dieses einfache Experiment zeigt eindrücklich die Dynamik bei der Beurteilung von Leistung bei unterschiedlichen Führungsrollen. Je nach Rolle der Führungs-

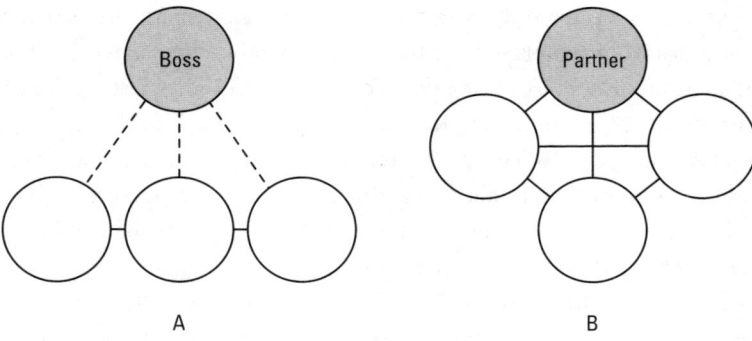

Abbildung 19: Boss und Partner in einer einfachen Simulation.

kraft wird eine Beurteilung etwa von Leistung, Kompetenzen oder Potenzial nach gänzlich unterschiedlichen Gesetzmäßigkeiten ablaufen, unabhängig davon, wie die Durchführung eines Mitarbeitergesprächs aus Sicht der Personalabteilung angedacht ist. Dies sei im Folgenden anhand der Rollen Boss und Partner veranschaulicht.

Boss und Partner im Mitarbeitergespräch

Fordert die Geschäftsführung oder die Personalabteilung seine Führungskräfte dazu auf, ihre Mitarbeiter zu beurteilen, dann wird man am Ende für jeden Mitarbeiter ein Urteil erhalten – vorausgesetzt HR beharrt darauf. Was aber zwischen der Aufforderung dies zu tun und dem Ergebnis tatsächlich stattfindet, kann je nach Rolle unterschiedlicher kaum sein. In Abbildung 20 findet sich eine einfache Gegenüberstellung der beiden Konstellationen, die im Folgenden beschrieben werden.

	Boss	Partner
Grundlage der Beziehung	Macht	Vertrauen
Reaktion des Mitarbeiters	Verhandlung	Reflexion
Beurteilungsgegenstand	Leistung und Kompetenzen des Mitarbeiters	Gemeinsame Leistung, Zusammenarbeit
Umgang mit Pflicht	Erfüllung	Abwehr, Taktieren
Dokumentation des Urteils	Bericht an HR	Vertraulichkeit

Abbildung 20: Leistungsbeurteilung im Vergleich bei den Rollen Boss und Partner.

Wir beginnen mit dem Boss. Da das Verhältnis zu seinen Mitarbeitern auf Macht beruht, wird der Boss das Mitarbeitergespräch mehr oder weniger dominieren. Er tut dies, weil er es kann. Wo jemand eine Machtposition innehat, füllt er diese auch aus – ein seit Jahrzehnten bekannter Effekt der Sozialpsychologie, der potenziell sogar zu drastischen Verhaltensweisen führen kann (Zimbardo, 2007). Der Beurteilungsgegenstand sind die Leistung und Kompetenzen des Mitarbeiters. Die leitenden Fragen des Managers sind: »Hat der Mitarbeiter die Leistung erbracht, die ich als Führungskraft von ihm erwarte?« und »Zeigt der Mitarbeiter die Fähigkeit, entsprechend der von mir an ihn gerichteten Anforderungen?«. Die Beurteilung des Mitarbeiters erfolgt nach dem oben beschriebenen Prozess sozialer Urteilsbildung. Dabei ist er sich den Konsequenzen seines Urteils durchaus bewusst, nimmt aber auch negative Konsequenzen für den Mitarbeiter billigend in Kauf. Er akzeptiert dies als Teil des Systems. Vor diesem Hintergrund sieht er die Beurteilung des Mitarbeiters als seine Pflicht und Führungsaufgabe. Der Mitarbeiter seinerseits weiß ebenfalls ob der Konsequenzen der Beurteilung. Daher wird er versuchen, seine persönlichen Interessen einzubringen und entsprechend verhandeln, anstatt offen und ehrlich über Schwächen zu reflektieren. Weil die Führungskraft das System akzeptiert, wird sie pflichtbewusst ihr ultimatives Urteil dokumentieren und an die Personalabteilung weiterleiten. Die ganze Angelegenheit erscheint dem Boss als klar, logisch und widerspruchsfrei. Sein Handeln ist Teil eines Systems, das ihm die Position einer Führungskraft zuweist. Möglicherweise erkennt er in seiner pflichtbewussten Ausübung und Dokumentation des Mitarbeitergesprächs einen weiteren Beleg seiner hohen Führungsqualität. Schließlich erntet er sogar von Seiten der Personalabteilung eine entsprechende Anerkennung.

Für den Partner und seine Mitarbeiter stellt sich die Sache gänzlich anders dar. Da das Verhältnis von Vertrauen geprägt ist, stellt eine formale Beurteilung grundsätzlich eine potenzielle Bedrohung dar. Partner richten sich nicht einseitig. Dies wird insbesondere deshalb so wahrgenommen, weil die Beurteilung Konsequenzen birgt und an die Personalabteilung weitergeleitet werden soll. Mit der Aufgabe, dem Mitarbeiter eine Rückmeldung über die Leistung der vergangenen zwölf Monate zu geben, hat der Partner grundsätzlich kein Problem. Feedback geben ist mit dieser Rolle durchaus kompatibel – um es mit McGregor auszudrücken. Anders als der Boss sieht sich der Partner aber mit in der Verantwortung für die Leistung des Mitarbeiters. Man arbeitet zusammen. Die Kompetenzen des Mitarbeiters sind nur eine Seite der Medaille. Worum es geht, ist Zusammenarbeit und das wechselseitige Ergänzen unterschiedlicher (diverser) Stärken. Insofern kann der Partner seinen Mitarbeiter nicht beurteilen ohne sich selbst zu bewerten. Die Beurteilungssituation wird auch deshalb als bedrohlich wahrgenommen, weil sie die Gefahr der Verhandlung birgt, was der gegenseitigen Offenheit und Vertraulichkeit im Wege stünde. Denn das Ziel einer Leistungsbeurteilung besteht in einer solchen Beziehung vielmehr darin, gemeinsam über gemeinsame Leistung zu reflektieren, anstatt einseitig zu verhandeln. Alles andere wäre hier nicht vorstellbar, denn im Vordergrund steht die Erhaltung des wechselseitigen Vertrauens. Am Ende wird man das System geschickt im Rahmen der Möglichkeiten umgehen, gegebenenfalls taktieren. Das eine wird gesagt, das andere für die Akte oder das HR-System dokumentiert. Zudem wissen beide, die Führungskraft und der Mitarbeiter, dass ein Mitarbeitergespräch auf gewohnter Augenhöhe nur dann sinnvoll sein kann, wenn beide Parteien dies wollen. Hier kann die offizielle Aufforderung zu einem formalen Mitarbeitergespräch die natürliche Gesprächsbereitschaft insbesondere der Führungskraft sogar beschädigen, wie die oben dargestellte Geschichte vom Mann, der seiner Frau Blumen schenkt, anschaulich verdeutlichte. Führungskräfte, die von sich aus (intrinsisch motiviert) regelmäßige Gespräche mit ihren Mitarbeitern führen, werden durch die Einführung eines Mitarbeitergesprächs (extrinsische Motivation) möglicherweise korrumpiert: »Führt meine Führungskraft dieses Gespräch, weil er das will oder *nur* weil er es muss?« Die natürliche Folge ist in solch einer Konstellation eine Abwehr des Mitarbeitergesprächs durch die an sich vorbildliche Führungskraft.

Gute, schlechte Führungskräfte

Hier wird ein Führungsdilemma sichtbar, das mit Mitarbeitergesprächen einhergehen kann. Zahlreiche Unternehmen verbinden mit »guter Führung« das pflichtbewusste Führen jährlicher Mitarbeitergespräche und zwar so, wie es der offizielle Leitfaden inklusive relevanter Formulare zur Durchführung vorschreibt. Eine Führungskraft, die keine regelmäßigen Gespräche dieser Art führt, kann keine gute Führungskraft sein. Hinter dieser Überzeugung steht ein traditionelles, hierarchisches Führungsverständnis. Dabei bestehen im Zusammenhang mit Mitarbeitergesprächen tradierte Vorstellungen darüber, wie dieses abzulaufen habe. Im zweiten Kapitel wurde auf die übliche Vorgehensweise bereits eingegangen: Eine Führungskraft beurteilt mindestens einmal im Jahr die Leistung, die Kompetenzen, das Potenzial eines jeden Mitarbeiters. Es werden Ziele für die Zukunft vereinbart. Persönliche Entwicklungsmaßnahmen werden besprochen und manches mehr. Am Ende werden die Urteile und Entscheidungen dokumentiert und der Personalabteilung zur Verfügung gestellt. Führungskräfte, die diesem Prozess folgen, sind offiziell »gute Führungskräfte«.

Dieser Ansatz ist durchaus gut gemeint. Er funktioniert in erster Linie dann, wenn die Führungskraft die Rolle eines Bosses ausfüllt. Bei allen anderen Rollen (Befähiger, Coach, Partner) birgt dieser Ansatz aber erhebliches Konfliktpotenzial. Er ist mit diesen Rollen nur begrenzt kompatibel. Führungskräfte, die ein anderes Selbstverständnis als das des Bosses haben, werden diesen Ansatz umgehen oder intelligent an ihr Rollenverständnis adaptieren. Am Ende werden sie nicht das tun, was ihnen die Personalabteilung abverlangt, meist ohne dass die Personalabteilung dies merkt. Denn am ausgefüllten Formular kann man nur schwer erkennen, wie die Urteile und Entscheidungen tatsächlich gefällt wurden. Jene Führungskräfte, die diesen Prozess tendenziell umgehen, kommen nach offizieller, personalpolitischer Lesart ihrer Führungsverantwortung nicht nach. Ihre Quittung bekommen sie spätestens bei der nächsten Mitarbeiterbefragung, wenn ihnen statistisch bescheinigt wird, sie würden weder klare Anweisungen geben noch »smarte« Ziele vorgeben. Dass gerade die guten Führungskräfte weder »klare Anweisungen« geben noch »smarte Ziele vorgeben«, wird dann bei der Interpretation solcher Befragungsergebnisse gerne übersehen.

Auf den Punkt gebracht

- Gespräche und soziale Urteile spiegeln immer das zwischenmenschliche Verhältnis zwischen den Beteiligten wider. Die Umsetzung formaler Gesprächsvorgaben wird immer an dieses bestehende Verhältnis adaptiert.

- Die dominierende Rolle einer Führungskraft bestimmt das Verhältnis zwischen ihr und ihrem Mitarbeiter. Man kann die Rollen Boss, Partner, Coach und Befähiger unterscheiden.

- Aus einem Urteiler wird dann ein Richter, wenn er sein Urteil dokumentiert, weiterleitet und daraus konkrete Schlussfolgerungen abgeleitet werden.

- Bestimmte Vorgaben im jährlichen Mitarbeitergespräch können mit bestimmten Führungsrollen nicht kompatibel sein. Ein Coach oder Partner wird niemals als Richter agieren.

- Gute Führung muss nicht unbedingt bedeuten, dass das jährliche Mitarbeitergespräch in der Art und Weise durchgeführt wird, wie sich die Entwickler dieses Instruments dies vorstellen.

Organisation

Kürzlich ruft mich ein ehemaliger Student meiner Fakultät an und bat mich verzweifelt um meinen Rat. Nach seinem erfolgreichen Studium übernahm er einen Job bei einem großen deutschen Automobilzulieferer. Er berichtete mir, dass er sich bei seiner Arbeit chronisch unterfordert fühle. Seit etlichen Wochen hätte er spätestens ab dem frühen Nachmittag nichts mehr zu tun. Offenbar redete er mehrmals mit seinem Chef und bot sich für weitere Aufgaben an, aber seine Bemühungen blieben scheinbar erfolglos. Ich kenne diesen Studenten und bin persönlich von seiner Motivation und seinen Fähigkeiten überzeugt. Man kennt keine konkreten, empirischen Zahlen hierzu, aber die Zahl an Mitarbeitern mit vergleichbaren Schicksalen dürfte nicht unerheblich sein.

Etwa zur gleichen Zeit traf ich einen anderen ehemaligen Studenten zufällig auf dem Flughafen. Ich fragte ihn, wie es ihm ginge und er berichtete voller Glück von seiner beruflichen Tätigkeit. Seine für mich zentrale Aussage war: »Bei uns gibt es so viele interessante Projekte, an denen ich arbeiten könnte, mit tollen Kollegen. Schade, dass die Zeit so begrenzt ist.«

Weisung und Kontrolle versus Autonomie

Diese beiden Beispiele zeigen die extremen Pole eines breiten Spektrums unterschiedlicher Organisationen. Im weitesten Sinne geht es um die Beziehung eines Mitarbeiters zu seiner Organisation. Im ersten Fall »gehört« der Mitarbeiter der

Firma. Er steht ihr zur Verfügung und sie kann den Mitarbeiter nach eigenem Ermessen und eigenen Regeln einsetzen. Diese Vorstellung einer Mitarbeiter-Organisation-Beziehung ist vermutlich verbreiteter als man zunächst befürchtet. Man erkennt dies schon am gängigen Sprachgebrauch. So werden Mitarbeiter »eingestellt«, »eingesetzt«, »versetzt«, ins Ausland »entsandt«. Das Unternehmen tut etwas mit dem Mitarbeiter. Implizit wird man denken, dass der Arbeitgeber dies auch darf, denn schließlich zahlt er dem Mitarbeiter sein monatliches Gehalt. Bei Unternehmen dieser Kategorie wird nach dem Prinzip geführt, wonach die Organisation am besten weiß, was für den Mitarbeiter gut ist und entsprechend über ihn verfügt. Die Organisation ist für den einzelnen Mitarbeiter handlungsleitend und bestimmt nicht nur seine Tätigkeiten, sondern auch seine berufliche Entwicklung.

Diesen Unternehmen stehen andere, meist modernere Unternehmen gegenüber. Hier sind Mitarbeiter nicht »Opfer« bzw. bloße Ausführer übergeordneter Strukturen, Regeln und Entscheidungen, sondern vielmehr aktive Gestalter. Sie tragen Verantwortung. Mitarbeiter bringen sich nicht nur in Projekte ein, sondern initiieren sie auch auf autonome Weise. In zahlreichen innovativen Unternehmen folgen Mitarbeiter sogar der unausgesprochenen Regel, wonach neue Ideen so lange wie möglich »im Untergrund« entwickelt und vorangetrieben werden sollten, bevor sie in strategischen Entscheidungsgremien möglicherweise verflacht, gebremst oder gar blockiert werden. Das Unternehmen als erlebtes Universum an inhaltlichen und sozialen Möglichkeiten.

Ein ewig währender Dogmenstreit

Hinter diesen beiden Welten stehen zwei gegensätzliche Management-Ansätze. Auf der einen Seite gibt es den klassischen Ansatz wissenschaftlicher Betriebsführung (Taylorismus) eines Frederick Taylor (1913) oder modernere Sichtweisen, wie etwa die eines Fredmund Malik (2001). Sie münden in ein System, das durch Weisung und Kontrolle geprägt ist. Dem stehen eher humanistische Ansätze gegenüber, die Selbstverwirklichung und Eigenverantwortung in den Mittelpunkt rücken. Man erinnere sich hier an Vordenker, wie Douglas McGregor (1960), der den Gegensatz von Theorie X und Y geprägt hat, sich am Ende aber eindeutig für Theorie Y aussprach. Dieser Theorie zufolge streben Mitarbeiter naturgemäß nach Verantwortung und Selbststeuerung. Andere Denker, wie Chris Argyris (1960), wiederum betonen den Unterschied zwischen formellem und informellem Verhalten in Organisationen und machen hierbei zwischen dem Konflikt zwischen »offiziellen« Strukturen in Organisationen und (eigenverantwortlichem) informellem Handeln aufmerksam (vgl. Katzenbach & Khan, 2008). Vereinfacht betrachtet geht es hier um das Dilemma zwischen Weisung und Kontrolle einerseits und Autonomie verbunden mit Selbststeuerung andererseits (siehe Abbildung 21).

Weisung und Kontrolle	Selbststeuerung/Autonomie
Theorie X	Theorie Y
Formelle Organisation	Informelles Verhalten
Top-Down	Bottom-Up
Fremdbestimmung	Selbstbestimmung
Fremdverantwortung	Eigenverantwortung

Abbildung 21: Gegensätzliche Management-Ansätze.

Seitdem diese beiden Sichtweisen bekannt sind, gibt es einen zum Teil dogmatisch geführten Streit darüber, welcher Ansatz wohl der richtige sei. Zahlreiche (selbsternannte) Management-Gurus haben in den vergangenen Jahren als Berater, Redner oder Autoren viel Geld damit verdient, den einen Ansatz gegenüber dem anderen zu verteidigen. Diese Diskussion wird auch anhalten, da es niemals eine endgültige Lösung geben wird.

Häufig wird vorgebracht, kreative Menschen, auf die es in Zeiten der Wissensökonomie und Innovation ja besonders ankommt, bevorzugen Verantwortungsübernahme und Selbststeuerung. Wir wissen heute, dass dies nur eingeschränkt zutrifft. Manch anderer wird einwenden, die jüngere Generation würde nach Verantwortung suchen. Auch das scheint aus meiner eigenen Beobachtung heraus nicht zu stimmen. So zeige ich meinen Studenten in meinen Vorlesungen üblicherweise die beiden Führungskulturen in Abbildung 22 gepaart mit der Frage, welchen Führungsstil sie bevorzugen. Ganz offensichtlich spiegelt Führungskultur A Weisung und Kontrolle wider, während Führungskultur B Autonomie und Selbststeuerung charakterisiert. Die Antworten sind ausgeglichen, auch wenn ich noch vor wenigen Jahren eine Präferenz für Modell A erwartet hatte.

Führungskultur A	Führungskultur B
Wir wollen, dass sich unsere Mitarbeiter wie mündige Menschen verhalten, deshalb behandeln wir sie auch so. Jeder Mitarbeiter trägt die Verantwortung für sein Tun. Wir setzen darauf, dass sich am Ende alle Mitarbeiter eigeninitiativ zum Wohl des gesamten Unternehmens engagieren und jeder individuell seinen Beitrag leistet. Kontrolle von oben und starre Strukturen gibt es bei uns nicht und sind auch nicht nötig.	Mitarbeiter wollen geführt werden und brauchen Strukturen. Deshalb sehen wir es als zentrale Führungsaufgabe an, den Mitarbeitern klar zu vermitteln, was von jedem Einzelnen erwartet wird. Vertrauen ist zwar gut aber Kontrolle ist besser. Organisationen brauchen klare Spielregeln und jemanden, der für deren Einhaltung sorgt. Alles andere würde zu Chaos führen und am Ende würde das ganze Unternehmen darunter leiden.

Abbildung 22: Zwei Führungskulturen.

Auch aus diesem Grund soll hier auch keine Stellung zur Frage bezogen werden, welcher Ansatz denn nun grundsätzlich der bessere sei. Wichtig ist lediglich die Feststellung, dass man in Unternehmen den einen oder den anderen Ansatz antrifft. In einem Unternehmen wählen Mitarbeiter ihren Chef. im anderen wird er ihnen »vorgesetzt«. Im einen Unternehmen verfügen alle Mitarbeiter über eigene Budgets. im anderen geht die Beschaffung eines Kugelschreibers über den Tisch des Vorstandsvorsitzenden. Im einen Unternehmen setzen sich Mitarbeiter ihre Ziele selbst, im anderen werden sie vorgegeben. Zwischen schwarz und weiß gibt es selbstverständlich Graustufen. Wie im Laufe dieses Buches noch erläutert wird, hat diese Dimension der *Autonomie* einen erheblichen Einfluss darauf, ob und wie Mitarbeitergespräche in der Praxis funktionieren.

Mehr Autonomie – weniger Weisung und Kontrolle

Kürzlich war ich wieder einmal Gast in einem Unternehmen und es wurde mir eine Geschichte präsentiert, bei der ich das Gefühl habe, ich hätte sie in den vergangenen, wenigen Jahren sehr oft gehört. Das Unternehmen besteht seit über 60 Jahren und beschäftigt heute 1200 Mitarbeiter. Geprägt wurde das Unternehmen von seinem alleinigen Gründer, dessen Name zugleich der Firmenname ist – ein echter Patriarch und Vater des Unternehmens. In den vielen Jahren seit Bestehen des Unternehmens gab es nur einen, der Entscheidungen fällte. Der Patriarch war immer präsent, physisch, jederzeit, auch am Wochenende und bis spät in die Nacht. Sein Betrieb war sein Leben. Wenn er nicht in der Nähe war, spürte man seine Gegenwart auf nahezu metaphysische Weise. Der psychologische Vertrag zwischen ihm und seinen Mitarbeitern war einfach: Ihr arbeitet für mich, tut was ich sage und dafür sorge ich für Euch. Für die Mitarbeiter ging dieses Modell auf. Sie hatten zwar wenig zu melden, aber dafür Sicherheit und vor allem wussten sie jederzeit, woran sie waren. Vor wenigen Monaten hat dieser Firmengründer das Unternehmen an seinen Sohn übergeben. Weltoffen, eloquent, smart und mit einem MBA-Abschluss bewaffnet, macht sich dieser nun daran das Unternehmen umzukrempeln. Sein Credo lautet: »Verantwortung zulassen«. Er will, dass die Mitarbeiter und Führungskräfte Entscheidungen fällen, Verantwortung übernehmen, nicht das tun, was man ihnen sagt, sondern das, was sinnvoll ist. Hinterfragen sollen sie und angeblich Bewährtes auf den Prüfstand stellen. Bedroht von globalem Wettbewerbsdruck, enormem Innovationsdruck weiß er, dass er keine andere Chance hat. Zu groß ist die Komplexität der Produkte und die Dynamik der Märkte geworden, als dass er alleine wüsste, was wo wie entschieden werden müsste. Dass dieses Vorhaben einer kulturellen Wandlung des Unternehmens enorm schwierig ist, bedarf keiner besonderen Erwähnung. Worauf es mir ankommt, ist, dass ich mit Geschichten wie dieser nahezu wöchentlich konfrontiert werde. Ich kennen sehr viele Unternehmen, die den Wandel von Weisung und Kontrolle hin zu Autonomie und Selbststeuerung versuchen. Ich kenne aber kein einziges Unternehmen, das in die Gegenrichtung marschiert. Auch wenn ich hier keine abschließende Bewertung darüber abgeben möchte, welcher Ansatz der bessere sei, kann man derzeit einen Trend hin zu mehr Autonomie erkennen. Diese Entwicklung hat zahlreiche Gesichter und zeigt sich in sehr unterschiedlichsten Formen. Das hier gezeigte Beispiel ist nur eines unter vielen.

Drei relevante Dimensionen

Neben der Dimension der Autonomie gibt es aber noch zwei weitere, relevante Dimensionen, die mit der Beziehung des Mitarbeiters zur Organisation zu tun haben, nämlich berufliche Unabhängigkeit und das Ausmaß an lateraler Kollaboration (siehe Abbildung 23). Nachfolgend wird auf die zwei weiteren Dimensionen detailliert eingegangen.

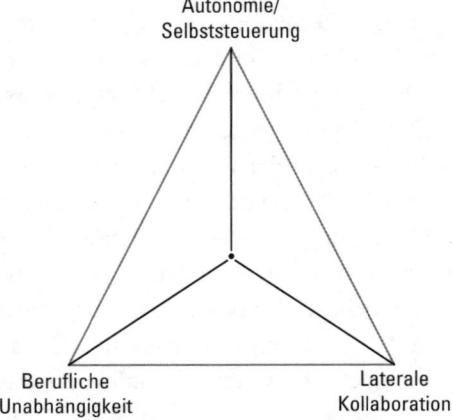

Autonomie/
Selbststeuerung

Berufliche
Unabhängigkeit

Laterale
Kollaboration

Abbildung 23: Die Beziehung eines Mitarbeiters zu seiner Organisation.

Berufliche Unabhängigkeit

Als ich mich mit 18 dazu entschlossen hatte, den Wehrdienst zu verweigern und Zivildienst zu leisten, wurde ich von unterschiedlichsten Seiten darauf aufmerksam gemacht, ich hätte dann aber irgendwann Schwierigkeiten beruflich »unterzukommen«. Man »nimmt« lieber Leute, die »gedient« haben. Damals war das so. Man kam unter oder wurde genommen. Als ich wenige Jahre später dann beschlossen hatte, Psychologie zu studieren, erntete ich erneut Hinweise, man würde als Psychologe aber doch nur schwer »unterkommen«. Allein dieser Sprachgebrauch spiegelt das klassische Verhältnis zwischen Arbeit*nehmern* und Arbeit*gebern* wider. Hier der mächtige Betrieb und da der kleine Mann der »unterkommen« will.

Die Dimension beruflicher Unabhängigkeit handelt von diesem existenziellen Verhältnis zwischen Individuum und Arbeitgeber. Sie beschreibt, inwieweit ein Mitarbeiter von der Organisation, seinem Arbeitgeber, abhängig ist. Manche Arbeitsmarktvordenker gehen davon aus, dass in Zukunft die Unabhängigkeit der Mitarbeiter deutlich zunehmen wird, was sich auch in neuen Arbeitsverhältnissen ausdrücken wird. Eine extreme Variante der Autonomie ist die berufliche Selbstständigkeit. Zunehmend beschäftigen Unternehmen selbstständige Menschen etwa als Freelancer (vgl. Malone, 2004).

Die Bedeutung beruflicher Unabhängigkeit hat im Zuge des zunehmenden Fachkräftemangels erheblich an Bedeutung zugenommen. Organisationen werden zukünftig immer mehr von den Mitarbeitern abhängig sein als umgekehrt. Dies hat schlichtweg mit der Wahlfreiheit gut ausgebildeter und mobiler Mitarbeiter zu tun. Hinsichtlich der Personalgewinnung spricht es sich herum, dass sich Unternehmen bei den Kandidaten bewerben und nicht umgekehrt, weswegen Plattformen wie Xing oder LinkedIn im Vergleich zu klassischen Karriereplattformen wie Monster oder Stepstone immer mehr an Relevanz gewinnen. Auf den einen Plattformen findet man Talente und auf der anderen Jobs. Für bestimmte Unternehmensbereiche setzen Unternehmen immer mehr auf moderne Ansätze der Personalgewinnung, wie etwa auf Talent Relationship Management. Man entwickelt eine Arbeitgebermarke, geht aktiv auf Kandidaten zu, bindet viel versprechende Talente und vermittelt ein positives Bewerbererleben im Rahmen des Auswahlprozesses[1].

Im Rahmen des Talentmanagements lernen Arbeitgeber, dass ihnen die High-Potentials nicht gehören. Letztere folgen zunehmend ihrem individuellen Lebensentwurf und weniger einem von Seiten des Unternehmens vordefinierten Karrierepfad. Talente sehen sich zunehmend von ihrem Arbeitgeber unabhängig. Entweder ihr Arbeitgeber bietet ihnen Perspektiven entsprechend persönlicher Karriere- und Lebensentwürfe oder sie wechseln den Arbeitgeber. Deshalb ist es heute nicht mehr so einfach möglich, einen talentierten Kollegen mit einer Beförderung zu überraschen oder in irgendeiner Art und Weise über die Karriere eines Mitarbeiters zu verfügen, so als würde der Mitarbeiter dem Unternehmen gehören. Darüber hinaus wird Mitarbeiterbindung zu einer ernstzunehmenden Herausforderung (Phillips & Edwards, 2009).

Dies ist nicht in allen Bereichen eines Unternehmens so. Es gibt Bereiche, bei denen es sich ein Unternehmen zumindest theoretisch erlauben könnte, seine Mitarbeiter so zu behandeln, als ob sie dem Unternehmen »gehören«. Das sind Bereiche, in denen man schnell und problemlos personellen Ersatz bekommen kann. In Bereichen aber, bei denen ein Arbeitgeber Probleme hat, zum Teil große Personalbedarfe zu decken, ist dies anders. Man spricht bei diesen Bereichen auch von so genannten »Engpassfunktionen«. Hier werden schärfer werdende Bedingungen des externen Arbeitsmarktes zunehmend relevant.

In diesem Buch wird nun von der Annahme ausgegangen, dass das jährliche Mitarbeitergespräch in Engpassfunktionen anders abläuft als in anderen Funktionen. Wie weiter unten noch ausgeführt wird, hat die berufliche Unabhängigkeit der Mitarbeiter auch eine spezielle Dynamik zur Folge, insbesondere was die Leistungs- und Kompetenzbeurteilung betreffen. Diese Thematik wurde in den vergangenen Jahren insbesondere im Zusammenhang mit dem Umgang mit raren Experten und der Etablierung von Fachkarrieren virulent (vgl. Trost, 2014). Nehmen wir beispielsweise Jürgen. Jürgen ist unangefochtener Experte im Bereich Datenbankentwicklung. Das Unternehmen, seine Kollegen, sein Vorgesetzter, alle wissen, dass, wenn Jürgen das Unternehmen verließe, der Notstand ausbrechen

---

1 In meinem Buch *Talent Relationship Management* habe ich diese Ansätze bereits umfassend dargestellt (Trost, 2012).

würde. Leute wie ihn gibt es auf dem Arbeitsmarkt kaum – zumindest laufen sie nicht jobsuchend durch die Gegend. Jürgen seinerseits weiß das. Schließlich versuchen andere Unternehmen nicht selten, ihn abzuwerben. Jürgen ist das, was man zu Recht als »Nerd« bezeichnet: fachlich ausgezeichnet, das Zwischenmenschliche interessiert ihn nicht. Menschen, Meetings, informellen Begegnungen geht er lieber aus dem Weg. Er liebt komplexe Probleme und die Ruhe, sich mit deren Lösung zu beschäftigen. Mehr braucht er nicht, will er nicht. Das ist das, was er kann. Seine soziale Kompetenz grenzt an akutem Autismus. Kommen wir nun zur entscheidenden Frage: Wie verläuft das jährliche Mitarbeitergespräch mit Jürgen? Neben dem Umstand, dass Jürgen aufgrund seiner fachlichen Überlegenheit gegenüber seiner Führungskraft erheblichen Einfluss auf seine Ziele hat, er auch weiß, dass ihm im Falle geringer Zielerreichung nicht viel passieren kann, wird seine Führungskraft ihn eher wohlwollend beurteilen. Im Extremfall wird seine Führungskraft die Kompetenz- oder Leitungsbeurteilung so anpassen, dass Jürgen am Ende das Ergebnis erhält, dass er erwartet. Ihn durch eine zu ehrliche Beurteilung zu verärgern, oder gar das Verhältnis zu riskieren, erscheint als die unangemessenste Option. Jürgen zu halten ist oberste Priorität.

Laterale Kollaboration

Der klassische Bandarbeiter (wenn es so etwas gibt) arbeitet alleine an seiner Station. Zahlreiche Journalisten und Schriftsteller arbeiten alleine. Lehrer, Taxifahrer, Versicherungsmakler sind meist auf sich gestellt. Es gibt Sportler, die ihre Leistung individuell erbringen, zum Beispiel Golfer. Man denke auch an Künstler, die als Solisten auftreten, oder an Bildhauer, Kabarettisten und dergleichen. Die Leistung dieser Menschen ist eine individuelle Leistung, und die Ergebnisse sind auf deren eigenen, individuellen Einsatz zurückzuführen.

Dem stehen Personen gegenüber, die ihre Leistung in Teams oder umfassenden Netzwerken erbringen. In modernen Produktionsprozessen haben beispielsweise teilautonome Arbeitsgruppen längst Einzug gehalten (Antoni, 1994). Mitarbeiter organisieren sich selbst und sind gemeinsam für eine umfangreichere Komponente oder gar für ein ganzes Produkt verantwortlich. In wissensintensiven Bereichen arbeiten Mitarbeiter fast ausschließlich in Projekten und entsprechenden Projektgruppen. Nun ist ein Team nicht einfach eine Ansammlung von Mitarbeitern, die am selben Ort etwas Vergleichbares tun. Mehrere Lehrer sind noch lange kein Team nur weil sie an derselben Schule und in denselben Klassen unterrichten. Eine Gruppe von Menschen ist erst dann ein Team, wenn sie gemeinsame Ziele verfolgt und diese durch direkte Kooperation und Kommunikation miteinander erreicht (Forsyth, 2014). Ein Team ist insofern eine geschlossene Einheit mit voneinander abhängigen Teammitgliedern. Bei teilautonomen Arbeitsgruppen etwa sind Teams dauerhaft zusammengesetzt. Personelle Änderungen sind nur in Ausnahmefällen vorgesehen, etwa wenn ein Mitarbeiter intern eine andere Stelle annimmt oder das Unternehmen verlässt. Man findet in Unternehmen aber auch wechselnde Teams, beispielsweise in Beratungsunternehmen. Dort wird für jedes Kundenprojekt meist ein neues Projektteam zusammengestellt. Auch wenn manche Kollegen aufgrund ihrer fachlichen Ausrichtung immer wieder zusammenarbeiten, sind die Teams insgesamt variabel und temporär. In einer extremen Form werden Teams temporär aus Mitarbeitern sehr unterschiedlicher Unternehmensbereiche immer wieder neu geformt, je nach Verfügbarkeit und Aufgabenstellung bzw. die Teams formen sich selbst. In der Praxis spricht man hier auch von so genannten »agilen Teams«. Organisationen, die nach dem letztgenannten Prinzip funktionieren, werden auch als »Netzwerkorganisationen« bezeichnet. Auch wenn es hierarchische Strukturen gibt, kooperieren die Mitarbeiter je nach Bedarf und temporär, lateral über Bereichs- und Abteilungsgrenzen hinweg.

Neben der Autonomie und der beruflichen Unabhängigkeit spielt diese, soeben beschriebene *laterale Kollaboration* als dritte Dimension im Hinblick auf das jährliche Mitarbeitergespräch eine wichtige Rolle. Unter lateraler Kollaboration soll hier die horizontale, meist selbstgesteuerte Zusammenarbeit zwischen Teams und Mitarbeitern gleicher Hierarchieebene verstanden werden.

Ist eine individuelle Zielvereinbarung sinnvoll, wenn Mitarbeiter ihre Leistung in Form von Teamleitungen erbringen? Sollten Teammitglieder nach einheitlichen Kompetenzkriterien beurteilt werden, wenn man zugleich und zu Recht auf Vielfalt setzt? Sollte in einer Netzwerkorganisation die Führungskraft Mitarbeiter beurteilen, wenn die internen Kunden die besseren Instanzen wären? Wie plant man individuelle Personalentwicklung in einem Umfeld, das von sozialem Lernen geprägt ist? Fragen wie diese wecken bereits erste Zweifel an der Kompatibilität des traditionellen, jährlichen Mitarbeitergesprächs mit einer Umwelt ausgeprägter, lateraler Kooperation.

Möglicherweise ist das jährliche Mitarbeitergespräch ein Instrument, das vor allem zu einer Unternehmenswirklichkeit passt, die von hierarchischer Separierung gekennzeichnet ist, im Großen wie im Kleinen. Wir haben *Abteil*ungen geschaffen und unterschiedliche Unternehmensteile voneinander *abgeteilt*. Selten wird die Bedeutung eines Wortes auf so dramatische Weise sichtbar. Dann haben wir die Arbeit geteilt und damit jene Menschen, die für die verbleibenden Arbeiten jeweils verantwortlich sind. Teilen, in immer kleinere Einheiten, war das zentrale Prinzip in der Management- und Organisationslehre, um Komplexität zu reduzieren und um komplexe Gebilde zu führen. Und damit am Ende jeder Mitarbeiter an seiner Stelle weiß, was er zu tun hat, um so zum großen Ganzen beizutragen, wurde das jährliche Mitarbeitergespräch geschaffen. Das Mitarbeitergespräch versetzte Organisationen in die Lage, von oben nach unten Ziele und Aufgaben mundgerecht und individuell verdaubar einzutüten. Heute stellen wir fest, dass diese hierarchische Teilung ihren Zweck erfüllt: Es werden Menschen und Einheiten voneinander getrennt, die doch besser zusammenarbeiten sollten. Wir werden uns im Laufe des Buches noch differenziert mit der Frage auseinandersetzen, wie die angestrebten Ziele eines Mitarbeitergesprächs unter die Bedingung lateraler Kooperation passen und ob es hier mögliche, bessere Alternativen gibt.

Zwei gegensätzliche Konstellationen

In den vorausgegangenen Abschnitten wurden drei Dimensionen behandelt, die das Verhältnis zwischen Mitarbeitern und ihrer Organisation beschreiben und im Kontext des jährlichen Mitarbeitergesprächs als relevant erscheinen. Theoretisch könnte man nun die möglichen Ausprägungen dieser drei Dimensionen durchtauschen, und eine Vielzahl unterschiedlicher Konstellationen beleuchten. Darauf soll an dieser Stelle aber bewusst verzichtet werden. Vielmehr scheint es sinnvoll, zwei extreme Konstellationen gegenüberzustellen und bezogen auf diese die Implikationen für das jährliche Mitarbeitergespräch zu diskutieren. In Abbildung 24 sind zwei unterschiedliche Konstellationen A und B beispielhaft wiedergegeben. Im Folgenden werden die Implikationen dieser beiden Konstellationen für die Durchführung von Mitarbeitergesprächen erörtert. Zur besseren Anschaulichkeit betrachten wir die beiden Varianten für die fiktiven Mitarbeiter Arndt (A) und Bianca (B).

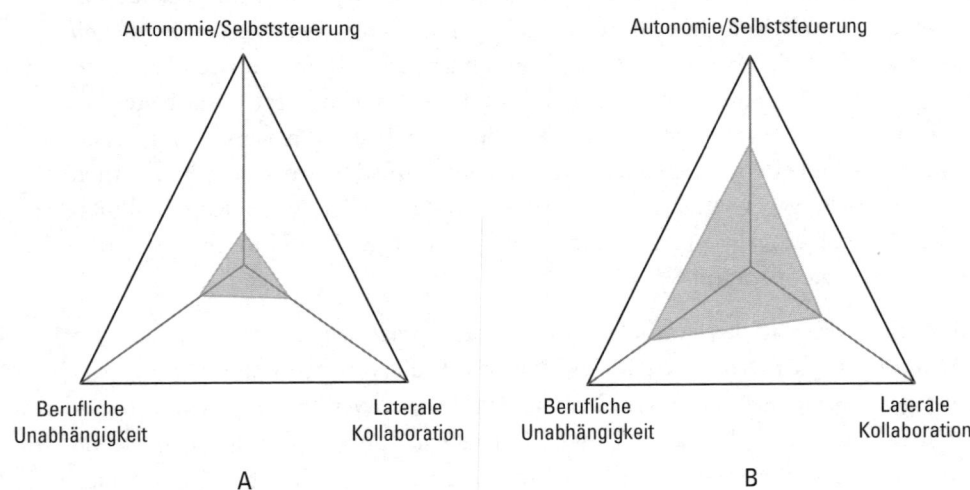

Abbildung 24: Zwei beispielhafte Konstellationen für die Beziehung eines Mitarbeiters zu seiner Organisation.

Arndt (Konstellation A) ist Privatkundenbetreuer bei einer Bank. Sein Entscheidungsspielraum ist sehr gering. Finanzprodukte, die er seinen Kunden anbietet, sind zentral vorgegeben. Auch ist er von der Zentrale angehalten, bestimmte Produkte zu verkaufen (»Produkt des Monats«). Jedes Angebot und jeder Vertrag geht ab einem bestimmten finanziellen Umfang vor Abzeichnung über den Tisch seines Vorgesetzten. Seine Arbeitszeiten sind klar geregelt. Sein Arbeitstag beginnt morgens um 08:15 Uhr und endet für gewöhnlich um 17:30 Uhr. Der Freitagnachmittag ist ab 15:00 Uhr variabel. Arndt ist froh, bei der Bank »untergekommen« zu sein. Beruflich sieht er in der eher ländlichen Region, in der er mit seiner Familie lebt, aktuell kaum Alternativen (Arndt ist 48 Jahre alt). Insofern verfügt Arndt über eine sehr eingeschränkte berufliche Unabhängigkeit. Ebenso gering ist die Kollaboration mit anderen. Auch wenn er beruflich bedingt viel mit Menschen zu tun hat, arbeitet er im Wesentlichen für sich allein. Eine Zusammenarbeit mit Kollegen findet bestenfalls informell statt, wenn es mal darum geht, auf die Schnelle eine schwierige Frage, beispielsweise zu einem neuen Finanzprodukt, zu klären.

Bianca (Konstellation B) ist Verfahrensingenieurin in der Automatisierungstechnik. Gemeinsam mit ihren Kollegen arbeitet sie fast ausschließlich in Entwicklungsprojekten für Kunden – größtenteils aus der Automobilzuliefererindustrie. Ihr Entscheidungsspielraum ist groß. Abgesehen von vorgegebenen Standards, definierten Kundenerwartungen und Kostenrahmen liegt es in der Verantwortung ihres Teams zu entscheiden, wie Lösungen erarbeitet werden und worin die meist technischen Lösungen am Ende bestehen. Feste Arbeitszeiten gibt es in ihrer Firma genauso wenig wie eine Arbeitszeiterfassung. Das Team stimmt sich eigenverantwortlich ab. Am Ende müssen Lösungen geliefert werden. Wie und wann Bianca und ihr Team diese Aufgabe lösen, bleibt ihnen überlassen. Doch meist stehen sie unter Zeitdruck, weswegen fast alle Kollegen eher mehr arbeiten als im Arbeitsvertrag vereinbart ist. Bianca ist im Arbeitsmarkt aufgrund ihrer Expertise und Erfahrung sehr gefragt. Nicht selten wird sie von Wettbewerbern angesprochen – persönlich oder über soziale Netzwerke im Internet. Sie könnte jederzeit bei einem anderen Unternehmen einsteigen, zum Teil für höheres Gehalt. Bianca arbeitet nicht nur in einem Team, sondern ist auch innerhalb des Unternehmens recht gut vernetzt. Zu Kollegen in relevanten, anderen Bereichen, wie etwa im Vertrieb oder in der Forschung, bestehen gut funktionierende, größtenteils informelle Kontakte. Man spricht sich ab, wenn es für die Beteiligten als erforderlich erscheint.

Der Leser wird bei der Darstellung dieser beiden Fälle sicherlich eigene Beispiele vor Augen gehabt haben. Man stelle sich nun vor, wie sich in diesen beiden beschriebenen Kontexten das jährliche Mitarbeitergespräch praktisch darstellt. Es bedarf wenig Fantasie, um eine Ahnung davon zu bekommen, dass ein Mitarbeitergespräch mit Arndt anders ablaufen wird als ein Mitarbeitergespräch mit Bianca. Dies ist vermutlich auch dann so, wenn bei beiden Personen dasselbe Instrument eingesetzt würde oder gar beide Personen in ein und demselben Unternehmen beschäftigt wären. Die Unterschiede sind hierbei sehr vielschichtig. Zunächst zur Zielvereinbarung.

Selbstgesteckte Ziele motivieren

Das Instrument der Zielvereinbarung wird nicht selten wissenschaftlich durch die Zielsetzungstheorie von Locke und Latham (1984) begründet. Im Kern besagt diese Theorie, dass Menschen mit Zielen leistungsbereiter sind als Menschen

ohne Ziele. Diese Theorie blickt bereits auf eine lange Tradition von Forschungs-
bemühungen zurück. Dabei stand immer auch die Frage im Vordergrund, unter
welchen Bedingungen diese grundlegende Annahme am ehesten zutrifft. Dabei
hat sich die moderierende Variable Zielbindung (Commitment) als einer der Favoriten hervorgetan. Ein Ziel motiviert nur oder vor allem dann, wenn der Betroffene hinter diesem Ziel steht, wenn er sich intrinsisch gegenüber dem Ziel verpflichtet fühlt, sich das Ziel »zu eigen macht«. Diese Erkenntnis erscheint geradezu als banal. Es hat trotzdem viele Jahre der Forschung benötigt, um diese Ein-
sicht auch wissenschaftlich zu untermauern. Eine psychologische Erkenntnis mit
ähnlich wissenschaftlicher Fundierung besteht weiterhin darin, dass eine intrinsische Verpflichtung gegenüber Zielen vor allem dann gegeben ist, wenn die betroffenen Personen bei der Definition der Ziele aktiv eingebunden oder gar maßgeblich dafür verantwortlich waren. Nimmt man weiterhin zur Kenntnis, dass eine
aktive, eigenverantwortliche Zielfindung nur bei einer gewissen Autonomie und
Selbststeuerung denkbar ist, kommt man zu dem einfachen aber wichtigen
Schluss, dass Motivieren durch Ziele Autonomie voraussetzt. Bianca wird in unserem Beispiel durch eigenverantwortlich gesetzte Ziele (»Wir steigern die Effizienz
von Komponente X um 8 %«) eine höhere Motivation an den Tag legen als Arndt
(»Sie erreichen mit dieser Lebensversicherung im kommenden Jahr einen Umsatz
von X Tausend Euro«).

In diesem Zusammenhang sei angemerkt, dass gerade bei hoher Autonomie Zielen eine besondere Relevanz zukommt. Entscheidungsspielräume gehen in vielen
Unternehmen einher mit flexiblen Arbeitsstrukturen, ähnlich wie in unserem
praktischen Beispiel beschrieben. Mitarbeiter haben keine festen Arbeitszeiten
und häufig keine festen Arbeitsorte. Vor diesem Hintergrund legen Unternehmen
zu Recht Wert darauf, dass sich Mitarbeiter für bestimmte Ziele verpflichten. Wie,
wann und wo die Betroffenen schließlich diese Ziele erreichen, bleibt ihrem eigenen Entscheidungsvermögen überlassen. In diesem Sinne können Ziele eine
Grundlage für Vertrauen und unternehmerische Sicherheit darstellen.

Autonome Ziele – autonomes Lernen

Nun werden bei Mitarbeitergesprächen üblicherweise nicht nur Leistungsziele,
sondern auch Entwicklungsziele besprochen. Dieser Aspekt berührt das Thema
Beschäftigungsfähigkeit und die kontinuierliche Anpassung der Mitarbeiterkom-
petenzen an die durch Ziele einher gehenden Herausforderungen. Auch hier ist
die Autonomie der Mitarbeiter von hoher Bedeutung. Es geht um die zentrale
Frage, ob das Unternehmen oder die Mitarbeiter selbst die Verantwortung für die
Entwicklung der Mitarbeiter tragen.

Wenn nun Mitarbeiter für ihre Entwicklung selbst verantwortlich sind, bedeutet
dies nicht, dass diese ihnen selbst überlassen oder gar »im Stich gelassen« werden.
Vielmehr steht dahinter die Annahme, Mitarbeiter wüssten selbst am besten, wel-

che Bedarfe sie haben und wie sie diese Bedarfe decken können. Es gibt Unternehmen, bei denen Mitarbeiter über eigene Weiterbildungsbudgets verfügen. Mitarbeiter organisieren sich beispielsweise selbstständig in so genannten »Communities of Practices«, informellen Arbeitsgruppen, die unter anderem dazu da sind, voneinander zu lernen (vgl. McDermott, Snyder & Wenger, 2002). Eigenverantwortliches Lernen heißt also nicht, dass das Unternehmen nichts tut. Vielmehr werden im Sinne einer Befähigung Rahmen geschaffen, innerhalb derer Mitarbeiter dieser Eigenverantwortung verantwortungsvoll nachkommen können. Nun kann man von der Annahme ausgehen, dass Mitarbeiter, die ihre Ziele selbst bestimmen oder zumindest einen erheblichen Einfluss auf diese haben, auch für ihre Entwicklung selbst verantwortlich sind. Es ist schlichtweg schwer vorstellbar, dass Mitarbeiter hinsichtlich ihrer zukünftigen Leistung eigenverantwortlich handeln, ihnen dann aber »von oben« bestimmte Entwicklungsmaßnahmen »verpasst« werden. Diese Annahme gilt auch im umgekehrten Fall: Einem Mitarbeiter, dem Ziele vorgegeben werden, wird man kaum bewusst die Verantwortung überlassen, sich nun um relevante Entwicklungsmaßahmen selbst zu kümmern – »Sie werden Angebote zukünftig auch in englischer Sprache verfassen. Jetzt schauen Sie zu, dass Sie Ihre Sprachkenntnisse entsprechend aufbessern.« Dass dies in der praktischen Wirklichkeit gerade in schlecht geführten Unternehmen trotzdem vorkommen kann, soll an dieser Stelle jedoch nicht ausgeschlossen werden.

Zielvereinbarung und Leistungsbeurteilung in Teams

Der in klassischen Mitarbeitergesprächen vorgesehene Ansatz der individuellen Vereinbarung von Entwicklungszielen mit dominierendem Einfluss durch die Führungskraft versagt gänzlich, wenn Mitarbeiter nicht nur über ein hohes Maß an Autonomie verfügen (Bianca), sondern darüber hinaus in Teams sozial vernetzt arbeiten. In solchen Konstellationen kommt gerade in modern geführten Unternehmen ein Ansatz zunehmend zur Geltung, der auf den Überlegungen von Peter Senge und der lernenden Organisation beruht (Senge, 1990). Mitarbeiter lernen – sie können nicht *nicht* lernen –, indem sie gemeinsam, Tag für Tag an Herausforderungen arbeiten, die für sie selbst und die Organisation insgesamt wichtig sind. Gemeinsam lernen und Dinge im Unternehmen optimieren, ist untrennbar miteinander verbunden. Individuelle, jährliche Mitarbeitergespräche zwischen Mitarbeitern und Führungskräften spielen hier so gut wie keine Rolle. Was hier zählt, ist der kontinuierliche, meist eigenverantwortliche Austausch zwischen Kollegen in und zwischen Teams bezogen auf Herausforderungen, die sie selbst und im Sinne des Unternehmens als relevant erachten.

Kommen wir zurück zu den beiden, oben dargestellten Konstellationen A (Arndt) und B (Bianca). Während eine individuelle Zielvereinbarung für Arndt durchaus sinnvoll sein kann, würde sich Bianca sehr darüber wundern. Bianca arbeitet sozial vernetzt in Projektgruppen. Eine individuelle Vereinbarung von Leistungszielen stünde im Widerspruch zu dem gemeinsamen Bestreben, Projektziele in der

Zusammenarbeit mit Kollegen zu erreichen. Individuelle Zielvereinbarungen können in einem derartigen Setting sogar zu erheblichen Nachteilen für die jeweilige Projektgruppe führen, da Teamarbeit nur dann erfolgreich funktionieren kann, wenn sich die jeweiligen Teammitglieder den übergeordneten Gruppenzielen unterordnen und zugleich ihre individuellen Ziele in den Hintergrund rücken.

Ähnlich problematisch stellt sich die individuelle Leistungsbeurteilung innerhalb von Gruppen dar. Wie in Kapitel 5 eingehend erläutert wird, sollte hier über Alternativen zur Top-down-Beurteilung durch den Vorgesetzten nachgedacht werden. Natürlich gibt es auch in Teams so genannte Stars, besonders leistungsstarke Kollegen, genauso wie es die Leistungsschwächeren gibt. Stars wollen häufig als Stars erkannt und entsprechend anerkannt werden. Die Frage ist allerdings, ob diese Beurteilung wie beim klassischen Mitarbeitergespräch von der direkten Führungskraft ausgehen sollte oder nicht besser von den Kollegen innerhalb des jeweiligen Teams – ein Star ist nur dann ein Star, wenn das die anderen auch so sehen.

Standardisierte Anforderungsprofile, die Vielfalt verhindern

In der Mehrheit jener Unternehmen, die Mitarbeitergespräche durchführen, werden standardisierte, merkmalsorientierte Einstufungsverfahren angewandt. Die Idee ist an sich denkbar einfach. Mitarbeiter werden durch ihre direkten Führungskräfte anhand vordefinierter Eigenschaften mittels mehrstufiger Skalen eingestuft. Typische Eigenschaften sind: Auffassungsgabe, Kooperation mit anderen, Belastbarkeit, Pünktlichkeit, Fachwissen usw. In besonders technokratischen Ansätzen werden diese Einstufungen dann mit einem Soll-Profil verglichen, woraus sich am Ende möglichst konkrete Entwicklungsbedarfe gepaart mit passenden Entwicklungsmaßnahmen ergeben. Der Streit über die Sinnhaftigkeit dieser Ansätze blickt in der Praxis und Wissenschaft auf eine lange Historie zurück (vgl. Murphy & Cleveland, 1995). Ein Ende ist nicht in Sicht. Worauf es hier aber ankommt, ist die Überlegung, inwieweit individuelle, standardisierte Fähigkeiten und Eigenschaften in einem Team-Setting überhaupt eine Rolle spielen können. Teams sind nicht selten gerade deshalb erfolgreich, weil die Zusammensetzung der Fähigkeiten individueller Teammitglieder unterschiedlich ist. Wir sprechen von Vielfalt (Diversity). Vier John Lennons ergeben noch lange keine Beatles. Nicht selten sind es ein und dieselben Personalabteilungen, die auf der einen Seite standardisierte Einstufungsverfahren verfechten und zugleich Vielfalt fordern ohne den Widerspruch im eigenen Handeln zu erkennen. Es ist vermutlich in vielen Fällen der nachweislich mangelnden Objektivität und Validität dieser Einstufungsverfahren zu verdanken, dass sich trotz ihrer Verwendung (fälschlicherweise) ein gewisses Maß an Vielfalt in Arbeitsgruppen geschlichen hat, die am Ende zu deren Erfolg beigetragen hat.

Im Falle von Arndt (A) könnte eine Einstufung seiner Kompetenzen durchaus Sinn ergeben. Er arbeitet relativ isoliert. Seine Erfolge sind im Wesentlichen auf ihn selbst zurückzuführen. Insofern wäre es zumindest theoretisch denkbar, relevante Kompetenzen für ihn zu definieren und bezüglich seiner Person zu reflektieren. Im Falle von Bianca erscheint die Einstufung von Kompetenzen entlang standardisierter Kompetenzmodelle als weit weniger sinnvoll.

Rare Talente sollte man besser loben

Nehmen wir für einen Moment hypothetisch an, die beiden beispielhaft skizzierten Mitarbeiter Arndt und Bianca würden eine vergleichbare Leistung erbringen, jeder in seiner Rolle. Wen wird die jeweilige Führungskraft im Rahmen einer Leistungsbeurteilung besser beurteilen? Vermutlich Bianca. Warum? Weil die Organisation sie braucht. Die Organisation ist mehr von Bianca abhängig als Bianca von ihrer Organisation. Das bedeutet nicht, dass Arndt nicht gebraucht würde. Er hat aber im Gegensatz zu Bianca weniger Alternativen im Arbeitsmarkt und verfügt insofern über eine geringere berufliche Unabhängigkeit. Arndt ist von seiner Organisation abhängig und seine Führungskraft weiß das vermutlich. Die Dynamik, die hier zutage tritt, berührt einfache menschliche Bedürfnisse nach Sicherheit und Anerkennung (Maslows mittlere Ebenen). Eine Führungskraft wird einem Mitarbeiter, den sie dringend braucht, instinktiv mehr Anerkennung zukommen lassen. Zumindest wird sie sich schwerer tun, einem raren Talent eine vom betroffenen Mitarbeiter als negativ wahrgenommene Beurteilung zu »verpassen«. Gegenüber einem Mitarbeiter, der nach Sicherheit strebt und von seiner Organisation abhängig ist, wird eine Führungskraft geringere Hemmungen zeigen, wenn es darum geht, negatives Feedback zu geben. Hier erinnere man sich an den bereits vorgestellten, latent autistischen Nerd Jürgen aus diesem Kapitel.

Von besonderer Bedeutung sind in diesem Zusammenhang Mitarbeiter in so genannten Engpassfunktionen. Engpassfunktionen sind Unternehmensbereiche, bei denen sich das Unternehmen sehr schwer tut, qualifiziertes Personal in ausreichender Anzahl zu gewinnen (Trost, 2012). Insofern sind Engpassfunktionen die direkte Folge des viel beachteten und immer häufiger zitierten Fachkräftemangels. Dieser Fachkräftemangel hat unmittelbare Auswirkungen darauf, wie Mitarbeitergespräche ablaufen oder ablaufen können. Hierzu muss man zunächst beleuchten, aus welcher Perspektive klassische Mitarbeitergespräche und die dabei zum Einsatz kommenden Beurteilungsverfahren entwickelt wurden. Im Kern geht es dem Unternehmen – repräsentiert durch die Führungskraft – um die Frage, inwieweit der Mitarbeiter dem Wunschbild des Unternehmens entspricht. Stimmt die Leistung, die man von ihm erwartet? Zeigt er die für seinen Job relevanten Fähigkeiten? Entspricht sein Verhalten den unternehmensspezifischen Standards? Implizit verbirgt sich dahinter ein Machtgefälle, wonach die Führungskraft und das Unternehmen eine Position der Stärkeren einnehmen. In Zeiten des Fachkräftemangels und gegenüber Mitarbeitern, die nur mit erheblichem Aufwand zu gewinnen und zu halten sind, ist diese Perspektive eine Illusion mit zum Teil verheerenden Folgen. Längst sind es die gefragten Mitarbeiter, die mit ihren eigenen Wunschvorstellungen ihrem Arbeitgeber begegnen.

Auf den Punkt gebracht

- Man kann zwischen zwei extremen Managementphilosophien unterscheiden. Die eine Philosophie basiert auf Macht, Weisung und Kontrolle, die andere auf Vertrauen, *Eigenverantwortung und Selbstkontrolle*.

- Organisationen sind zunehmend mehr von ihren Mitarbeitern abhängig als umgekehrt. Insbesondere in Expertenorganisationen, die vom Fachkräftemangel betroffen sind erfahren Mitarbeiter eine *berufliche Unabhängigkeit*.

- In modernen, wissensintensiven Unternehmen dominieren zunehmend Netzwerkorganisationen, Teamarbeit, und informelle Strukturen (*laterale Kollaboration*). Klassische, hierarchische und arbeitsteilige Organisationen werden immer mehr abgelöst.

- Das Verhältnis eines Mitarbeiters zu seiner Organisation bezogen auf laterale Kollaboration, berufliche Unabhängigkeit, Eigenverantwortung und Selbstkontrolle hat massive Auswirkungen auf die Art und Weise, wie das jährliche Mitarbeitergespräch in der Praxis gelebt wird bzw. werden kann.

Hierarchische Welt – agile Welt

Um die praktischen Möglichkeiten des jährlichen Mitarbeitergesprächs bewerten und alternative Spielarten diskutieren zu können, bedarf es der Berücksichtigung relevanter Rahmenbedingungen, wie sie in diesem Kapitel beschrieben wurden. Es geht um das Aufgabenumfeld, das Verhältnis der Mitarbeiter zu ihren Führungskräften und zu deren Organisation. Dabei wurden Aspekte, wie Dynamik, Aufgabenunsicherheit, Autonomie, berufliche Unabhängigkeit, Führungsrollen usw. thematisiert. Theoretisch ergeben sich aus den verschiedenen möglichen Rahmenbedingungen sehr viele Kombinationsmöglichkeiten. Nun könnte man das jährliche Mitarbeitergespräch theoretisch entlang jeder Kombination diskutieren. Diese Herangehensweise erscheint hier allerdings als kaum effizient und eher verwirrend, weswegen im Folgenden lediglich zwei extreme Welten skizziert werden mit jeweils konträren Rahmenbedingungen bzgl. aller behandelter Merkmalsdimensionen. Wir nennen diese beiden, extremen Welten die *hierarchische* Welt und die *agile* Welt. Diese vereinfachte Unterscheidung in zwei extreme Welten erscheint auch deshalb angemessen, weil die hier betrachteten Dimensionen nicht unabhängig voneinander sind. So wird beispielsweise ein hohes Maß an lateraler Kollaboration meist mit Autonomie einhergehen. Partnerschaftliche Führung findet man eher in einem Aufgabenumfeld, das durch Unsicherheit und Dynamik gekennzeichnet ist. Während der klassische Boss vermutlich eher mit geringer Autonomie und geringer beruflichen Unabhängigkeit der Mitarbeiter einhergeht.

Die hierarchische Welt

Die hierarchische Welt erinnert an äußerst konservative, traditionelle Organisationen und Arbeitswelten. Die Mitarbeiter arbeiten sehr arbeitsteilig, jeder an seinem Arbeitsplatz. Um die Verzahnung der einzelnen Aufgaben müssen sich die Mitarbeiter nicht kümmern, sondern sie konzentrieren sich auf das Rädchen im Uhrwerk, für das sie jeweils verantwortlich sind. Entsprechend gering ist die Dynamik im Zusammenspiel der unterschiedlichen Stellen und Aufgaben. Die Sicherheit der Aufgaben ist hoch, da für die Mitarbeiter zu jedem Zeitpunkt klar ist, was sie zu erreichen haben und wie sie das tun sollen. Dafür gibt es verbindliche Stellenbeschreibungen, Verfahrensanweisungen, Regeln und Standards. Die dominierende Rolle der Führungskräfte im hierarchischen Modell ist die des Bosses. Er fällt Entscheidungen, steht auf einer anderen Ebene als »seine« Mitarbeiter. Es besteht eine autoritäre Distanz zwischen der Führungskraft und den Mitarbeitern »unter ihr«. Die Beziehung ist von Macht geprägt. Die Mitarbeiter sind von ihrer Organisation abhängig und sehen im Arbeitsmarkt nur wenige Alternativen. Insofern sind sie froh, als Arbeit*nehmer* bei ihrem Arbeit*geber* »untergekommen« zu sein. Sie sind angehalten das zu tun, was die Organisation ihnen vorgibt. Entscheidungen werden »oben« gefällt und »unten« ausgeführt. Insofern herrscht in diesem Modell eine Trennung von Denken und Handeln vor – oben wird gedacht und unten gehandelt. Im Falle eigener Ideen seitens der Mitarbeiter ist der Dienstweg einzuhalten oder es kommen hierarchische, zentral koordinierte Ansätze wie das betriebliche Vorschlagswesen zum Tragen. Das Unternehmen übernimmt die volle Verantwortung für die Entwicklung der Mitarbeiter und bestimmt, welche Entwicklungsmaßnahmen für die jeweiligen Mitarbeiter und Mitarbeitergruppen relevant und notwendig erscheinen. Die Arbeitswelt wird zudem von unterschiedlichsten Kontrollinstrumenten dominiert. So gibt es zentral vorgegebene Arbeitszeiten, gepaart mit entsprechenden Arbeitszeiterfassungssystemen sowie feste Arbeitsorte. Heimarbeit ist nur nach ausdrücklicher Genehmigung und bei Einhaltung eng formulierter Bedingungen möglich. Im Wesentlichen arbeiten die Mitarbeiter individuell. Obwohl sie in Teams und Abteilungen organisational strukturiert sind, ist jeder Mitarbeiter individuell für seine Arbeitsleistung verantwortlich. Eine echte Teamarbeit mit gemeinsamen Zielen, eigenverantwortlicher Kollaboration und Kommunikation oder eine laterale Kooperation über Abteilungsgrenzen hinweg finden auf der Ebene der Mitarbeiter kaum statt.

Die agile Welt

Die agile Welt beschreibt demgegenüber eine extrem andere Welt. Das Aufgabenumfeld ist von hoher Unsicherheit gekennzeichnet. Die Mitarbeiter arbeiten in Projekten, deren Ergebnis immer nur vage vorweggenommen werden kann. Es existieren bestenfalls Prioritäten und begrenzte Ressourcen zeitlicher und finanzieller Art. Der Weg dahin ist von Anfang an niemals klar. Zudem arbeiten die Mitarbeiter in einem hoch dynamischen Umfeld mit ausgeprägten, wechselseitigen Abhängigkeiten zwischen Aufgaben und Abteilungen, weswegen die Ergebnisse Einzelner oder ganzer Teams nur schwer isoliert bewertet werden können. Was erreicht wird, wird gemeinsam erreicht. Dabei sind die Mitarbeiter nicht nur in Entscheidungsprozesse eingebunden, sondern genießen insgesamt ein hohes Maß an Selbstverantwortung und Autonomie. Die Mitarbeiter sind mit dem, was sie tun, mehr vertraut als ihre jeweiligen Führungskräfte. Es gibt flexible Arbeitszeiten, keine zentrale Zeiterfassung. Das Unternehmen stellt zwar Arbeitsflächen zur Verfügung, aber wo es möglich ist, sind die Mitarbeiter frei, zu entscheiden, wo oder von wo aus sie arbeiten. Meist handelt es sich bei den Mitarbeitern um sehr gut qualifizierte Experten, die für ihre Entwicklung größtenteils selbst verantwortlich sind. Sie wissen am besten, was sie benötigen, um ihre Aufgaben optimal erledigen zu können. Darüber hinaus spielt das selbstgesteuerte und informelle Lernen in Teams eine große Rolle. Es wird grundsätzlich nur in Teams zusammengearbeitet. Anders würde man der hohen Komplexität und dem Umfang der Projekte nicht gerecht werden. Wo nötig, arbeiten die Mitarbeiter in engem Austausch und eigeninitiativ mit benachbarten Abteilungen zum Teil informell im Sinne einer lateralen Zusammenarbeit. Führungskräfte haben meist die Rolle eines Coach oder Partners und arbeiten auf Augenhöhe mit ihren Mitarbeitern, ihren Kollegen zusammen. Die Mitarbeiter wissen, dass sie im Arbeitsmarkt gefragt sind und könnten jederzeit in einem anderen Unternehmen einsteigen – die Führungskräfte sind sich dessen bewusst.

Unternehmen werden sich in einem dieser beiden Modelle mehr oder weniger wiedererkennen oder sich irgendwo zwischen diesen beiden Extremen einordnen können. Natürlich gibt es Mischformen. Darüber hinaus findet man auch unterschiedliche Welten in ein und demselben Unternehmen. Während möglicherweise in der Produktion das eine Modell vorherrscht, findet man in der Forschung & Entwicklung eher das andere Modell. In Abbildung 25 sind diese beiden Welten, das hierarchische und das agile Modell zusammenfassend, entlang der in Kapitel 4 beschriebenen Rahmenbedingungen wiedergegeben.

Rahmenbedingung	Hierarchische Welt	Agile Welt
Aufgabensicherheit	hoch	gering
Dynamik der Aufgaben	gering	hoch
Dominierende Führungsrolle	Boss	Partner/Coach
Autonomie/Selbststeuerung	gering	hoch
Laterale Kollaboration	gering (Arbeitsteilung)	hoch (Teams, Netzwerke)
Berufliche Unabhängigkeit	gering	hoch

Abbildung 25: Die hierarchische und agile Welt im Überblick.

Wenn an dieser Stelle Merkmale einer Welt beschrieben werden, die einen agilen Charakter haben, dann sollen diese nicht als Definition von Agilität missverstanden werden. Es geht an dieser Stelle nicht darum, Agilität an sich zu definieren.

Auch ist dieses Buch kein Buch über Agilität. Wenn man sich aber die oben genannten Merkmale vor Augen führt, dann erinnern sie am ehesten an das, was in der Literatur und auch in der Praxis mit Agilität in Verbindung gebracht wird (vgl. Bernardes & Hanna, 2008; Goldman, Nagel, Preiss & Warnecke, 1996; Kettunen, 2009).

Agiles HR hin zu mehr Innovationskraft und Resilienz

Diese Gegenüberstellung der zwei Welten soll an dieser Stelle nicht nur als eine rein akademische Übung verstanden werden, sondern vielmehr als einen Aufruf oder gar Weckruf an Geschäftsführer und Personaler. Seit vielen Jahren sehe ich es als eine meiner wichtigsten Aufgaben an, Entwicklungen in den Unternehmenswelten und die damit einhergehenden Implikationen für das Personalmanagement aufzugreifen und zu verstehen. Dabei kreuzt in den vergangenen Monaten das Thema »Agiles HR« immer häufiger meinen Weg. Immer wieder werde ich etwa in Interviews gefragt, worin ich die wichtigsten Entwicklungstrends im HR sehe und seit einiger Zeit nenne ich Agilität an oberster Stelle. Das kommt nicht von ungefähr, denn was Unternehmen zunehmend umtreibt, ist die Herausforderung nach Innovationskraft und Anpassungsfähigkeit. Letzteres wird meist mit dem Label der Resilienz belegt (vgl. Gunderson & Pritchard, 2002; Conner, 1992). Resilienz wird hier als die Fähigkeit eines Systems verstanden, auf Veränderungen oder Störungen zu reagieren, um so in einen stabilen Zustand zurückzukehren. Vermutlich war diese Anforderung an Organisationen im Zuge einer immer mehr vernetzten Welt selten so hoch wie heute und verantwortliche Entscheider erkennen dies. Agilität wiederum adressiert wiederum diese Fähigkeit. In anderen Worten: Resiliente Systeme sind meist agile Systeme. Eines der resilientesten Systeme, die wir heute kennen ist das menschliche Nervensystem und das menschliche Gehirn. Dieses ist eher mit einer Netzwerkorganisation vergleichbar als mit einer Hierarchie von über- und untergeordneten Nervenzellen. So wird man im menschlichen Gehirn vergeblich die eine Supernervenzelle finden, die – gleich einem CEO – alle ultimativen Entscheidungen fällt.

Vor diesem Hintergrund überrascht es nicht, dass auch im Kontext HR immer mehr die Frage laut wird, wie man zu einer größeren Beweglichkeit und Resilienz beitragen kann. Dabei wird schnell deutlich, dass es wohl an der Zeit ist, alt bekannte, vertraute Ansätze des Personalmanagements, die bereits vor 20, 30 Jahren in den Lehrbüchern beschrieben wurden, kritisch zu hinterfragen. Zahlreiche personalpolitische Ansätze sind in hohem Maße technokratisch und entspringen einem hierarchischen Verständnis, basierend auf der Annahme einer stabilen Welt. An verschiedenen Stellen in diesem Buch wurde diese Perspektive bereits aufgegriffen und kritisch hinterfragt.

In engem Zusammenhang mit der Herausforderung nach Resilienz steht die strategische Priorität möglichst hoher Innovationskraft. Innovationskraft setzt die Fähigkeit eines Unternehmens voraus, Entwicklungen in den Märkten kontinuierlich zu antizipieren, sie gar zu gestalten. Technologien und Produkte, die heute Cash Cows darstellen, können morgen veraltet und überholt sein. Die Geschichte ist gepflastert von Beispielen aufstrebender und sterbender Technologien. Man denke hier an unterschiedlichste Beispiele etwa aus den Bereichen Mobilität, IT, Energie oder Kommunikation (vgl. Christensen, 1997). Innovationskraft bedeutet für Unternehmen, sich und seine Produkte immer wieder neu zu erfinden und zur Marktreife zu führen. Mit Stabilität in den Strukturen und Prozessen hat dies vergleichsweise wenig zu tun. Insofern stellt sich auch hier die Frage, was die richtigen personalpolitischen Antworten auf diese besondere Herausforderung sind. Insgesamt bewegen wir uns hier in einem sehr umfassenden, spannenden Themenfeld. Im Folgenden wird es aber vor allem um die zentrale Frage gehen, ob das jährliche Mitarbeitergespräch, so wie man es kennt, mit diesen Entwicklungen und Anforderungen standhält und ob dieses Instrument eine geeignete personalpolitische Antwort auf Fragen unserer Zeit ist.

Auf den Punkt gebracht

- Es können zwei extreme Arbeitswelten unterschieden werden, die hierarchische und die agile Welt.

- In der *hierarchischen Welt* dominiert eine hohe Arbeitsteilung mit klar definierbaren Aufgaben. Es dominiert ein Führungsstil, bei dem die Mitarbeiter das tun, was der »Boss« ihnen vorgibt. Mitarbeiter sind von ihrer Organisation abhängig, arbeiten individuell und verfügen kaum über eigenen Handlungs- und Entscheidungsspielraum.

- In der *agilen Welt* sind die Aufgaben von hoher Dynamik, Prozess- und Ergebnissicherheit geprägt. Es dominiert die Führungsrolle eines Coaches und/oder Partners. Die Mitarbeiter erleben eine hohe berufliche Unabhängigkeit, arbeiten informell in Teams und Netzwerken. Dabei genießen sie ein hohes Maß an Eigenverantwortung und agieren selbstgesteuert.

- Es gibt mehr Unternehmen, die sich von einer hierarchischen zu einer agilen Welt hin entwickeln wollen als umgekehrt.

- Klassische Ansätze des Personalmanagements stammen aus einer hierarchischen Sichtweise und sind mit einer agilen Welt kaum vereinbar. Dies gilt in weiten Teilen auch für das jährliche Mitarbeitergespräch.

5 Möglichkeiten und Grenzen

Trägt das jährliche Mitarbeitergespräch in einem agilen Umfeld dazu bei, den Lernbedarf jedes einzelnen Mitarbeiters und ganzer Teams zu verstehen? Können Führungskräfte in einer hierarchischen Welt die Potenziale ihrer Mitarbeiter erkennen? Sind Führungskräfte in solchen Systemen überhaupt die richtigen Instanzen? Motivieren Ziele auch dann, wenn Mitarbeiter mit einer hohen Prozess- und Ergebnisunsicherheit ihrer Aufgaben konfrontiert sind? Mit Fragen dieser Art beschäftigt sich dieses Kapitel. Zusammengenommen geht es um eine zentrale Thematik: Für welche Nutzenkategorien kann das jährliche Mitarbeitergespräch in seiner traditionellen Form ein geeignetes Instrument sein? Hierbei werden unterschiedliche Rahmenbedingungen, wie sie in Kapitel 4 behandelt wurden, berücksichtigt. Ergänzend werden bereits in diesem Kapitel Alternativen angedeutet, die in agilen und hierarchischen Welten dazu geeignet sein könnten, um den üblichen Nutzenerwartungen gerecht oder noch gerechter zu werden.

Im dritten Kapitel dieses Buches wurde eine Logik präsentiert, wonach bei der praktischen Auseinandersetzung mit dem jährlichen Mitarbeitergesprächen in vier Schritten vorgegangen werden sollte. Nachdem die Ziele bzw. der intendierte Nutzen klar sind, sollten die Rahmenbedingungen betrachtet werden. Letztere wurden im vorausgegangenen Kapitel behandelt. Dem schließen sich die Schritte nach dem geeigneten Instrument und nach dessen Design an. In diesem Kapitel geht es vor allem um den dritten Schritt, die Frage nach dem geeigneten Instrument. Weil dieses Buch vom jährlichen Mitarbeitergespräch handelt, richtet sich der Fokus auf dieses Instrument in seiner traditionellen Form.

In Kapitel 3 wurden ja außerdem bereits die verschiedenen Nutzenkategorien von Mitarbeitergesprächen kurz skizziert. Im Folgenden werden diese Kategorien erneut aufgegriffen und im Hinblick auf ihre praktische Erreichbarkeit mittels jährlichem Mitarbeitergespräch diskutiert. Dabei wird deutlich, dass manche Nutzenkategorien zum Teil mit dem jährlichen Mitarbeitergespräch erreicht oder unterstützt werden können. Bei anderen Zielen spielen Mitarbeitergespräche keine Rolle oder zumindest nicht jene, die man üblicherweise mit dem jährlichen Mitarbeitergespräch in Verbindung bringt. Teilweise wird auch deutlich, dass sich unterschiedlich angestrebte Nutzen widersprechen können. Wie bereits erwähnt, wird in der Praxis dieses System nicht selten mit Nutzenerwartungen überhäuft. Deshalb spricht etwa Neuberger (1980b) hier zu Recht von der so genannten, viel zitierten »eierlegenden Wollmilchsau«, die man sich in so manchem Unternehmen erhofft. Im Folgenden wird versucht, diesen Knoten systematisch aufzulösen. Dies geschieht aus einer neutralen, undogmatischen aber nicht minder kritischen Perspektive.

Die Besten belohnen

Leistungsstarke Mitarbeiter wollen als solche erkannt und entsprechend behandelt werden. Unternehmen, die für sich den Anspruch erheben, leistungsorientiert zu sein, gehen zu Recht davon aus, dass dies auch eine Differenzierung von Leistung voraussetzt. In Anbetracht dieser Argumente erscheint die Beurteilung von Personal in vielen Unternehmen bereits in dem Maße als eine Selbstverständlichkeit, dass sie zu selten hinterfragt wird. Die Sache klingt zunächst sehr einfach und naheliegend. Mitarbeiter unterscheiden sich in ihrer Leistung, deshalb muss man sie auch unterschiedlich behandeln. Punkt.

Leistung als Kontinuum

In der Praxis wird häufig zwischen so genannten A-, B- und C-Playern unterschieden, zumindest gibt es grobe Beurteilungskategorien, denen die Mitarbeiter zugeordnet werden. Implizit steckt dahinter die Annahme eines Leistungskontinuums (siehe Abbildung 26).

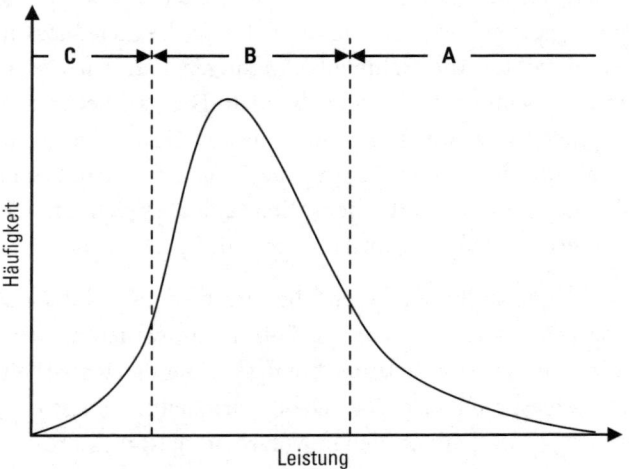

Abbildung 26: Eine angenommene Leistungsverteilung[2].

Diese Annahme verführt dazu in einem Atemzug und unter Verwendung ein und desselben Instruments in beide Richtungen zu schauen – in die negative (C) und in die positive Richtung (A). Dies ist allerdings nicht ganz unproblematisch. Der frühere CEO von General Electric Jack Welch hat sich in seinem autobiografischen Buch *Was zählt* als Gärtner beschrieben, der mit einer Gießkanne und einer Schere durch den Garten geht. Die Starken gießt er. Die Schwachen schneidet er ab. Was hier recht romantisch klingt, hat in der Praxis zum Teil brutale Konse-

---

2   Wenn Unternehmen ihre Mitarbeiter nicht zufällig auswählen, sondern ein bestimmtes Eignungsniveau voraussetzten, sollte die Verteilung der Leistung niemals normalverteilt sein, sondern eher linkssteil, wie in dieser Abbildung .

quenzen. Hilfreich an dieser Metapher ist aber die Idee, dass für die Behandlung der leistungsstarken und der schwächeren Mitarbeiter zwei unterschiedliche Instrumente nötig sind. Dies gilt einerseits für die Beurteilung an sich, aber auch für die sich daraus ergebenen Konsequenzen. A ist nicht das Gegenteil von C, genauso wenig, wie Gesundheit oder körperliche Fitness das Gegenteil von Krankheit ist. Krankheit ist nicht das negative Ende auf einer Gesundheitsskala, sondern ein Ausnahmezustand, der besondere Maßnahmen zu einem bestimmten Zeitpunkt erfordert. In diesem Abschnitt wird deshalb ausschließlich thematisiert, wie die Besten identifiziert werden können. Die Identifikation leistungsschwächerer Mitarbeiter wird separat im nachfolgenden Abschnitt diskutiert.

Nehmen wir nun an, in einem Team gäbe es unter anderem zwei Mitarbeiter, nämlich A und B. Beide Mitarbeiter haben offiziell denselben Job, arbeiten im selben Umfeld und berichten an denselben Manager. Der einzige Unterschied zwischen A und B besteht darin, dass A leistungsstärker ist als B (wie die Kürzel schon andeuten). Letzterer weißt eine durchschnittliche Leistung auf. Beide Mitarbeiter sind sich ihrer Leistungsunterschiede bewusst. Warum sollte nun ein Unternehmen offiziell zwischen A und B differenzieren? Hierfür gibt es im Wesentlichen zwei Antworten: (1) Weil A besonders honoriert werden sollte und (2) weil A ein potenzieller Kandidat für weiterführende Fördermaßnahmen sein könnte. Im Folgenden geht es ausschließlich um den ersten Punkt, die besondere Honorierung leistungsstarker Mitarbeiter.

Wie bereits in Kapitel 3 erwähnt, birgt die leistungsorientiere Bezahlung nicht nur Vorteile. Wir wissen einerseits, dass variable Entlohnung gerade die intrinsische Motivation von Mitarbeitern schwächen kann. Man spricht hier vom so genannten Overjustification-Effekt. Andererseits weiß man aber auch, dass keine Honorierung von Leistung zu Demotivation leistungsstarker Mitarbeiter führen kann.

Insgesamt stellt sich für Unternehmen die Leistungsdifferenzierung als ein unausweichlicher Weg dar. Es soll soweit auch nicht in Frage gestellt werden, dass eine besondere Behandlung leistungsstarker Mitarbeiter grundsätzlich ein gute Idee darstellt. In Folge dieser Haltung gehen Unternehmen üblicherweise dazu über, die Identifikation leistungsstarker Mitarbeiter den jeweiligen, direkten Führungskräften zu überlassen. Es wird argumentiert, dies sei eine ureigene Führungsaufgabe. Wer sonst soll dafür verantwortlich sein?

»Für mich sind Sie ein A-Player«

Am Ende des Kapitels 4 (Rahmenbedingungen) wurden zwei extreme Welten unterschieden, die hierarchische und die agile Welt (vgl. Abbildung 25). Insgesamt darf davon ausgegangen werden, dass eine klassische, jährliche Beurteilung individueller Mitarbeiter durch die direkte Führungskraft nur in einer hierarchischen Welt funktioniert. In einer agilen Welt ist diese Herangehensweise mehr als problematisch.

Im Zusammenhang mit den Rahmenbedingungen in Kapitel 4 wurden bereits zahlreiche Überlegungen hierzu angedeutet:

- Wenn die Aufgaben der Mitarbeiter einer hohen Dynamik unterliegen, die Einzelleistung also von den Leistungen anderer abhängt, kann diese nicht isoliert und durch eine Führungskraft allein bewertet werden. Ist ein Mitarbeiter leistungsstark, dann vor allem deswegen, weil das System insgesamt das Erreichen bestimmter, herausragender Ergebnisse begünstigt.
- In einem unsicheren Aufgabenumfeld ist es nahezu unmöglich, objektive und nachhaltige Erwartungen in Form verbindlicher Ziele zu artikulieren, was im weiteren Verlauf die Möglichkeit einer Leistungsbeurteilung deutlich einschränkt.
- Agiert eine Führungskraft in der Rolle eines Coach oder Partners, besteht die Gefahr von Rollenkonflikten. Ein Coach oder Partner kann gegenüber seinen Mitarbeitern nicht zugleich als Richter auftreten, in dem er zukunftsrelevante Urteile über einen Mitarbeiter fällt und in dokumentierter Weise an eine zentrale Instanz, wie etwa die Personalabteilung weiterleitet. Die natürliche Folge sind (wenig valide) inflationäre Beurteilungen in positiver Richtung.
- In wissensintensiven Bereichen, in denen in erster Linie Experten beschäftigt sind, kann nur noch selten davon ausgegangen werden, dass die direkte Führungskraft die Leistung eines einzelnen Experten valide beurteilen kann. Dafür verstehen sie fachlich zu wenig von dem, was der Experte tut und was man von ihm in angemessener Weise abverlangen kann.
- Leistung wird zunehmend in Teams erbracht. Einzelne Mitarbeiter sozusagen »auf den Sockel zu stellen« birgt die Gefahr, den Rest des Teams zu demotivieren. Rivalitäten und dysfunktionale Verhaltensmuster können die Folge sein, was am Ende die Leistung des gesamten Teams reduziert.
- Wenn Mitarbeiter in Teams zusammenarbeiten, kann die individuelle Einzelleistung der Mitarbeiter nur dann beurteilt werden, wenn die Einzelleistung identifiziert werden kann. Gerade in einem von Unsicherheit geprägten und dynamischen Aufgabenumfeld ist dies aber nur selten oder nur begrenzt möglich.
- Führungskräfte werden Mitarbeiter, die sie dringend brauchen und von denen sie abhängig sind, eher positiv beurteilen. Hier neigen Führungskräfte auf natürliche Weise dazu, eine Leistungsbeurteilung indirekt als Mitarbeiterbindungsmaßnahme zu gebrauchen und damit zu missbrauchen.

Die Liste dieser Argumente ist erdrückend. Sie verdeutlicht, dass die Identifikation leistungsstarker Mitarbeiter zwar grundsätzlich eine Idee sein kann, Naivität in dieser Sache aber mehr als fehl am Platz ist. Dies gilt vor allem in einer agilen Welt. In einer hierarchischen Welt hingegen verlieren viele der oben genannten Argumente an Gewicht. Wenn Aufgaben klar beschreibbar sind, die Arbeitsbedingungen und -anforderungen stabil sind, Arbeit geteilt und Abteilungen abgeteilt sind, wenn die Führungskraft als Boss agiert, Mitarbeiter mehr von der Organisation abhängig sind als umgekehrt, dann mag die klassische Form der individuellen Leistungsbeurteilung durch die direkte Führungskraft noch einigermaßen funktionieren.

Ich habe in den vergangenen Jahren zahlreiche Unternehmen kennengelernt, bei denen das dominiert, was hier als agile Welt beschrieben wird. In vielen dieser Unternehmen haben fleißige Personaler versucht, eine klassische Variante des Mitarbeitergesprächs einzuführen. Was passiert? Die Führungskräfte werden sich kaum wehren, da eine Differenzierung der Mitarbeiter ja grundsätzlich als sinnvoll erscheint. Die Gründe hierfür wurden oben skizziert. Wenn es dann aber an der Zeit ist, etwa zu Beginn eines Jahres, die Beurteilungen der Mitarbeiter vorzunehmen und die Ergebnisse den Mitarbeitern mitzuteilen, bevor HR davon erfährt, bekommen Führungskräfte reihenweise Bauchschmerzen. Und da diese Führungskräfte in den seltensten Fällen Psychologen sind, fällt es ihnen schwer, die oben aufgeführten, kritischen Punkte zu artikulieren. Der leise Verdacht, dass etwas mit diesem System nicht stimmt, wird auch deshalb unterdrückt, weil die Erfüllung der Beurteilungspflicht im Unternehmen offiziell mit »guter Führung« gleichgesetzt wird.

Was nun? Die Identifikation von A-Playern in einer agilen Welt

Seitdem ich mich mit dem Thema Mitarbeitergespräch intensiver beschäftige, lasse ich keine Gelegenheit aus, gerade hochrangige Manager nach ihrer Meinung hierzu zu fragen. Und so lieferte mir kürzlich ein ehemaliger CEO eines weltweit führenden IT-Unternehmens den kantigen Satz: »Ein Unternehmen ist erst dann wirklich leistungsorientiert, wenn es eine Leistungsbeurteilung gibt.« Akzeptiert. Die Frage ist aber, wie diese Leistungsorientierung und die damit einhergehende Beurteilung in der Praxis gelebt wird. Dieser CEO wollte den Eindruck hinterlassen, in seiner Meinung sehr weit zu gehen – wozu CEOs gerne neigen, um Konsequenz zu vermitteln. Ich möchte noch weiter gehen: Ein Unternehmen ist nur dann leistungsorientiert, wenn die Mitarbeiter in den Teams offen über ihre Leistung sprechen, anstatt dieses Thema in die vertrauliche Stille eines jährlichen Mitarbeitergesprächs zu verbannen.

Während im hierarchischen Modell eine Beurteilung top-down üblich und auch möglich ist, sollte in einem agilen Setting über eine wechselseitige Beurteilung der Mitarbeiter nachgedacht werden. Man spricht in diesem Zusammenhang von *Peer-Rating*: Mitarbeiter vergeben gegenseitig Noten, Punkte, Badges oder Ähnliches und begründen ihr Urteil begleitend mit wenigen Worten. Darüber hinaus sind auch durch interne aber auch externe Kunden in einer agilen Welt vorstellbar. Dieser Vorgang kann anonym oder offen, persönlich oder gar in einer Gruppensituation durchgeführt werden. Selbstverständlich geht auch diese Alternative zur Leistungsbeurteilung im Mitarbeitergespräch mit einer zum Teil erheblichen Dynamik einher. Auch hier ist es von entscheidender Bedeutung, das Instrument gegenüber den Mitarbeitern unmissverständlich zu positionieren und klar zu vermitteln, wozu diese Beurteilung erfolgt. Es ergibt einen großen Unterschied, ob ein Peer-Rating durchgeführt wird, um voneinander zu lernen und etwaige Konflikte bzw. Erwartungen zu klären oder ob damit variable Gehaltsbestandteile bestimmt werden. Es funktioniert entweder das eine oder das andere – aber nicht beides gleichzeitig.

Um demotivierende Effekte zu vermeiden, sollte in einem agilen Setting das Prinzip im Vordergrund stehen, wonach ein A-Player in einem Team nur dann ein A-Player ist, wenn die anderen dies auch so sehen. Ein zweites Prinzip in einer agilen Welt besteht darin, der Führungskraft die Rolle des alleinigen Richters zu nehmen. Auch hier kann Peer-Rating die geeignete Lösung darstellen.

All diese Überlegungen wecken den Eindruck, man könne in einem agilen Modell auf ein Gespräch zwischen Mitarbeiter und Führungskraft verzichten. Die praktische Empfehlung lautet anders. Eine Führungskraft, die ihrer Verantwortung als Coach oder Partner nachkommt, wird in einem gesonderten Gespräch mit dem Mitarbeiter die Beurteilungen durch die Anderen aufarbeiten. Mögliche Fragen seitens der Führungskraft können sein:

- Findest Du Dich in den Beurteilungen wieder?
- Was hat Dich besonders überrascht und warum?
- Was bedeuten diese Urteile nun für Dich?
- Woran wirst Du in Zukunft arbeiten?

In einem agilen Setting wird dieses Gespräch aber nur dann durchgeführt, wenn der Mitarbeiter das wünscht. Dieses Prinzip steht im Einklang mit der Selbstverantwortung des Mitarbeiters. Weder die Führungskraft noch die Personalabteilung werden ihn zu einer solchen Auseinandersetzung zwingen oder auffordern können. Während die ultimative Bewertung des Mitarbeiters an die Personalabteilung zur Festlegung des variablen Gehalts weitergeleitet wird, bleiben die Ergebnisse dieses Gesprächs beim Mitarbeiter, da er der primäre Kunde dieser Gesprächsergebnisse sein sollte.

Auf den Punkt gebracht

- Eine individuelle Beurteilung von Mitarbeitern, die in Teams arbeiten und deren Aufgabenumfeld von einer hohen Dynamik geprägt ist, erscheint wenig sinnvoll.

- Führungskräfte, die in der Rolle als Coach, Partner oder Befähiger agieren, vermeiden eine formale Beurteilung ihrer Mitarbeiter.

- In einer agilen Welt sind Mitarbeiter nur dann A-Player, wenn ihre Kollegen und Kunden das auch so sehen.

Die Schwachen behandeln

Unternehmen sollten nicht nur ihre besonders leistungsstarken Mitarbeiter kennen und ihnen eine entsprechende Anerkennung zukommen lassen. Sie sollten auch ein Auge auf die eher leistungsschwachen Mitarbeiter werfen. Daran besteht unabhängig davon, ob das hierarchische oder agile Modell vorherrscht, sicherlich kein Zweifel.

Erst die Leistung, dann die Person

Man nennt sie Low-Performer, Minderleister, leistungsschwache Mitarbeiter. Im Amerikanischen kursieren zum Teil auch zynische Bezeichnungen, wie »Dead Wood« oder gar »Warm Body« (jemand, der gerade gestorben ist, aber noch Körperwärme besitzt). Wir bleiben beim Begriff »leistungsschwache Mitarbeiter«. Um uns diesem Thema zu nähern, vergessen wir für einen Moment das jährliche Mitarbeitergespräch und betrachten die Art und Weise, wie häufig mit leistungsschwachen Mitarbeitern umgegangen wird bzw. umgegangen werden sollte. Dies wird helfen zu klären, worum es beim jährlichen Mitarbeitergespräch in diesem Zusammenhang geht und worum nicht. Die folgende Betrachtung ignoriert die deutsche Rechtsprechung bewusst, da dieses Thema keine nationalen Grenzen kennt. In Abbildung 27 ist der typische Ablauf grafisch wiedergegeben.

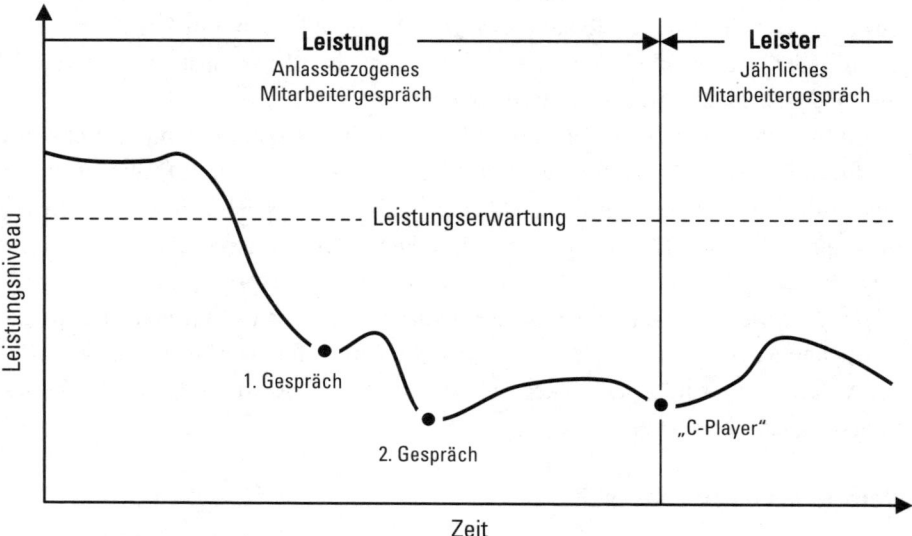

Abbildung 27: Der Umgang mit leistungsschwachen Mitarbeitern.

Abbildung 27 zeigt den Leistungsverlauf eines fiktiven Mitarbeiters über die Zeit. Zudem ist das Niveau der erwarteten Leistung angezeigt. Wie die Kurve veranschaulicht, sinkt der Mitarbeiter offenbar unter das erwartete Niveau und bleibt unter diesem. Wird ein solcher Leistungseinbruch festgestellt. ist es grundsätzlich eine gute Idee, als Führungskraft zunächst ein erstes, anlassbezogenes Gespräch zu führen. Mit dem Mitarbeiter wird die Situation besprochen, Fremd- und Selbstbild abgeglichen und versucht ein gemeinsames Verständnis des Problems zu erzielen. Üblicherweise werden in diesem Moment die Dimensionen Wollen, Können und Dürfen genauer betrachtet und gemeinsam entsprechende Maßnahmen abgeleitet. In der Folge dieses ersten Gesprächs bleibt der Mitarbeiter unter »ständiger Beobachtung«. Unterstellen wir nun, die Leistung des Mitarbeiters erholt sich nicht, dann folgt ein zweites Gespräch, ein drittes oder viertes. Irgendwann folgt möglicherweise die erste Abmahnung. Bis zu diesem Zeitpunkt konzentriert sich der Umgang mit dem leistungsschwachen Mitarbeiter auf seine *Leistung*. Sie ist Gegenstand der gemeinsamen Auseinandersetzung. Aber ab einem gewissen Zeitpunkt ändert sich dies. Dann steht nicht mehr nur die Leistung im Mittelpunkt des Interesses, sondern der Mitarbeiter an sich – der Leister. Der Mitarbeiter bekommt das Label »C-Player«. Bevor es zu diesem Punkt kommt, wird über Lösungsmöglichkeiten nachgedacht. Das Umfeld, die Aufgaben, die Qualifikation, die Motivation, all diese Hebel werden in Betracht gezogen. Ab dem Moment aber, wo ein Mitarbeiter »offiziell« zum C-Player wird, ist der *Mitarbeiter* das Problem und man wird sich mehr mit der Frage beschäftigen, was man mit diesem Kollegen tun soll, als wie man sein Leistungsproblem behandelt.

Das jährliche Mitarbeitergespräch behandelt im Gegensatz zum anlassbezogenen Gespräch vor allem diesen letzten Aspekt, die Identifikation von C-Playern. Einmal im Jahr werden alle Mitarbeiter unterschiedlichen Leistungsklassen zugeordnet. Dadurch fallen etliche Mitarbeiter eben auch in die untere Klasse der leistungsschwachen Mitarbeiter. Es geht hierbei explizit nicht, oder nicht mehr um Feedback und die Chance für den Mitarbeiter, daraus zu lernen. Dafür ist dieser Ansatz denkbar ungeeignet. Es geht auch nicht um das Führen mit Zielen im Sinne einer Steuerung. Dafür passiert diese Form der jährlichen Personalbeurteilung zu selten. Weiterhin ist das jährliche Mitarbeitergespräch – anders als das anlassbezogene Gespräch – geradezu schädlich, wenn es darum geht, leistungsschwachen Mitarbeitern aus ihrem Leistungstief zu helfen. Dafür findet das jährliche Mitarbeitergespräch normalerweise zu spät statt, wie die folgenden Überlegungen veranschaulichen.

Warten, bis es zu spät ist

Vermutlich kennen die meisten Führungskräfte, die im Laufe ihrer Karriere Mitarbeitergespräche nach dem klassischen Muster durchzuführen hatten, eine ziemlich charakteristische Situation: Man weiß von einem Mitarbeiter, dass er zu den leistungsschwachen Kollegen gehört. Auch die anderen Mitarbeiter im Team oder in der Abteilung sehen dies. Es ist offensichtlich. Der Kollege kommt regelmäßig zu spät, ergreift nur selten die Initiative, liefert nicht oder nur unzureichend, was er verspricht, macht immer wieder dieselben Fehler usw. Sicherlich hat jeder, der diese Zeilen liest, unmittelbar einen Kollegen aus dem aktuellen oder früheren Arbeitsleben vor Augen. Der Januar nähert sich und das Mitarbeitergespräch ist angesagt. Das ist nun der offizielle Moment, wo man »die Karten auf den Tisch« legt bzw. legen muss. Um als Führungskraft die eigene Position zu sichern, entwickelt man eine Liste aller Vergehen aus jüngster Vergangenheit oder aus den vergangenen Wochen und Monaten – leider hatte man keine Zeit, ein schwarzes Tagebuch zu führen. Umso perplexer wird der Mitarbeiter reagieren, wenn er sich in den Wochen vorher, angesichts des bald nahenden Mitarbeitergesprächs besonders bemüht hat, um dann im entscheidenden Moment die für ihn richtige Beurteilung zu erhalten. Man spricht hier auch vom so genannten »Nikolauseffekt« – auf den letzten Metern gibt man nochmal richtig Gas.

An dieser Stelle soll freilich nicht zu viel Mitleid für dem betroffenen Mitarbeiter aufkommen, aber diese Situation hat etwas Entwürdigendes an sich. Professionelle Führung heißt, dass Leistungsschwächen dann thematisiert werden, wenn sie akut werden und nicht (erst) dann, wenn das jährliche Mitarbeitergespräch ansteht. Wie bereits angedeutet, ist Gesundheit nicht das Gegenteil von Krankheit und mangelhafte Leistung ist nicht das Gegenteil von herausragender Leistung, auch wenn es auf den ersten Blick so scheint. An dieser Stelle soll nicht das Missverständnis aufkommen, mangelhafte Leistung sei eine Krankheit. Lediglich die Analogie erscheint hier aus Gründen der Anschaulichkeit angebracht. Eine Krankheit wird man dann behandeln, wenn sie auftritt, und nicht warten, bis der nächste Vorsorgetermin ansteht. Insofern darf hier der Schluss gezogen werden, dass das *jährliche* Mitarbeitergespräch keinen geeigneten Ansatz darstellt, um die Leistungsprobleme einzelner Mitarbeiter zu behandeln. Hier gilt die Regel, dass es in einem Mitarbeitergespräch niemals Überraschungen geben darf. Was nicht schon vorher gesagt wurde, sollte auch beim jährlichen Gespräch nicht gesagt werden. Gänzlich anders stellt sich dies, wie bereits erwähnt, bei so genannten *anlassbezogenen* Mitarbeitergesprächen dar, Gespräche, die dann geführt werden, wenn sie von der Sache her angebracht sind. Vor diesem Hintergrund stellt sich nun die berechtigte Frage, warum Unternehmen im Rahmen ihrer jährlichen Mitarbeitergespräche alle Führungskräfte dazu auffordern, leistungsschwache Mitarbeiter zu identifizieren.

Abschusslisten?

Diese Überlegungen führen uns zu einem äußerst kritischen Punkt bezogen auf eine gängige Praxis. Wie bereits mehrfach erwähnt, gehört es zu einem der Kernbestandteile des jährlichen Mitarbeitergesprächs, Mitarbeiter in Leistungskategorien einzuordnen. Eine dieser Kategorien ist die Kategorie C: Low-Performer, leistungsschwache Mitarbeiter. Da das jährliche Mitarbeitergespräch als flächendeckende Übung in einem Unternehmen durchgeführt wird, entsteht einmal im Jahr eine Liste aller C-Player. Sie ergibt sich indirekt aus der Leistungsbeurteilung, die natürlich auch die Kategorien A und B vorsieht. Gerade die erste Kategorie wurde bereits im vorausgegangenen Abschnitt besprochen. Um die geht es nun nicht. Was hier einer genaueren Betrachtung bedarf, ist die flächendeckende Identifikation der C-Player zu einem gemeinsamen Zeitpunkt im Jahr. Die meisten Personaler werden sich über diese Herangehensweise zunächst nicht wundern. Sie ist so verbreitet, dass sie kaum mehr ein Zucken auf Seiten der Verantwortlichen auslöst. Wenn man Leistung einmal im Jahr beurteilt – was kaum hinterfragt wird –, dann ergeben sich daraus immer auch Mitarbeiter, deren Leistung als schwach beurteilt wird. Wo ist das Problem? Es gibt in der Tat wichtige Gründe, warum man dieser Praxis mit äußerster Skepsis begegnen sollte. Aber zunächst zu den üblichen Argumenten aus Sicht von HR und/oder der Geschäftsleitung:

- »Wir wollen einmal im Jahr wissen, wer im Unternehmen die leistungsschwachen Mitarbeiter sind, damit notwendige Maßnahmen für die betroffenen Mitarbeiter in die Wege geleitet werden können.«
- »Wir wollen unsere Führungskräfte wenigstens einmal im Jahr dazu bringen, ihre leistungsschwachen Mitarbeiter beim Namen zu nennen. Sonst läuft das Unternehmen insgesamt Gefahr, dieses Problem zu ignorieren, was wir uns weder leisten können noch wollen.«
- »Wir wollen unseren Mitarbeitern signalisieren, dass schwache Leistung nicht akzeptiert wird. Wir fördern eine leistungsorientierte Kultur und setzen alles daran, unzureichender Leistung aktiv zu begegnen.«
- »Wenn wir wissen, wer über längere Zeit keine ausreichende Leistung erbringt, dann wissen wir auch, wer in diesem Unternehmen weder eine Gehaltserhöhung verdient noch für eine Beförderung in Frage kommt.«
- »Wir müssen Leistungsschwäche zentral erfassen und dokumentieren, um im Ernstfall (den man sich natürlich nicht wünscht) über eine arbeitsrechtlich wasserdichte Handhabe zu verfügen.«

Wer diese Punkte unterschreibt, denkt zutiefst hierarchisch. Hier übernimmt die Geschäftsleitung flankiert durch HR die Verantwortung für die Leistung bzw. Nicht-Leistung der Mitarbeiter – und nicht die Führungskräfte, Teams oder Mitarbeiter selbst. Hier sind obere Instanzen Kunde der Leistungsbeurteilung und nicht die eigentlich Betroffenen. Das Resultat sind »Abschusslisten« in den Schubladen hierarchisch übergeordneter Entscheider. All dies hat mit Feedback nichts zu tun. Ehrliches Feedback auf Augenhöhe wird dadurch eher behindert. Der entscheidendste Punkt ist aber, dass dadurch weder leistungsschwachen Mitarbeitern noch deren Führungskräften und Teams geholfen wird, denn dafür sind großangelegte Inventuren dieser Art, zu *einem* Zeitpunkt im Jahr, zu wenig mit den individuellen Bedarfen synchronisiert. Sie kommen meist zu spät, wie bereits hinreichend ausgeführt. Bei der flächendeckenden, jährlichen Identifikation von leistungsschwachen Mitarbeitern kann es schlussendlich nur darum gehen, sich entweder im Rahmen einer jährlichen »Aufräumaktion« von diesen zu trennen oder variable Gehälter gering einzustufen. Für alles andere wäre dieser Ansatz nicht geeignet.

Auf die Positionierung kommt es an

Als Professor und Hochschullehrer bin ich einen vergleichbaren Ansatz gewohnt: Am Ende des Semesters durchlaufen Studenten eine Prüfung und wer den Erwartungen nicht gerecht wird, fällt durch. So einfach ist das. Alle Beteiligten kennen die Spielregeln. Dabei habe ich noch nie von Studenten die Rückmeldung erhalten, dies sei in irgendeiner Form brutal oder unfair. Umgekehrt bemühen wir Professoren uns natürlich darum, die Leistungserwartungen möglichst klar zu artikulieren und bei der Beurteilung der Studenten adäquate Maßstäbe anzulegen. In dieser Hinsicht ist die Hochschule, wie das gesamte Bildungssystem, sehr hierarchisch. Auf der einen Seite sind die wissenden Lehrer und auf der anderen Seite die lernenden Schüler. Es gibt Führer und Geführte, oben und unten. Die einen haben die Macht, die anderen nicht.

Natürlich ist dieser Ansatz in Unternehmen ebenso denkbar. Es gibt klare Leistungserwartungen und Ziele. Wer diese wiederholt nicht erfüllt oder erreicht, fällt bei der jährlichen Personalbeurteilung durch und darf das Unternehmen entweder verlassen oder erhält nur geringe variable Bezüge. Wenn all dies sauber und transparent kommuniziert wird und allen Beteiligten klar ist, wie das Spiel läuft, spricht zunächst wenig gegen diese Herangehensweise. Die Identifikation von C-Playern im Rahmen jährlicher Mitarbeitergespräche ist bestenfalls hierfür geeignet. Und das ist zunächst in Ordnung.

Es ist aber durchaus kritisch zu bewerten, wenn HR alle Führungskräfte dazu auffordert, einmal im Jahr leistungsschwache Mitarbeiter zu identifizieren und dies damit begründet, es ginge um Feedback, Lernen oder gar darum, individuelle Leistungsschwächen zu beheben. Hierbei handelt es sich um die Romantisierung einer Methode, die im Kern dafür und nur dafür vorgesehen ist, sich konsequent von C-Playern zu trennen oder sie finanziell zu sanktionieren. Wenn aber all dies nicht wirklich vorgesehen ist, wäre die Identifikation leistungsschwacher Mitarbeiter schlicht irrelevant. Was bleibt, ist Verunsicherung und einer schaler Geschmack.

No Baby-Sitting in einer agilen Welt

In der Praxis werden formale Leistungsbeurteilungen nicht selten damit begründet, dass Führungskräfte immer Urteile über ihre Mitarbeiter fällen, ob sie wollen oder nicht. Denn wo Menschen zusammenkommen, können sie sich gegenseitig nicht *nicht* beurteilen. Und da soziale Urteile immer mit Konsequenzen verbunden sind, implizit oder explizit, ist es gerade bei eher negativen Urteilen eine Sache der Fairness und gegenseitigen Offenheit, Urteile auf möglichst objektive, sachliche Beine zu stellen. Dieses Argument hat sicherlich Gewicht und wurde an anderer Stelle bereits hinreichend diskutiert. Man sollte sich aber die Frage stellen, wer in welcher Situation über wen Urteile fällt und welche Urteile am Ende für wen wirklich relevant sind. Während nun im hierarchischen Modell in erster

Linie die Führungskraft an der Leistung des Mitarbeiters interessiert ist und diese offiziell auch beurteilt, sind es in Teamkonstellationen vor allem die Teamkollegen, die internen und externen Kunden, aber auch die Mitarbeiter selbst. Letztere tragen in einer agilen Welt selbst die Verantwortung für den Erfolg ihrer Zusammenarbeit.

So haben Sozialforscher an der Universität St. Gallen vor etlichen Jahren anhand siegreicher Teams im Sport untersucht, was erfolgreiche Teams anders tun als weniger erfolgreiche (Jenewein & Heidbrink, 2008). Untersucht wurden neben der DFB-Aufstellung auch das Seglerteam Alinghi, das einst als erstes europäisches Team den legendären Americas-Cup geholt hat. Eine Strategie, die sich aus den Forschungsergebnissen ableiten lässt, ist die »No-Baby-Sitting-Strategie«: Wenn eines oder mehrere Teammitglieder mit der Leistung eines weiteren Teammitglieds nicht zufrieden sind, ist es ihre Aufgabe, dieses Problem oder den Konflikt zu lösen und nicht Aufgabe des Teamleiters. In hierarchischen Welten läuft dies meist anders. Wenn ein Mitarbeiter nicht pariert, kümmert sich der Chef persönlich darum – wer sonst?

Dieses Vorgehen in einer agilen Umwelt ist kennzeichnend für den Umgang mit leistungsschwachen Mitarbeitern. Man stelle sich ein Entwicklungsteam vor, das die gemeinsame Aufgabe hat, für einen Kunden eine komplexe Lösung in der Logistik zu entwickeln. Das Team besteht aus sieben Mitgliedern unterschiedlicher Fachrichtungen inklusive eines Teamleiters. Was passiert nun, wenn in einem agilen Kontext einer der Mitarbeiter mit seiner Leistung unter dem Durchschnitt bleibt? Zunächst stellt sich das Problem, dass in einem agilen Umfeld aufgrund der geringen Prozess- und Ergebnissicherheit der Aufgaben die Erwartungen nur schwer definiert werden können. Klassische Ansätze, wonach mit Mitarbeitern individuell und regelmäßig Ziele vereinbart werden, anhand derer man schließlich die Leistung bzw. die Zielerreichung eines Mitarbeiters beurteilen kann, stoßen hier an Grenzen. Aufgaben werden eher in kurzen Zyklen abgesprochen und gemeinsam vereinbart. Übergeordnete Ziele und Meilensteine betreffen eher das Team als das Individuum. Dies stellt aber nur dann ein wirkliches Problem dar, wenn man dieser Sachlage mit klassischen, lehrbuchartigen Ansätzen begegnet. In der Praxis spüren Teamkollegen sehr schnell, wenn ein Mitarbeiter hinter den gemeinsamen Erwartungen abfällt. Menschen haben dafür normalerweise ein sehr sensibles Gespür. Insofern muss man sich zunächst um die Identifikation schwacher Leistung keine Sorgen machen. Tritt dieser Fall ein, sind Konflikte, Frustration und schlechte Stimmung die übliche Folge. In einer agilen Welt ist es nun die Aufgabe des Teams, dieses Problem moderiert durch den Teamleiter gemeinsam zu lösen. Wenn es gut läuft, führt der Teamleiter mit dem betroffenen Mitarbeiter das, was man ein anlassbezogenes Gespräch nennt – auch wenn man in der Praxis dies nicht immer so bezeichnen würde. Wird dieses Gespräch professionell geführt, kommen die üblichen Dimensionen systematisch zur Sprache: Können, Wollen, Dürfen.

Sollte all dies nicht helfen und der betroffene Mitarbeiter selbst nach intensiven Bemühungen der Führungskraft und des gesamten Teams sein Leistungstief nicht überwinden, wird sein soziales Umfeld reagieren. Während in einer hierarchischen Arbeitswelt das Problem leistungsschwacher Mitarbeiter schrittweise nach oben eskaliert wird, damit von zentraler Instanz aus über Konsequenzen nachgedacht wird, löst in einem agilen Umfeld das System selbst das Problem. Der Mitarbeiter wird auf eine gewisse Weise abgestoßen. In dem hier behandelten Beispiel werden die Kollegen des betroffenen Mitarbeiters auf Distanz gehen. Dem Mitarbeiter wird möglicherweise mit Misstrauen begegnet. Auf jeden Fall nimmt das Maß an zwischenmenschlicher Anerkennung ab. Dies ist ein normaler sozialpsychologischer Prozess. Auf diese Weise werden Freundschaften aufgelöst, Paare trennen sich, Gruppen lösen sich auf. Neue Beziehungen werden aufgebaut. Der betroffene Mitarbeiter wird selbst agieren, möglicherweise freiwillig das Team oder gar das Unternehmen verlassen, was insbesondere dann der Fall sein wird, wenn der betroffene Mitarbeiter über alternative Karriereoptionen verfügt. All dies geschieht, ohne dass zu irgendeinem Zeitpunkt dieser Mitarbeiter offiziell und bescheinigt durch ein formales Verfahren wie das jährliche Mitarbeitergespräch als C-Player identifiziert wurde.

Für geschulte Personaler oder Betriebsräte, die einigermaßen mit dem geltenden Arbeitsrecht vertraut sind, mag dieses eben beschriebene Szenario sehr beliebig oder gar unprofessionell klingen. Die Vorstellung, man würde den Umgang mit leistungsschwachen Mitarbeitern den Kollegen selbst überlassen, klingt befremdlich. Es drängt sich die Befürchtung auf, Mitarbeiter würden alleine gelassen, möglicherweise unfair behandelt und das, was geschieht, stünde arbeitsrechtlich und ethisch auf unsicheren Beinen. Jene Mitarbeiter und Führungskräfte aber, die mit agilen Rahmenbedingungen vertraut sind, kennen das hier Beschriebene und werden von zahlreichen Fällen berichten können, deren Verlauf zwar schmerzhaft, aber dennoch ethisch vertretbar waren.

Auf den Punkt gebracht

- Beim anlassbezogenen Mitarbeitergespräch wird die Leistung thematisiert. Beim jährlichen Mitarbeitergespräch der Leister.

- Bei geringer Leistung von Mitarbeitern ist in erster Linie das anlassbezogene Mitarbeitergespräch sinnvoll. Das jährliche Mitarbeitergespräch läuft zeitlich nicht synchron mit der akuten Problematik.

- Eine jährliche, formale Identifikation leistungsschwacher Mitarbeiter ergibt nur dann einen Sinn, wenn sich das Unternehmen von den identifizierten Mitarbeitern trennen möchte oder variable Bezüge herabstuft.

- In einer agilen Welt sind die Mitarbeiter, Teams und Führungskräfte selbst für den Umgang mit leistungsschwachen Mitarbeitern verantwortlich.

Talente identifizieren

Es gehört sicherlich zu den besten und wichtigsten Ideen des Personalmanagements, talentierte Mitarbeiter möglichst früh als solche zu identifizieren, um sie langfristig auf Schlüsselpositionen vorzubereiten. Die Rede ist von Talentmanagement. Jene Mitarbeiter, die als Talente, High-Potentials, Führungsnachwuchskräfte, Top-Talente, Stars oder Heros identifiziert werden, erfahren meist langjährige Fördermaßnahmen, die von Coaching, Mentoring, Action Learning bis hin zu berufsbegleitenden MBA-Studien reichen (vgl. Conger, 2010; Trost, 2013). Vor allem aber erhalten sie das Vertrauen für besonders herausfordernde Aufgaben und Projekte, so genannte »Stretch Roles«. Auslandsaufenthalte und Vorstandsassistenz gehören ebenso dazu wie Vertreterpositionen auf oberer Ebene. Oder man lässt Talente das machen, was sie gerne machen wollen. Man schenkt ihnen Vertrauen, Freiraum und die notwendigen Mittel. All dem geht die Identifikation der Talente voraus.

Seit den späten Neunzigerjahren setzte sich forciert durch Bestseller wie *The War for Talent* (Michaels, Handfield-Jones & Axelrod, 2001) oder durch das Vorbild Jack Welch bei General Electric die Praxis durch, Nachwuchskräfte (High-Potentials) auf der Grundlage einer gemeinsamen Betrachtung von Leistung und Potenzial zu bestimmen (Bartlett & McLean, 2006). Da lag in der Praxis nichts näher, als neben der Leistungsdimension zusätzlich die Potenzialdimension durch die direkte Führungskraft bewerten zu lassen. In zahlreichen Unternehmen ist dies heute noch gängige Praxis, wenngleich hier unterschiedliche Herangehensweisen vorzufinden sind. Im Folgenden wird es daher um die zentrale Frage gehen, welche Rolle die Führungskraft und insbesondere das jährliche Mitarbeitergespräch hier spielen kann, und welche nicht.

Potenzialbeurteilung

Für das, was in der Praxis unter »Potenzial« verstanden wird, gibt es unterschiedliche Sichtweisen. Grundsätzlich ist man sich wohl einig, dass Potenzial die Veranlagung eines Menschen beschreibt, sich zukünftig deutlich über das aktuelle Kompetenzniveau hinaus zu entwickeln. Wenn etwa von einem jungen Sportler gesagt wird, er habe »Potenzial«, dann meint man damit, dass dieser Sportler sich in den kommenden Jahren noch deutlich steigern könne (Joch, 1992). Potenzial ist insofern eine hypothetische Größe. In Unternehmen wird hier zwischen zwei Sichtweisen unterschieden. Absolutes Potenzial bedeutet beispielsweise, dass man in einem Mitarbeiter die Veranlagung erkennt, irgendwann eine bestimmte Ebene im Unternehmen (z. B. Geschäftsführer, General Manager) zu erreichen, unabhängig davon auf welcher Ebene sich der Mitarbeiter gerade befindet. Relatives Potenzial bedeutet hingegen, dass die Veranlagung eines Mitarbeiters relativ zur aktuellen Position beurteilt wird: Hat der Mitarbeiter das Potenzial, in den kommenden fünf Jahren eine Rolle auszufüllen, die beispielsweise zwei Ebenen über seiner aktuellen Ebene angesiedelt ist?

Nun kann man aus heutiger Sicht Leistungsdimensionen wie Intelligenz oder überdauernde, persönliche Dispositionen wie Persönlichkeit psychometrisch relativ valide messen. Je nach Rahmenbedingung und Art der Aufgabe kann Leistung ebenfalls eingestuft werden. Wie verhält es sich aber mit Potenzial? Wie bereits erwähnt, handelt es sich bei Potenzial um eine zukunftsgerichtete, hypothetische Größe. Wer Potenzial einschätzt, sagt die mögliche Entwicklung eines Menschen voraus. Das ist von Natur aus schwierig. Einen Zugang zu dieser Thematik liegt in der Betrachtung scheinbar erfolgreicher Ansätze aus Unternehmen oder etwa dem sportlichen Bereich. Gerade im Sport wurden in den vergangenen Jahrzenten erhebliche Aufwände betrieben, um vorhersagen zu können, ob beispielsweise aus einem sechsjährigen Kind in mehr als zehn Jahren ein Schwimmer auf international wettbewerbsfähigem Niveau werden kann (vgl. Joch, 1992). Legt man nun alle positiven und offenbar erfolgreichen Ansätze zur Potenzialerkennung übereinander, ergibt dies am Ende ein recht einfaches Bild (vgl. Silzer & Curch, 2009). Drei, fast naheliegende Dimensionen scheinen dafür geeignet, Potenzial vorherzusagen, die bisherige Leistungsentwicklung, Motivation und Persönlichkeit:

- *Bisherige Leistungsentwicklung.* Hat sich die Leistung eines Mitarbeiters in den vergangenen Jahren deutlich über dem Durchschnitt entwickelt? Hat der Mitarbeiter in unterschiedlichen Bereichen eine herausragende Lernfähigkeit demonstriert?
- *Motivation.* Ist der Mitarbeiter von dem, was das Unternehmen tut, begeistert? Liebt er das, was er tut, so sehr, dass er es (theoretisch) sogar tun würde, ohne dafür Geld zu bekommen? Ist der Mitarbeiter nicht nur bereit für neue Herausforderungen, sondern hungrig danach?
- *Persönlichkeit.* Verfügt der Mitarbeiter über ein reifes und werteorientiertes Verhaltensrepertoire? Ist er stabil in den Grundsätzen, die seinen Entscheidungen zugrunde liegen? Traut man dem Mitarbeiter zu, ein Vorbild für andere zu sein?

Wer hier nach standardisierten Verfahren sucht, wird allerdings enttäuscht. Die Anwendung dieser Kriterien kann nur fallweise im jeweiligen Kontext des Mitarbeiters erfolgen. Häufig ragen herausragende Mitarbeiter tatsächlich heraus, was die Sache einerseits handhabbar macht – auch für ungeschulte Führungskräfte. Andererseits setzt die Identifikation eines Talents aber voraus, dass der jeweilige Mitarbeiter in einem Aufgabenumfeld tätig ist, das mit seinem Talent korrespondiert. Man kennt dies aus dem Alltag. Wenn etwa ehrgeizige Eltern ihren Sohn Justin zum Ballettunterricht zwingen, könnte sein wahres Talent als Fußballer nie erkannt werden. Vermutlich gibt es weltweit mehr unentdeckte Wunderkinder als entdeckte, weil die jeweiligen Wunderkinder nie die Chance bekommen haben, ihr Talent unter Beweis zu stellen – eine Dramatik, die sich auch in Unternehmen wiederfindet.

Die Führungskraft als Talent Scout

Ich kenne Unternehmen, bei denen die Führungskräfte angehalten sind, ihre Mitarbeiter direkt in einer Leistung-Potenzial-Matrix zuzuordnen. In anderen Unternehmen deuten die Führungskräfte im Rahmen des jährlichen Mitarbeitergesprächs durch simples Ankreuzen eines hierfür vorgesehen Kästchens an, ob sie in einem Mitarbeiter das Potenzial für deutlich mehr erkennen. Durch dieses simple Ankreuzen wird veranlasst, dass der betroffene Mitarbeiter in einem nächsten Schritt genauer unter die Lupe genommen wird. Meist geschieht dies in so genannten »Talent Reviews«, oder »Talentkonferenzen«, in denen die Führungskräfte einer größeren Einheit darüber entscheiden, wer nun zukünftig als High-Potential gehandelt wird oder eben nicht (Dowell, 2010).

Nun macht man in der Praxis allerdings zunehmend die Erfahrung, dass die direkte Führungskraft allein nicht die geeignete Instanz sein kann, um über die weitere Förderung eines Mitarbeiter oder High-Potentials zu entscheiden. Dafür gibt es zahlreiche Gründe:

- Eine direkte Führungskraft ist kaum in der Lage einzuschätzen, ob ein Mitarbeiter das Potenzial hat, eine Position auszufüllen, die sie selbst nie erreicht hat. Die Zielpositionen eines High-Potentials liegen hierarchisch über der Ebene der direkten Führungskraft. Ein Trainer in einer unteren Liga kann auch weder einschätzen noch entscheiden, welcher seiner Spieler die Veranlagung hat, langfristig in einer oberen Liga erfolgreich zu sein, in welcher der Trainer selbst nie gespielt hat.
- Wenn Talentmanagement sinnvoll funktionieren soll, muss bereits bei der Nominierung eines High-Potentials klar sein, welche möglichen Fördermaßnahmen auf ihn zukommen, vorausgesetzt der Mitarbeiter selbst ist damit einverstanden. Zumindest muss auf Seiten des Unternehmens im Moment der Nominierung die Bereitschaft bestehen, signifikant in den Mitarbeiter zu investieren, zum Beispiel in Form von Auslandsentsendungen, oder der Vergabe lernintensiver, herausfordernder Aufgaben und Projekte. Diese Investition geht in den seltensten Fällen von der direkten Führungskraft aus.
- Häufig fehlt es einer direkten Führungskraft an Motivation, den »eigenen« Mitarbeiter für höhere Positionen ins Spiel zu bringen, weil sie dadurch den Mitarbeiter verlieren würde. Man kann diese Motivation zwar fördern – meist geschieht dies durch eine entsprechende Zielvereinbarung –, dennoch steht sie nicht selten im Konflikt mit dem Anspruch der Führungskraft, eigene Geschäftsziele zu erreichen. Und hier ist die persönliche Verpflichtung der Führungskraft gegenüber der Verpflichtung dem Unternehmen gegenüber verständlicherweise höher.
- Der letztgenannte Punkt steht in engem Zusammenhang mit der Abhängigkeit des Mitarbeiters von der Einschätzung seiner direkten Führungskraft. Die direkte Führungskraft wird zum Flaschenhals für den Mitarbeiter. Solange eine

Führungskraft in einem Mitarbeiter kein Potenzial erkennt, wird dem Mitarbeiter möglicherweise zu Unrecht die Karriere nach oben versperrt.

- Bereits die Beurteilung von Leistung ist für jede Führungskraft eine äußerst anspruchsvolle Aufgabe. Noch mehr ist dies bei der Beurteilung von Potenzial der Fall, nicht zuletzt aufgrund ihres hypothetischen Charakters. Hier besteht also das realistische Risiko, Führungskräfte endgültig zu überfordern.
- Ob High-Potentials, nachdem diese durch entsprechende Fördermaßnahmen marschiert sind, in Top-Positionen gehievt werden, wird üblicherweise von Managern oberster Ebenen entschieden. Hier zeigt sich in der Praxis, dass bei der Besetzung einer Top-Position vor allem das Vertrauen in die jeweiligen Kandidaten zählt. Insofern sollte schon bei der Nominierung die Frage im Vordergrund stehen, ob ein möglicher Nachwuchskandidat auf Seiten der Entscheider Vertrauen genießt und nicht nur auf Seiten der direkten Führungskraft.

Diese Überlegungen weisen insgesamt darauf hin, dass die direkte Führungskraft keine entscheidende Rolle bei der Identifikation von Talenten haben kann. Insofern ist auch die Eignung des jährlichen Mitarbeitergesprächs als Instrument hierfür äußerst fraglich. In Abbildung 28 sind ausgewählte, relevante Zusammenhänge nochmals grafisch veranschaulicht. Sie zeigt die Konstellation zwischen Mitarbeiter, Führungskraft, Zielposition und Entscheider aus einer traditionell hierarchischen Sichtweise.

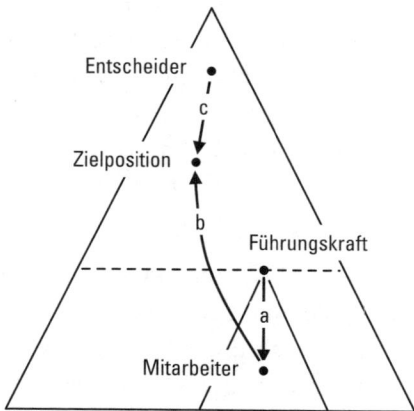

Abbildung 28: Die Führungskraft identifiziert Talente.

Hier wird deutlich, dass die direkte Führungskraft nur für einen eingeschränkten Raum (das kleine Dreieck) Verantwortung übernehmen kann. Die direkte Führungskraft kann und sollte einen Mitarbeiter nicht als Talent identifizieren (a), da der Weg des Mitarbeiters hin zur Zielposition (b) erstens oberhalb des Einflussbereichs der Führungskraft liegt und zweitens die Besetzung der Zielposition am Ende durch Entscheider oberhalb der Zielposition erfolgt (c).

Talentmanager

In hierarchischen Organisationen gibt es einen Ausweg aus der oben beschriebenen Problematik, der eigenen Beobachtungen zufolge immer häufiger eingeschlagen wird. Ein Beispiel unter vielen lieferte mir kürzlich ein weltweit operierendes
Logistik-Unternehmen. In diesem Unternehmen gibt es einen so genannten Talentmanager, der direkt an den CEO berichtet. Er war viele Jahre selbst in einer
leitenden Position, genießt hundertprozentiges Vertrauen im Vorstand und hat
selbst ein großes Talent im Umgang mit Menschen, das er mit besonderen Ambitionen entfaltet und zum Einsatz bringt. Alle High-Potentials im Unternehmen
werden unter seiner Mithilfe ausgewählt. Dabei übernimmt er die Rolle eines
Coachs und Beraters. Weiter beschreibt er seine Aufgabe wie folgt:

Ich reise das ganze Jahr durch die Welt und spreche mit den High-Potentials und den Geschäftsführern in allen Regionen. Ich versuche kontinuierlich die internen Bedarfe zu verstehen, aber auch die Fähigkeiten, die Reife und Präferenzen unserer Talente. Ich vermittle interne Entwicklungsmöglichkeiten, da wir der Überzeugung sind, dass unsere High-Potentials
vor allem durch Herausforderungen lernen in Bereichen, die für sie neu sind. Sobald eine
Vakanz entsteht, bin ich die erste Anlaufstelle. Insofern bin ich nicht nur ein interner Talentmanager, Mentor und Coach, sondern zugleich eine Art interner Personalberater.

Dahinter steht das einfache Prinzip, wonach Talentnominierungen auf der Ebene
stattfinden sollten, auf der auch langfristige Entscheidungen über High-Potentials
gefällt werden, sei es in Bezug auf etwaige Fördermaßnahmen oder in Bezug auf
die Besetzung relevanter Zielpositionen. Immer mehr Unternehmen verfügen
über diese, eben skizzierte Form des *Talentmanagers*, der die Nominierung und
Förderung von Talenten koordiniert und zum Teil maßgeblich beeinflusst. Wie
das obige Beispiel bereits zeigt, handelt es sich hier um eine Person, die selbst erfolgreich Erfahrungen auf einer Top-Position sammeln konnte und darüber hinaus höchstes Vertrauen auf Seiten relevanter Entscheider genießt. Meist berichtet dieser Talentmanager direkt an den CEO.

Wie stellt sich nun ein sinnvolles Szenario für die Identifikation von Talenten in
einem hierarchischen Kontext dar? Der entscheidende Punkt ist, dass die interne
Auswahl von High-Potentials nicht durch die direkte Führungskraft selbst, sondern immer über eine aktive Einbindung eines Talentmanagers sowie einer hö-
herrangigen Führungskraft erfolgt. Da die Führungskraft dem Mitarbeiter am
nächsten ist, bringt sie den Mitarbeiter ins Spiel und diskutiert dessen Eignung
gemeinsam mit den eben genannten Instanzen. Erst danach wird der Mitarbeiter
über das Ergebnis informiert, allerdings nur unter der Bedingung einer positiven
Einschätzung. Sind sich Führungskraft, Talentmanager und obere Führungskraft
über die Eignung des jeweiligen Kandidaten als High-Potential *nicht* einig, wird
dieses Ergebnis dem Mitarbeiter auch nicht mitgeteilt – wozu auch?

Im Falle einer positiven Einschätzung wird man dieses Ergebnis selbstverständlich dem Mitarbeiter mitteilen. Man wird darüber hinaus mit ihm darüber spre-

chen, ob er sich für ein intensives Entwicklungsprogramm bereit erklärt. Es geht um berufliche sowie private Präferenzen und Ambitionen. An dieser Stelle kommt das Mitarbeitergespräch zum Zug. Wichtig ist hierbei die Feststellung, dass nicht im Mitarbeitergespräch selbst eine Potenzialeinschätzung vorgenommen wird, aus den Gründen, die oben bereits erläutert wurden. Diese Einschätzung erfolgt im Vorfeld. Das Mitarbeitergespräch dient in diesem Szenario nur noch dazu, im Falle einer positiven Einschätzung über die Sichtweise des Mitarbeiters zu sprechen. Hierbei würde es sich wiederum um das handeln, was man als anlassbezogenes, individuelles Mitarbeitergespräch bezeichnen würde. Man wird mit dem hier zu besprechenden Inhalt nicht auf das jährliche Mitarbeitergespräch irgendwann zu einem festen Zeitpunkt im Jahr warten, es sei denn, der Prozess einer jährlichen Talentidentifikation ist zeitlich mit dem jährlichen Mitarbeitergespräch hinreichend synchronisiert.

Dieses soeben beschriebene Szenario ist in einer hierarchischen Welt durchaus geeignet. Unternehmen, die hierarchisch denken und handeln, werden sich unmittelbar mit diesem Ansatz anfreunden. Entscheidungen werden top-down vorbereitet. Die direkte Führungskraft eines potenziellen High-Potentials wird aktiv eingebunden und nicht übergangen. In gewisser Weise verfügt das Unternehmen über den Mitarbeiter, auch wenn dieser am Ende des Prozesses »ins Boot geholt« wird. Deutlich anders wird sich das Szenario in einer agilen Welt darstellen, wie im Folgenden gezeigt wird.

Der Mitarbeiter bringt sich selbst ins Spiel

Fragt man beruflich erfolgreiche Menschen, was für sie in ihrer Karriere entscheidend für ihren Erfolg war, erhält man ganz selten die Antwort, sie seien irgendwann in ihrem Leben als Talent oder High-Potential identifiziert worden. Jahrzehnte lang haben Menschen zu Recht oder zu Unrecht die Karriereleiter erklommen oder haben für sich wichtige Lebensziele erreicht, ohne jemals Teil eines Talentmanagementprogramms gewesen zu sein. Diese Betrachtung soll die Bedeutung strukturierter Programme dieser Art nicht schmälern. Wichtig ist allein die Erkenntnis, dass berufliche Entwicklung auch ohne formale Strukturen, Prozesse und Methoden denkbar ist. Wagt man einen genaueren Blick auf die Biografien sehr erfolgreicher Menschen, dann fällt auf, dass es hier offenbar eine gemeinsame Logik des Erfolgs gibt (vgl. Robinson, 2009). Es ist egal, welche Persönlichkeiten man studiert, ob Angela Merkel, Franz Beckenbauer, Arnold Schwarzenegger, Sebastian Vettel oder Richard Branson. Erfolgreiche Menschen werden nicht ins kalte Wasser geworfen. Sie suchen es und springen selbst hinein. Sie warten nicht auf Chancen, sondern ergreifen sie. Sie lieben das, was sie tun bedingungslos und wollen darin die Besten sein. Dabei lassen sie keine Chance aus, dies der Welt zu beweisen. Sie suchen nicht den Kontakt mit Schwächeren um gut dazustehen, sondern suchen die Nähe zu den Besten.

Dahinter steckt die Idee, dass Talente ihren Weg finden. Alles, was ein Unternehmen hierbei tun sollte, ist, nicht im Weg zu stehen. Talente entwickeln ihre eigene Kraft. Dies widerspricht in gewisser Hinsicht klassischen Ansätzen des Talentmanagements, bei denen der strategische Bedarf die treibende Kraft ist: Man stellt einen langfristigen Bedarf an Talenten für Schlüsselpositionen fest und formt im Rahmen einer strukturierten Nachwuchsentwicklung vielversprechende Menschen nach zuvor definierten und klar beschriebenen Vorstellungen (vgl. Rothwell, 2005; Fulmer & Conger, 2004). Im Zentrum dieser Bemühungen steht ein statisches Kompetenzmodell, das klar beschreibt, was die Anforderungen an die Inhaber von Schlüssel- oder Führungspositionen sind.

In einer agilen Welt wird man sich mit diesem Ansatz naturgemäß schwertun. Ein wesentlicher Grund liegt schon allein darin, dass man die Anforderungen der Zukunft nur ansatzweise kennt. Vor allem wird man sich in agilen Organisationen gegen die Vorstellung wehren, alle Mitarbeiter in Schlüsselpositionen müssten individuell jeweils ein gemeinsames Set an Kompetenzen erfüllen. Hier denkt man mehr in Team-Kategorien und im Sinne einer erwünschten Vielfalt innerhalb der Teams.

Anders als in traditionell hierarchischen Ansätzen geht man in einer agilen Welt eher vom Talent als treibender Kraft aus. Hier trägt der Mitarbeiter selbst die Verantwortung für seine Entwicklung, genauso wie er für seine Ziele und deren Erreichung selbst verantwortlich ist. Dabei knüpft er selbstständig Netzwerke im Unternehmen, über die er auf neue Karrieremöglichkeiten aufmerksam wird. Ein Mitarbeiter in dieser Welt weiß, dass er in seiner Karriere nur dann weiterkommt, wenn er sich selbst in Bewegung setzt. Einem Mitarbeiter, der diese Kultur internalisiert hat, läge es fern, an die Tür der Personalabteilung zu klopfen, um zu fragen, wann er denn mit seiner nächsten Beförderung rechnen könne.

In diesem, agilen Modell stellt sich das praktische Szenario dann eher so wie in Abbildung 29 dar: Ein Mitarbeiter bewirbt sich für ein Förderprogramm direkt beim Talentmanager (a). Dieser steht im engen Austausch mit Top-Entscheidern

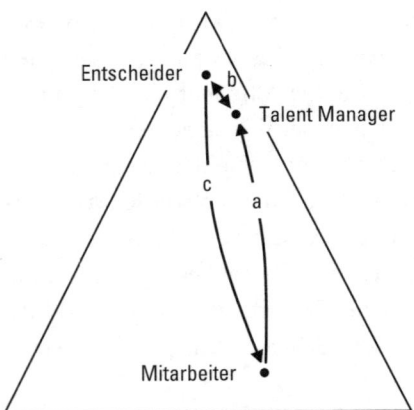

Abbildung 29: Der Mitarbeiter bringt sich selbst als Talent ins Spiel.

(b), die wiederum die Aufgabe haben, interne Kandidaten zu nominieren (c). Dieser letzte Schritt erfolgt meist in so genannten Talent Reviews, oder Talentkonferenzen, in denen Top-Manager gemeinsam Entscheidungen über die Nominierung und weiteren Personalentwicklungsmaßnahmen fällen. Die direkte Führungskraft spielt in diesem Szenario offensichtlich keine aktive Rolle. Wenn es nach einer erfolgreichen Talentnominierung zu einem Gespräch zwischen Mitarbeiter und direkter Führungskraft kommt, dann spricht eher der Mitarbeiter mit seinem Manager als umgekehrt.

Alternativ werden in Zukunft vermutlich immer mehr Unternehmen im Zuge ihrer Agilisierung darüber nachdenken, den Kollegen und sogar den Kunden eine Rolle bei der Nominierung und Identifikation von Talenten zuzuweisen. Demnach werden Mitarbeiter nicht dann zu High-Potentials, weil die Führungskraft dies so sieht, sondern weil Peers und Kunden dem Potenzial eines Mitarbeiters und Kollegen Vertrauen schenken. Dieser Ansatz ist sicherlich recht visionär. Auszuschließen ist er jedoch nicht.

Auf den Punkt gebracht

- Die direkte Führungskraft ist nicht die geeignete Instanz um Talente zu identifizieren. Sie kann einen Nominierungsprozess bestenfalls unterstützen. Das jährliche Mitarbeitergespräch spielt hier eine unterordnete Rolle.

- Über die Identifikation von High-Potentials muss auf der Ebene entschieden werden, auf der auch über die Besetzung von Schlüsselpositionen entschieden wird. Hier kann ein Talentmanager vermitteln.

- In einer agilen Welt ergreifen in erster Linie die Mitarbeiter selbst die Initiative für ihre Karriere. Das Unternehmen kann sie hierbei in erster Linie befähigen. Die direkte Führungskraft und das jährliche Mitarbeitergespräch spielen hier keine entscheidende Rolle.

Interne Eignung feststellen

Für bestimmte Aufgaben sind bestimmte Fähigkeiten erforderlich, um erfolgreich zu sein. Jene Person, die diese Fähigkeiten am ehesten mitbringt, ist für die jeweilige Aufgabe am geeignetsten. Wer würde dieser Aussage ernsthaft widersprechen wollen? Sie ist ein Grundaxiom der Personalauswahl – intern wie extern – und somit eine der wesentlichen Grundannahmen jeder Eignungsdiagnostik. Sie ist sogar Teil dessen, was man weithin als das zentrale Ziel des Personalmanagement versteht: die richtige Person am richtigen Platz zum richtigen Zeitpunkt. Also spielen wir die Sache einmal durch. Um erfolgreich Gabelstapler zu fahren, muss man Gabelstapler fahren können. Die Person, die das kann, ist zumindest in dieser Hinsicht geeignet. Ein Vertriebsmitarbeiter im Industriegüterbereich muss verhandeln können. Ein Koch muss kochen können. Ein Service-Mitarbeiter im Call-Center muss freundlich sein. Alles kein Problem. Kommen wir nun aber zu den spannenden Fällen. Auf einer Skala von 1 (grundlegende Fähigkeiten) bis 4 (herausragende Fähigkeiten, Experte): Wie viel Kommunikationsfähigkeit benötigt ein Personalsachbearbeiter? Welches Kompetenzniveau ist erforderlich in Bezug auf »kreatives Denken«, wenn wir über einen Filialleiter im Einzelhandel nachdenken? Wie sehr muss ein Mitarbeiter eines Entwicklungsteams im Bereich Druckmaschinen in der Lage sein, strategisch zu denken? Umso komplexer die Aufgabe und desto mehr die Aufgaben in Teamstrukturen eingebettet sind, desto schwieriger wird diese Angelegenheit. Wie kann man einerseits die Anforderungen valide einschätzen und andererseits die Fähigkeiten valide messen? Wer macht das in einem Unternehmen? Umso mehr man über dieses einfache Eignungs-Axiom in der Praxis nachdenkt, desto größer wird die Kluft zwischen lehrbuchartiger Vorstellung und funktionierender Wirklichkeit.

In hierarchischen Welten scheint all dies noch einigermaßen zu funktionieren. In einer agilen Welt stoßen wir schnell an Grenzen. Dies liegt zum einen an der geringen Stabilität der Anforderungen in einer agilen Welt und zum anderen an der Dynamik, wie Mitarbeiter eigenständig Aufgaben erkennen, ergreifen und selbst formen. Hier scheint es fast selbstverständlich, dass Mitarbeiter schon nach wenigen Jahren einen anderen Job haben als den, für den sie eingestellt wurden. Bereits bei der Personalgewinnung geht es weniger um konkrete Stellen, sondern um Karrieren und entsprechende Möglichkeiten im Unternehmen insgesamt, auch wenn alles mit einem konkreten Job beginnt. Selbst wenn die Mitarbeiter etliche Jahre ihren Job ausfüllen, hat ihre Tätigkeit nur noch wenig mit den Anforderungen zu tun, die zum Zeitpunkt ihrer Einstellung im Vordergrund standen. Es liegt in der Natur dieser Unternehmen, dass Mitarbeiter ihren Job selbst gestalten – Dejobbing. Karriere entwickeln sich auf natürliche Weise aus einem Zusammenspiel von akuten und zukünftigen Herausforderungen im Unternehmen, individuellen Präferenzen, Talenten und dem Vertrauen, dass andere in einen Mitarbeiter setzen. Insofern sind sich die Mitarbeiter bewusst, dass das Unternehmen ein Universum von Möglichkeiten und Herausforderungen bietet, indem man getrieben durch eigene Interessen seinen Weg findet. In dem Bewusstsein der Mitarbeiter ist ihr Unternehmen eine Art interner Arbeitsmarkt, in dem man Netzwerke aufbaut, sich Chancen erkämpft und sich immer wieder intern ins Spiel bringt. Der klassische Begriff *Personaleinsatz* ist solchen Unternehmen fremd. Er beschreibt aber sehr gut die Sichtweise einer hierarchischen Arbeitswelt.

Personaleinsatz – Personal-Ersatzteillager

Der traditionelle Begriff des Personaleinsatzes vermittelt den unmissverständlichen Eindruck, Mitarbeiter würden im Unternehmen von einer zentralen Instanz aus eingesetzt. Es wird über sie entschieden. Es scheint, die Mitarbeiter würden dem Unternehmen gehören und es läge in der Verantwortung des Managements, die zur Verfügung stehende Ressource bestmöglich zum Einsatz zu bringen. In der Praxis als auch in der einschlägigen Literatur wird hier von zum Teil sehr technokratischen Ansätzen ausgegangen: Auf der Grundlage von Stellenbeschreibungen werden einerseits die konkreten Anforderungen für jede Stelle klar beschrieben. Das Ergebnis sind *Stellen-* oder *Anforderungsprofile.* Andererseits werden alle Mitarbeiter hinsichtlich ihrer Kompetenzen vermessen, woraus *Mitarbeiter*profile resultieren. Diese Mitarbeiterprofile entstehen im Rahmen von Personalbeurteilungen, die als zentraler Bestandteil des jährlichen Mitarbeitergesprächs gesehen werden. Über einen mechanischen Abgleich (Matching) der Stellen- und Mitarbeiterprofile wird dann bestimmt, welcher Mitarbeiter auf welche Stelle am besten passen könnte. Zudem wird überprüft, ob ein Mitarbeiter nicht besser auf einer anderen Stelle »stärkengerecht« eingesetzt werden solle (vgl. Rübling, 1988).

Peter Cappelli (2012), führender Professor für Human Resource Management an der Wharton School spricht in diesem Zusammenhang leicht zynisch vom »Home Depot Syndrome«:

Die Besetzung einer vakanten Stelle ist wie das Ersetzen eines Bauteils in einer Waschmaschine. Wir gehen runter ins Lager und suchen das nötige Teil. Sobald wir es gefunden haben, wird es eingesetzt und die Waschmaschine funktioniert wieder. Wie bei einem Ersatzteil haben Stellen sehr genaue Spezifikationen, denen Kandidaten genau entsprechen müssen. Mitarbeiter müssen diesen perfekt entsprechen, sonst können sie nicht eingesetzt werden (Cappelli, 2012, S. 19, Übersetzung durch den Verfasser).

Unübersehbar erinnert Cappelli an die Maschinenmetapher: das Unternehmen als großes, statisches Getriebe, das von einer übergeordneten, megaintelligenten Instanz entwickelt und zusammengebaut wurde und in dem die einzelnen Rädchen so funktionieren und sich passiv einpassen, wie es sich der große Schöpfer ausgedacht hat. Eine, vielleicht sogar die grundlege Vorstellung dessen, was Management ist. Bauteile denken nicht und passen sich auch nicht selbst an ihr Umfeld an. In der personalpolitischen Praxis hört sich das dann zum Beispiel so an:

Die Aufgaben und Befugnisse sind für jeden Arbeitsplatz in einer Aufgabenbeschreibung niedergelegt. Hieraus wird ein Anforderungsprofil abgeleitet, also festgelegt, welche Anforderungen von den Mitarbeitern zu erfüllen sind, um die übertragenen Aufgaben und Befugnisse wahrnehmen zu können. Aufgabe der Mitarbeiterbeurteilung ist es nun festzustellen, wie der jeweilige Mitarbeiter die arbeitsplatzbezogenen Anforderungen erfüllt (zitiert nach Breisig, 2005).

Für Vertreter agiler Unternehmen klingt der obige Text befremdlich, bedrohlich oder gar gruselig. »Befugnisse«, »übertragene Aufgaben«, »arbeitsplatzbezogene Anforderungen«, die »zu erfüllen sind«, gehören nicht in den Sprachgebrauch und das Selbstverständnis agiler Unternehmen. Vertreter hierarchischer Unternehmenswelten wundert dies wiederum, weil sie diese Denkhaltung für selbstverständlich halten. Sie gehen implizit von folgenden Annahmen aus:

- Das Unternehmen ist eine Kombination einzelner Stellen mit bestimmten, abgrenzbaren Anforderungen.
- Stellenbezogene Anforderungen sind inhaltlich und zeitlich stabil.
- Stellenbezogene Anforderungen können valide ermittelt und trennscharf beschrieben werden.
- Ein Mitarbeiter ist nur dann erfolgreich, wenn er ganz bestimmte, stellenspezifische Anforderungen erfüllt.
- Ein Mitarbeiter kann allein, auf seiner jeweiligen Stelle erfolgreich sein.
- Führungskräfte können relevante Kompetenzen der Mitarbeiter valide beurteilen.
- Die Beurteilung eines Mitarbeiters auf der einen Stelle ist auch für eine andere Stelle valide und dadurch übertragbar.

Selbst in einem hierarchischen Kontext ist die Gültigkeit dieser Annahmen höchst fraglich (vgl. Breisig, 2005; Buckingham & Vosburgh, 2001). Vertreter des agilen Modells hingegen lehnen alle oben genannten Annahmen ab. Wie bereits im Zusammenhang mit den Rahmenbedingungen in Kapitel 4 beschrieben, geht man in einer agilen Welt von ganz anderen Grundsätzen aus:

- Das Unternehmen ist ein Netzwerk kooperierender, sich selbst steuernder Teams.
- Mitarbeiter gestalten ihre Aufgaben selbst entsprechend den akuten Herausforderungen, ihren Präferenzen und Talenten.
- Anforderungen sind unklar, ändern sich kontinuierlich und sind für die Zukunft kaum vorhersehbar (hohe Aufgabendynamik und -unsicherheit)
- Mitarbeiter können alleine nicht erfolgreich sein – nur in ihrem Zusammenwirken mit anderen.
- Mitarbeiter können sich mit sehr unterschiedlichen (diversen) Kompetenzen erfolgreich in Projekte einbringen.

Es gibt selbstverständlich Situationen, in denen die klassische Personaleinsatzplanung erfolgreich zum Zug kommt. So gibt es beispielsweise Produktionswerke, in denen verschiedene Maschinen bedient werden und wo klar ist, welche Mitarbeiter welche Maschinen bedienen können. Fällt ein Mitarbeiter aus, sei es durch Krankheit, Urlaub oder Kündigung, ist unmittelbar ersichtlich, welcher Kollege hier zum Einsatz kommen kann. Situationen dieser Art sind in hohem Maße statisch, vorhersehbar und planbar. Mit einem agilen Umfeld hat dies allerdings sehr wenig gemein.

Bei kaum einer anderen Nutzenkategorie wird der Unterschied zwischen einer hierarchischen und einer agilen Welt so deutlich, wie bei der Frage nach der Feststellung interner Eignung. Aus hierarchischer Sicht ist es meist die Aufgabe der Führungskräfte, ihre Mitarbeiter nach klaren Kriterien, meist unter Anwendung merkmalsorientierter Einstufungsverfahren, zu beurteilen. Darin wird ein fester Bestandteil jährlicher Mitarbeitergespräche gesehen. Die Ergebnisse werden an die Personalabteilung weitergeben, die wiederum eine zentrale Verantwortung dafür übernimmt, einen sinnvollen, stärkenorientierten Einsatz von Personal sicherzustellen. Die Personalabteilung ist zugleich Kunde dieses Verfahrens, weil sie auf eine Vermessung der Mitarbeiter angewiesen ist, um am Ende professionell und (scheinbar) rational agieren zu können.

In einem agilen Kontext spielt dieser Ansatz überhaupt keine Rolle. Dies zeigt sich schon daran, dass auf Stellenbeschreibungen oder Anforderungsprofile gänzlich verzichtet wird, nicht weil man sich diese Instrumente nicht wünschen würde, sondern weil die Arbeitswirklichkeit diese nicht zulässt.

Interne Talentmärkte

In einer agilen Welt sind die Mitarbeiter für ihre Karriere selbst verantwortlich. Sie folgen ihren eigenen Karriereentwürfen im Unternehmen – oder außerhalb. Aus Sicht des Unternehmens stellt sich daher die Frage, wie man den erforderlichen Personalbedarf jederzeit sicherstellen kann, wenn die Mitarbeiter »das tun, was sie wollen«. Wie kann hier etwa ein Personalleiter dafür sorgen, dass er seiner ureigenen Verantwortung gerecht wird, nämlich zu jedem Zeitpunkt den richtigen Mitarbeiter am richtigen Platz zu haben?

Auch hierauf liefert der bereits zitierte Peter Cappelli eine Antwort, indem er darauf hinweist, was an der Maschinenmetapher falsch zu sein scheint. Wenn etwa in einem Uhrwerk ein einzelnes Zahnrad ausfällt, hört das ganze Uhrwerk auf zu laufen. Wenn in einem Unternehmen oder einer Abteilung ein Mitarbeiter ausfällt, geht das Leben weiter. Natürlich sollte auch dann reagiert werden. Andere Mitarbeiter übernehmen neue oder erweiterte Aufgaben. Mitarbeiter werden eingestellt. Kollegen werden umgeschult. In einem agilen Umfeld wird nicht *nichts* getan. Auch das so genannte This-is-not-my-job-Phänomen ist Mitarbeitern in einer agilen Welt fremd. Schließlich gibt es auch keine Stellenbeschreibungen, die Mitarbeiter davon abhalten etwas anderes zu tun, als was in ihrer Stellenbeschreibung steht.

Anstatt aber Mitarbeiter fremdgesteuert einzusetzen wie ein Schachspieler es mit seinen selbst passiven Figuren tut, entwickeln agile Unternehmen einen internen Sog an jenen Stellen, wo akuter oder antizipierter Bedarf besteht. Im Sinne interner Talentmärkte wirbt man intern für qualifizierte Kollegen. Führungskräfte werben um Mitarbeiter und werben sie intern auch ab. Dies kann einerseits zu Konflikten führen und andererseits zu einem gesunden Wettbewerb, den man aber mit Spielregeln durchaus verträglich gestalten kann (vgl. Trost & Frosch, 2011).

Wir würden das gerne machen!

Zwei Unternehmen produzieren und vertreiben Haushaltswaren aus Metall, wie zum Beispiel Pfannen, Töpfe, Besteck, Fleischwolf, Nussknacker usw. Beide Unternehmen A und B verfügen über ein eigenes Online-Portal, über das Kunden die Produkte erwerben können. Beide Portale sind an den Marktplatz von Amazon angebunden und über die Shopping-Funktion bei Google gut auffindbar. Die Geschichten, die dazu führten, sind aber sehr unterschiedlich. Unternehmen A ist ein traditionelles, hierarchisches Unternehmen. In Unternehmen B findet sich eine eher agile Welt wieder.

Hier nun die Geschichte des Unternehmens A: Im Jahr 2010 entschied die Geschäftsführung, einen eigenen Online-Kanal zur Vermarktung der eigenen Produkte aufzubauen. Im gleichen Atemzug wurde ein entsprechendes Budget verabschiedet und ein Ziel formuliert. Bis Ende 2015 soll 20 % des Umsatzes über diesen Kanal erzielt werden. Der Vertriebsleiter bekam dieses Ziel in seine Zielvereinbarung geschrieben. Mit ausreichend Budget versorgt, wendete sich dieser an die Personalabteilung, die helfen sollte, ein geeignetes Team aus internen und externen Kandidaten zusammenzustellen. Hierfür wurden entsprechende Kompetenzprofile entwickelt: Teamfähigkeit, Kommunikationsfähigkeit, kreatives Denken, Kundenorientierung, Problemlösefähigkeit und konzeptionelles Denken waren die Favoriten. Weil das Unternehmen schon seit Jahren das jährliche Mitarbeitergespräch durchführt, konnte man auf die Kompetenzprofile aller zur Verfügung stehenden Mitarbeiter direkt zugreifen, um so die geeigneten Kandidaten auszuwählen und sie für das Projekt entsprechend einsetzen. Nachdem das Team zusammengestellt war, legte es los und entwickelte den ersten Pilotversuch.

Kommen wir nun zur Geschichte in Unternehmen B, das bis heute über kein jährliches Mitarbeitergespräch verfügt. Zwei junge Mitarbeiter, die mit dem Internet aufgewachsen sind, wunderten sich im Jahr 2010, warum das Unternehmen und insbesondere seine Produkte über das Web kaum auffindbar waren. Einer dieser Mitarbeiter hatte die Möglichkeiten des Online-Vertriebs bereits bei seinem vorherigen Arbeitgeber kennen und schätzen gelernt. Also machten sie sich auf den Weg und dachten gemeinsam – informell und ohne offiziellen Auftrag – über die Idee eines Online-Kanals nach. Nachdem sie mit etlichen weiteren Kollegen über die Idee gesprochen hatten und insgesamt auf gute Resonanz stießen, entwickelten sie ein Konzept, das sie dann im Jahr 2011 der Geschäftsführung vorstellten. Aufgrund zahlreicher kritischer Fragen mussten sie ihr Konzept weiterentwickeln und anpassen, um es wenig später ein zweites Mal zu präsentieren. Die Botschaft war: »Wir würden das gerne machen.« Sie durften und bekamen ausreichendes Budget für einen Pilotversuch. Zuvor wurde den beiden, engagierten Mitarbeitern aber die zentrale Frage gestellt: »Was braucht Ihr, um das Projekt zum Erfolg zu bringen?«

Diese beiden Geschichten zeigen etliche Unterschiede zwischen einer hierarchischen und einer agilen Welt, auf die an dieser Stelle aber nicht näher eingegangen werden soll. Zentral ist an dieser Stelle die Frage nach der internen Eignungsfeststellung. Natürlich wird man auch in einer agilen Welt die Frage beantworten müssen, ob jene Mitarbeiter, die eine Idee eigenständig im Team anstoßen, auch am Ende dafür geeignet sind, ihren eigenen, guten Vorschlag zum Erfolg zu führen. Die Dynamik aber, wie Mitarbeiter zu ihren Aufgaben kommen, ist eine gänzlich andere. Sie kommt ohne eine zentrale Erfassung standardisierter Kompetenzprofile etwa im Rahmen eines jährlichen Mitarbeitergesprächs aus. Die Mitarbeiter bringen sich selbst in Position. Die Frage nach der Eignung ergibt sich im konkreten Fall und in Bezug auf spezifische Herausforderungen. Jene Herausforderungen werden nicht zentral definiert, sondern in einem Coaching-Ansatz mit den Betroffenen selbst reflektiert.

Auf den Punkt gebracht

- Die Entwicklung von Anforderungsprofilen ist nur bei arbeitsteiligen Aufgaben mit hoher Prozess- und Ergebnissicherheit möglich.

- In agilen Strukturen entscheiden die Teams und internen Kunden selbst, wer für eine Aufgabe geeignet ist. Eine Verwendung zentral verwalteter Kompetenzprofile findet kaum statt.

- In einer agilen Welt schaffen sich die Mitarbeiter ihre Aufgaben selbst, indem sie sich eigenständig in Position bringen und versuchen eigene Ideen umzusetzen.

- Insgesamt ist das jährliche Mitarbeitergespräch als Instrument zur internen Eignungsfeststellung und des Personaleinsatzes nur in einer hierarchischen Welt vorstellbar.

Personal entwickeln

Häufig verfügen Unternehmen über Kompetenzmodelle für Führungskräfte. Hierbei handelt es sich zunächst um nichts weiter als um eine Beschreibung dessen, was eine erfolgreiche Führungskraft im jeweiligen Unternehmen können muss. Erstaunlicherweise unterscheiden sich diese Modelle von Unternehmen zu Unternehmen kaum. Einige Kompetenzen scheinen ihren sicheren Platz in fast allen Modellen zu finden. Hierzu gehören etwa die Kompetenzen Kundenorientierung, Teamfähigkeit, strategisches Denken und – *Mitarbeiterentwicklung*, »Developing others«. Was bedeutet Mitarbeiterentwicklung für einen Schichtleiter in der Kunstoffgießerei eines Automobilherstellers? Was muss der Leiter eines regionalen Vertriebsteams tun, um dieser besonderen Anforderung gerecht zu werden? Was macht die Oberschwester mit der Krankenschwester? Wie können die Lehrer einer Schule durch den Rektor entwickelt werden? Und was macht eigentlich Mick Jagger mit Keith Richards?

Theoretisch geht man davon aus, Führungskräfte würden über mehr Erfahrung verfügen als ihre jeweiligen Mitarbeiter, was sie dazu befähigt ihr Wissen fruchtbar zu teilen. Praktisch ist das nicht immer, oder immer seltener so. Führungskräfte geben Feedback und ermöglichen damit tägliches Lernen (siehe Abschnitt »Durch Feedback lernen«). Sie besprechen mit ihren Mitarbeitern deren langfristige Entwicklungsperspektive und leiten entsprechende Maßnahmen in die Wege (siehe Abschnitt »Perspektiven bieten«). Worum es aber in diesem Abschnitt geht, ist die Identifikation und Deckung kurzfristiger Entwicklungsbedarfe. Hierbei handelt es sich wohl um den zentralen Bestandteil im jährlichen Mitarbeitergespräch in Bezug auf Personalentwicklung. Nicht selten spricht man bei diesem Teil auch vom »Entwicklungsgespräch« oder »Mitarbeiterentwicklungsdialog« – nicht zu verwechseln mit Entwicklungsgesprächen, die üblicherweise im Kindergartenkontext zwischen Erzieher und Eltern geführt werden. Wiedermal ist die Idee sehr einfach: Einmal im Jahr setzen sich der Mitarbeiter und seine Führungskraft zusammen und besprechen die zukünftige Entwicklung des Mitarbeiters. Hierbei werden aktuelle und zukünftige Anforderungen reflektiert und mit den aktuellen Fähigkeiten des jeweiligen Mitarbeiters in Bezug gesetzt. Man plant konkrete Maßnahmen, seien es Schulungen, Aufgaben oder Coaching, die insgesamt zur Erreichung vereinbarter Entwicklungsziele beitragen sollen.

Ginge es beim jährlichen Mitarbeitergespräch ausschließlich um diesen Aspekt der Personalentwicklung, hätte dieses Buch nicht geschrieben werden müssen. Dieser Teil ist vergleichsweise unkritisch. Schließlich sind die Punkte, die hier besprochen werden, für die Führungskraft, den Mitarbeiter und deren Verhältnis unkritisch. Entwicklungsmaßnahmen sollten auf Seiten des Mitarbeiters positiv erlebt werden, es sei denn der Mitarbeiter wird zu einer Maßnahme »verdonnert«. Die Führungskraft kann sich als Wohltäter hervortun: »Was kann ich für Sie tun? Gibt es etwas, was Ihnen helfen könnte, Ihre zukünftige Arbeit noch besser erledigen zu können?« Auch das Problem der Verteilungsgerechtigkeit unter den Kollegen eines Teams oder einer Abteilung ist eher überschaubar. Schließlich kann eine Investition in einen Mitarbeiter von dessen Kollegen als Vorteil wahrgenommen werden. Welchen Stellenwert aber eine institutionelle Besprechung der weiteren Entwicklung des Mitarbeiters zwischen ihm und seiner Führungskraft hat, hängt entscheidend von den Rahmenbedingungen ab. Wir beginnen mit dem hierarchischen Modell.

Maschinelle Nachjustierung

Erst kürzlich hatte ich wieder die Ehre, Jury-Mitglied im Rahmen einer Preisvergabe zu sein. Es sollten Unternehmen für »Beste Personalentwicklung« ausgezeichnet werden. Dies bot mir die Chance, zahlreiche Bewerbungsunterlagen von Unternehmen einzusehen. Bemerkenswert fand ich, dass offenbar die meisten Unternehmen Personalentwicklung mit formeller Weiterbildung gleichsetzen. Umso höher die relative Anzahl an Weiterbildungstagen pro Mitarbeiter, desto besser die Personalentwicklung. So erschien mir zumindest das Verständnis vieler Arbeitgeber. Wenige nannten darüber hinaus Coaching- oder Mentoring-Maßnahmen. Als besonders fortschrittlich wurde immer wieder das jährliche Mitarbeiter- oder Entwicklungsgespräch in den Vordergrund gerückt, bei dem Entwicklungsbedarfe und entsprechende Maßnahmen mit den Betroffenen regelmäßig besprochen werden.

Eine jährliche Besprechung von Entwicklungsmaßnahmen passt sehr gut in eine hierarchische Welt. Individuelle Entwicklungsziele ergeben sich aus übergeordneten Anforderungen, die über die Führungskraft an den Mitarbeiter top-down vermittelt werden. Auch hier kommt die Maschinenmetapher zum Tragen. Man betrachtet den Mitarbeiter als ein Baustein in einem abgestimmten Gesamtgefüge – das Rädchen im Getriebe. Wenn sich das Gefüge insgesamt ändert, kann es sein, dass der Mitarbeiter nachjustiert werden muss, um auch in Zukunft seine Beschäftigungsfähigkeit sicher zu stellen. Das Unternehmen wird internationaler, weswegen der Mitarbeiter seine Englischkenntnisse aufbessern soll. Das IT-System im Unternehmen soll umgestellt werden, weswegen der Mitarbeiter auf eine entsprechende Schulung geschickt wird.

Entwicklung ist im hierarchischen Kontext aber auch dann ein Thema, wenn keine Änderungen anstehen. Im Extremfall – manche Personaler würden es als Idealfall bezeichnen – werden die Mitarbeiter und deren Kompetenzen anhand strukturierter Verfahren und entlang vorgegebener Kriterien eingestuft und mit Soll-Anforderungen verglichen. Negative Abweichungen zwischen Soll- und Ist-Profil werden dann als so genannte Entwicklungsbedarfe identifiziert. Am Ende erfährt der Mitarbeiter die Entwicklungsmaßnahme, die seine Führungskraft ihm zugesteht. Die Inhalte der Personalentwicklung werden mehr oder logisch abgeleitet. All dies ist in einem hierarchischen Kontext durchaus in Ordnung, solange die relevanten Rahmenbedingungen gegeben sind.

Arbeiten = Lernen, Lernen = Arbeiten

Die Personalentwicklung der SAP AG war eine meiner frühen Stationen in meiner beruflichen Karriere. Damals, in den frühen 90ern war ich Praktikant und musste in diesen Tagen ein Zitat des damaligen, wunderbaren CEO Dietmar Hopp verkraften, der sagte: »Ich will keine institutionalisierte Personalentwicklung. Wer etwas lernen will, soll zum Kunden gehen.« Das Prinzip war einfach: Gehe zum Kunden, versuche so gut wie möglich zu verstehen, was er haben will. Setze es um und hole Dir bei jeder Gelegenheit Feedback. Aus Ahnungslosigkeit werden Lösungen und auf dem Weg dahin findet genau das statt, was man als Lernen bezeichnet. Genauer: kunden- und problemrelevantes Lernen.

In einer agilen Welt gibt es keinen Unterschied zwischen Lernen und Arbeiten. In einem hierarchischen Kontext wird ein Mitarbeiter auf eine Weiterbildung »geschickt« und hofft anschließend auf einen gelungenen Lerntransfer aus dem Seminar in die Praxis. In einer agilen Welt hingegen, die von Unsicherheit geprägt ist, heißt Lernen nichts anderes, als ein Problem lösen, dass vorher noch nicht gelöst war, etwas besser machen als wie bisher, Einsichten gewinnen, die es vorher noch nicht gab. All dies geschieht in Gruppen. Man lernt von- und miteinander nah an den praktischen Herausforderungen, deren Bewältigung sich das Team zur Aufgabe gemacht hat (vgl. Senge, 1990). Dabei sind Unsicherheit und Neugier die dominierenden Treiber. Und wenn die Mitarbeiter in einem agilen Umfeld eine Schulung für sinnvoll erachten, dann organisieren sie diese meist selbst.

Um zu verstehen, welchen Stellenwert das jährliche »Entwicklungsgespräch« in einem agilen Modell hat, ist es wichtig, die Unterschiede im Lernen zwischen einem hierarchischen und einem agilen Umfeld zu verstehen. In Abbildung 30 sind die beiden Welten vereinfacht gegenübergestellt.

Hierarchische Welt	Agile Welt
Individuelles Lernen	Social Learning
von Lehrer/Führungskraft	von und mit Anderen
off-the-Job	on-the-Job
geplant	on demand
Formell	informell
vorgegeben	Selbstgesteuert
lange Zyklen	kurze Zyklen
Anforderungen	Neugier & Unsicherheit
Lerntransfer	Arbeit = Lernen

Abbildung 30: Lernen in einem hierarchischen und agilen Umfeld.

Lernen und Personalentwicklung erfolgen in einem agilen Umfeld nach gänzlich anderen Regeln, als man es aus einer hierarchischen Welt heraus gewohnt ist (vgl. Trost, 2011). Das heißt nicht, dass hier Elemente aus einer hierarchischen Welt keine Rolle spielen. Auch im agilen Modell gibt es langfristig geplante Entwicklungsmaßnahmen, die mit dem Mitarbeiter besprochen werden. Es gibt Off-the-job-Schulungen oder langfristige Anforderungen, auf die reagiert wird. Es kommen aber andere Facetten hinzu, die im Verhältnis zu den herkömmlichen Ansätzen eine viel größere Bedeutung haben.

Dies ist maßgeblich auf die Komplexität der Aufgaben zurückzuführen, die zugleich mit einer hohen Dynamik verbunden ist. Dabei arbeiten die Mitarbeiter eigenständig in Teams. Jährliche Zyklen, bei denen über etwaige Entwicklungsbedarfe einzelner Mitarbeiter nachgedacht wird, würden diesen Rahmenbedingungen bei weitem nicht gerecht. Mitarbeiter in einer agilen Welt denken und handeln in kurzen Zyklen. Lernbedarfe ergeben sich nicht jährlich, sondern jederzeit, täglich, stündlich. Insofern lernen Mitarbeiter in dieser Welt vor allem »on-demand«, auf Bedarf hin, dann, wenn sie sich aufgrund einer akuten Fragestellung relevantes Wissen aneignen müssen. Teams und Mitarbeiter wissen in einem agilen Umfeld nicht, welche Kompetenzen sie in einem halben Jahr benötigen werden.

In einer agilen Welt definieren Teams und ihre Mitarbeiter ihre Ziele selbst, zumindest sind sie maßgeblich an der Definition ihrer Ziele beteiligt. Wie schon mehrfach beschrieben, arbeiten Mitarbeiter in einer agilen Welt eigenverantwortlich und selbstgesteuert. Vor diesem Hintergrund ist es konsequent, dass sich die Mitarbeiter auch gemeinsam um ihre eigenen Lernbedarfe kümmern. Sie wissen selbst am besten, was sie benötigen. Lernen erfolgt miteinander und voneinander im Sinne eines sozialen Lernens.

Einmal im Jahr über Entwicklung sprechen

Wie bereits angedeutet, kann es kaum ein Fehler sein, wenn eine Führungskraft mit ihrem Mitarbeiter über Entwicklungsmaßnahmen spricht, sei es in der Rolle als Boss, Coach, Partner oder Befähiger. Die Spielarten werden allerdings unterschiedlich sein. Ein Coach wird seinen Mitarbeiter womöglich fragen: »Wo möchtest Du in zwölf Monaten besser sein? An welcher Kompetenz willst Du arbeiten?« Die Ergebnisse würde man wohl kaum dokumentieren und an die Personalabteilung weiterleiten, es sei denn der Mitarbeiter wünscht dies. Ein Unternehmen, das trotz eines agilen Umfelds das jährliche Mitarbeitergespräch als zentralen Baustein einer Personalentwicklung sieht, verkennt wesentliche Aspekte des Lernens und der Entwicklung. Im Zweifel würde die Personalabteilung damit signalisieren, dass sie von der Realität weit entfernt ist. In weiten Teilen ist ein jährliches Gespräch über die Entwicklung in einer agilen Welt schlichtweg unnötig.

Trotzdem kann es Teams geben, in denen die Mitarbeiter ihre Entwicklung nicht der täglichen Dynamik überlassen wollen und eine längerfristige Perspektive hierzu wünschen. In solchen Fällen sollte das agile Umfeld als Chance gesehen werden, Dinge zu tun, die in einem streng hierarchischen Umfeld kaum denkbar sind. So können Teams Orientierungsrunden durchführen, innerhalb derer jedes Mitglied gegenüber den anderen artikuliert, in welchen Bereichen es in den kommenden zwölf Monaten besser werden will. Die Kollegen können ihrerseits darauf reagieren und ihre Sicht einbringen – als Rückmeldung und gemeinsame Empfehlung. Am Ende steht das Ziel, die Entwicklung der Teammitglieder auf einen gemeinsamen Bedarf hin und entsprechend der individuellen Neigungen und Präferenzen auszurichten.

Auf den Punkt gebracht

- Die jährliche Planung notwendiger Entwicklungsmaßnahmen im Rahmen eines jährlichen Mitarbeitergesprächs ist in jedem Fall unkritisch.

- In einer hierarchischen Welt ergeben sich die Entwicklungsbedarfe und Entwicklungsmaßnahmen aus vorgegebenen Anforderungen, die mit den aktuellen Fähigkeiten der Mitarbeiter abgeglichen werden. Entwicklungsmaßnahmen werden von der jeweiligen Führungskraft genehmigt.

- In einer agilen Welt ist Arbeiten gleichbedeutend mit Lernen. Bedarfe und Maßnahmen (meist on-the-job und on-demand) werden selbstgesteuert und in kurzen Zyklen durch das Team definiert.

- Ein jährliches Entwicklungsgespräch kann in einer agilen Welt offen im Team erfolgen und bietet für alle Beteiligten zusätzlich Orientierung

Perspektiven bieten

Neben der eben besprochenen Komponente der Identifikation kurzfristiger Lernbedarfe gepaart mit einer entsprechenden Entwicklungsplanung gehört zum Entwicklungsgespräch meist auch die Besprechung mittel- und langfristiger Entwicklungsperspektiven.

Der Vorgesetzte diskutiert hier [im Entwicklungsgespräch] mit dem Mitarbeiter vor dem Hintergrund der betrieblichen Möglichkeiten und persönlichen Fähigkeiten und Interessen berufliche Perspektiven und vereinbart geeignete Entwicklungsmaßnahmen. Entwicklungsgespräche haben zum Ziel, die Vorstellungen des Mitarbeiters über seine berufliche Entwicklung mit der Einschätzung des Vorgesetzten und den Möglichkeiten, die das Unternehmen bietet, abzugleichen (Winkler & Hofbauer, 2010, S. 94).

Wenn hier von Perspektiven die Rede ist, dann sind hiermit Aussichten von Mitarbeitern auf signifikant andere, erweiterte Rollen bzw. Jobs gemeint. Perspektive kann die Aussicht auf einen anderen Job innerhalb oder außerhalb des eigenen Teams sein, die Beförderung auf eine höhere Führungsebene, der Wechsel in ein anderes Team verbunden mit neuen, oder anderen Aufgaben. Perspektive bedeutet dabei immer die Aussicht auf eine potenzielle Verbesserung aus der Sicht des Mitarbeiters.

Wo sehen Sie sich in drei bis fünf Jahren?

Eine nach wie vor gerne gestellte Frage in Einstellungsinterviews lautet: »Wo sehen Sie sich in fünf Jahren?« Die Antwort des Bewerbers auf diese Frage kann durchaus relevant sein, wenn man einen Kandidaten nicht nur für einen bestimmten Job, sondern für eine Karriere einstellt. Ein Unternehmen sollte dann in der Tat klären, ob die Erwartungen eines Bewerbers mit den Möglichkeiten in einem Unternehmen vereinbar sind. Sollte dies nicht der Fall sein, etwa weil die Erwartungen des Bewerbers ambitionierter sind als die gebotenen Perspektiven, wäre ein Fluktuationsproblem vorprogrammiert. Ganz andere Probleme ergäben sich freilich auch im umgekehrten Fall. Wie sinnvoll ist es aber, wenn eine Führungskraft dieselbe Frage in einem jährlichen Mitarbeitergespräch stellt? Schließlich werden in nicht wenigen Unternehmen Führungskräfte offiziell dazu aufgefordert, im Rahmen formeller, jährlicher Mitarbeitergespräche mit ihren Mitarbeitern berufliche Perspektiven zu besprechen und diese schriftlich zu fixieren (Hossiep, Bittner & Bernd, 2008).

Das klingt in der Theorie sehr vielversprechend. Ähnlich wie das obige Zitat lesen sich die Darstellungen in zahlreichen Leitfäden zur Durchführung eines jährlichen Mitarbeitergesprächs. Ein Gespräch über Perspektiven des Mitarbeiters kann nicht schlecht sein – so scheint es zumindest auf den ersten Blick. Wenn nun aber eine Führungskraft die Frage stellt, wo sich der Mitarbeiter in drei bis fünf Jahren sieht, dann muss sie mit unterschiedlichen Antworten rechnen und es hängt von den Rahmenbedingungen ab, ob und wie eine direkte Führungskraft sinnvoll darauf reagieren kann. Hier nun eine Reihe möglicher Antworten:

- *Wechselwunsch.* »Ich hätte gerne eine andere Aufgabe oder einen anderen Job innerhalb des eigenen Bereichs oder außerhalb.« Möglicherweise hat der Mitarbeiter sogar konkrete Vorstellungen darüber, was er gerne als Nächstes machen möchte. »Ich sehe mich in drei Jahren im Vertrieb.«
- *Orientierungslosigkeit.* »Ich weiß nicht, wo ich mich in etlichen Jahren sehe.« In diesem Fall verfügt der Mitarbeiter aktuell über keine persönliche Perspektive. Wir unterstellen in diesem Fall, dass der Mitarbeiter mit dieser Orientierungslosigkeit nicht ganz glücklich ist.
- *Zufriedenheit.* »Ich bin eigentlich glücklich mit dem, was ich mache und sehe auch keinen Grund, in Zukunft etwas anderes zu tun.« Der Mitarbeiter erkennt für sich offenbar keinen Anlass, über eine Perspektive nachzudenken, die andere Aufgaben impliziert.
- *Perspektivlosigkeit.* »Ich sehe in diesem Unternehmen keine Perspektive für mich.« Der Mitarbeiter hat zwar eine persönliche Karriere-Vision, die er aber nicht im Einklang mit den wahrgenommenen Möglichkeiten im Unternehmen sieht.

Betrachtet man diese vier, soeben skizzierten Konstellationen, so geht es im Kern um zwei Aspekte. Einerseits geht es um den *persönlichen Karriereentwurf* des Mitarbeiters, also um seine persönliche Orientierung – in oder außerhalb des Unternehmens. Weiß der Mitarbeiter, was er will? Hat er konkrete Vorstellungen oder nicht? Andererseits geht es um *konkrete Möglichkeiten*, Jobs oder Aufgaben im Unternehmen. Wenn der Mitarbeiter weiß, was er will: Was sind dann die konkreten Inhalte seines Karriereentwurfs? An dieser Stelle lohnt sich nun die Frage, was eine direkte Führungskraft jeweils bewirken kann bzw. was sie weder tun kann noch sollte, etwa weil es dafür im Unternehmen eine bessere Instanz gäbe. Wir beginnen mit den konkreten Möglichkeiten, den Inhalten möglicher Karriereentwürfe.

Welche konkreten Möglichkeiten?

Sollen Entwicklungsperspektiven ein formaler, vorgegebener Inhalt des jährlichen Mitarbeitergesprächs sein? Ich habe im Laufe meiner Karriere zahlreiche Workshops erlebt, bei denen Personaler über diesen Aspekt diskutiert haben. Einerseits wird vorgebracht, ein Gespräch, in dem es um Entwicklung geht, könne ohne diesen Aspekt nicht auskommen. Interessanterweise wird in diesem Kontext aber auch und häufig das Argument hervorgebracht, man wolle auf Seiten der Mitarbeiter durch die Behandlung dieses Themas keine Erwartungen wecken, die am Ende nicht eingelöst werden. Bei genauerem Hinschauen fällt meist auf, dass das Problem noch grundlegender zu sein scheint: Viele Führungskräfte können gar keine konkreten Möglichkeiten anbieten. Man stelle sich beispielsweise einen Teamleiter vor, der in einem Warenhaus die Mitarbeiter einer bestimmten Abteilung führt (z. B. Herrenausstattung, Unterhaltungselektronik). Nehmen wir weiterhin an, dass es innerhalb dieses Bereichs kaum berufliche Perspektiven gibt. Die Mitarbeiter tun, was in diesem Bereich zu tun ist, helfen sich gegenseitig aus, rotieren zuweilen ihre Aufgaben, nicht mehr und nicht weniger. Warum sollte der Teamleiter seinen Mitarbeitern die eingangs erwähnte Wo-siehst-Du-Dich-in-fünf-Jahren-Frage stellen? Die Führungskraft würde man gegenüber dem Mitarbeiter in eine unvorteilhafte Situation bringen, wenn man sie offiziell anhalten würde, dieses Thema nicht nur aufzubringen, sondern die Ergebnisse zudem in ein entsprechendes Formular einzutragen.

Gehen wir aber nun von einer Situation aus, in der eine Führungskraft tatsächlich Perspektiven anbieten könnte. In einer hierarchischen Arbeitswelt wären folgende Möglichkeiten zumindest vorstellbar:

- Dem Mitarbeiter werden innerhalb des Verantwortungsbereichs der Führungskraft andere oder zusätzliche Aufgaben übertragen, die ihm die Chance bieten, sich in gewünschter Weise weiterzuentwickeln.
- Die Führungskraft agiert als Vermittler innerhalb des übergeordneten Bereichs. In einer streng hierarchischen Welt würde die Führungskraft über ihre nächsthöhere Führungskraft gehen und von dort aus eine Aufgabe in einer anderen Abteilung oder einem anderen Team vermitteln (siehe Abbildung 31).

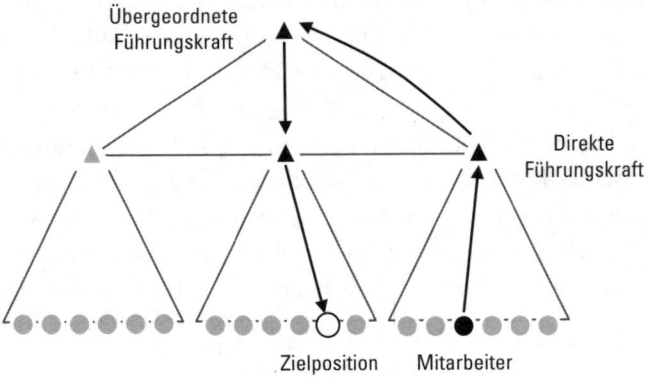

Abbildung 31: Vermittlung konkreter Karrieremöglichkeiten in einer streng hierarchischen Welt.

Wenn es weder für den einen noch den anderen Weg einen formalen Raum gibt, sollte die Führungskraft das Thema Perspektive in einem Mitarbeitergespräch auch nicht ansprechen oder ansprechen müssen. Zumindest sollte sie von Anfang an nicht so tun, als könne der Mitarbeiter in dieser Situation seine Karrierewünsche vorbringen. Es würde sonst in einer Farce enden und die Führungskraft wäre mit dieser Situation wohl hoffnungslos überfordert.

Karriere-Coaching

Wenn es beim Thema Perspektive weniger um konkrete Karrieremöglichkeiten geht, sondern um die berufliche Orientierung des Mitarbeiters, stellt sich die Sache etwas anders dar. Möglicherweise weiß der Mitarbeiter nicht, was er will, kennt seine Stärken und Talente nicht. Möglicherweise verfügt der Mitarbeiter nicht über den einen Karrieretraum oder über den zu Ende gedachten Karriereentwurf. Er kennt zwar die verschiedenen Jobs im Unternehmen, ist sich aber im Unklaren darüber, was mittel- und langfristig am besten zu ihm passen könnte. In einem so gelagerten Fall lautet die Lösung Karriere-Coaching. Coaching kann auch dann eine Lösung sein, wenn der Mitarbeiter Vorstellungen von seiner Karriere hat, die nicht zu seinem Talent passen. Selbstunterschätzung oder -überschätzung fallen in diese Kategorie.

Karriere-Coaching findet informell vermutlich täglich statt. Kollegen, die sich wechselseitig vertrauen, sprechen über ihre Zukunft. Sie sprechen mit Freunden, mit ihren Lebenspartnern. Ob es sich hierbei immer um eine professionelle Form des Coaching handelt, sei dahingestellt. Zumindest ist es eine Vorform dessen. Man stellt sich gegenseitig Fragen, regt zum Reflektieren an. Das geschieht auf natürliche Weise, ohne Formular und ohne formellen Anlass. Vor allem werden die Ergebnisse nirgendwo dokumentiert. Schon gar nicht in der Personalakte. Dennoch sind solche informellen Auseinandersetzungen für die Betroffenen sehr wichtig. Bereits hier zeigt sich, dass Menschen nur mit den Menschen über ihre Zukunft sprechen, denen sie einerseits voll vertrauen und denen sie implizit die notwendige Kompetenz oder Erfahrung zuschreiben. Diese Rolle kann die direkte Führungskraft unter bestimmten Voraussetzungen übernehmen.

- Der Mitarbeiter *will* mit der direkten Führungskraft über seine Zukunft sprechen. Coaching kann nicht einseitig verordnet werden. Eine Führungskraft, die an den Mitarbeiter mit dem Satz herantritt »Es ist Januar, ich muss Sie mal wieder coachen, geben Sie mir 2-3 Terminvorschläge« hat bereits im Ansatz verloren.
- Der Mitarbeiter ist bereit, sich gegenüber der Führungskraft zu öffnen. Das bedeutet unter anderem, dass offen über Stärken, Schwächen, Talente und Präferenzen gesprochen werden kann. Auf keinen Fall darf der Mitarbeiter die Befürchtung haben, aus seinen Antworten könnten negative Konsequenzen in Bezug auf sein Gehalt oder seine Karriere abgeleitet werden.
- Die möglichen Ergebnisse des Karriere-Coaching stehen nicht im Konflikt zum bestehenden Verhältnis zwischen dem Mitarbeiter und seiner Führungskraft. Die Führungskraft muss weder befürchten, dass der Mitarbeiter sie verlässt,

noch muss sie fürchten, dass der Mitarbeiter ihren Job anstrebt: »Chef, nach allem, was ich über mich und meine Karriere gelernt habe, ist mir deutlich geworden, dass Ihr Job für mich der Richtige wäre.«

- Der Coachee ist immer Kunde des Coaching. Vertraulichkeit ist für den Mitarbeiter als Coachee oberster Anspruch. Ergebnisse müssen in dem hier betrachteten Fall beim Mitarbeiter bleiben und sollten weder bei der Führungskraft noch bei der Personalabteilung aufbewahrt werden, vorausgesetzt es wird überhaupt etwas dokumentiert.

All diese Punkte verdeutlichen zusammengenommen, dass eine Führungskraft, deren dominierende Führungsrolle die des Bosses ist, niemals diese Aufgabe leisten kann und es auch nicht sollte. Selbst dann, wenn eine Führungskraft überwiegend als Coach oder Partner agiert, kann es problematisch sein, wenn diese auch die Rolle des Karriere-Coaches übernimmt. Insgesamt ist ein Unternehmen auf der sicheren Seite, wenn es seinen Mitarbeitern einen neutralen Karriere-Coach dann zur Verfügung stellt, wenn von Seiten der Betroffenen der entsprechende Bedarf dafür erkannt wird. Insofern kann es prinzipiell eine sinnvolle Entscheidung im jährlichen Mitarbeitergespräch sein, dem Mitarbeiter diese besondere Unterstützung zwar anzubieten, als Führungskraft selbst die Rolle eines Karriere-Coaches aber nicht zu übernehmen.

Mitarbeiter finden ihren Weg

In einer hierarchischen Welt spielt die direkte Führungskraft für die Entwicklungsperspektive eines Mitarbeiters eine entscheidende Rolle. Im Extremfall kommt der Mitarbeiter an seiner direkten Führungskraft nicht vorbei. Kann die direkte Führungskraft einem Mitarbeiter tatsächlich realistische Karriereoptionen anbieten, ist es durchaus sinnvoll, wenn sie mit ihrem Mitarbeiter darüber spricht. In einer agilen Welt stellt sich die Situation hingegen etwas anders dar.

Für Führungskräfte und Personaler, die in einer hierarchischen Welt sozialisiert wurden, ist die Strategie einer eigenverantwortlichen Personalentwicklung häufig nur schwer vorstellbar, zumindest leite ich dies aus zahlreichen eigenen Gesprächen und Diskussionen ab. Aus einer hierarchischen Sichtweise heraus wird man immer argumentieren, Entwicklung sei vor allem eine Führungsaufgabe. Das Unternehmen müsse sich um die Mitarbeiter und deren Entwicklung kümmern. Die Personalabteilung trage die Verantwortung für die Entwicklung der Mitarbeiter – gemeinsam mit den Führungskräften. All diese Argumente und Sichtweisen sind aus einer traditionellen Perspektive heraus nachvollziehbar. Mitarbeitern und Führungskräften, die eine agile Welt gewohnt sind, erscheint diese Sichtweise hingegen fremd. Hier zählen andere Prämissen:

- Wenn Mitarbeiter weiterkommen möchten, müssen sie sich selbst, aus eigener Initiative heraus bewegen. In einer agilen Welt, die sich McGregor's Theorie Y verschrieben hat, stellt es eine Selbstverständlichkeit oder gar eine Grundannahme dar, dass sich Mitarbeiter aus eigenem Antrieb heraus weiterentwickeln wollen.

- Das Unternehmen und die Führungskräfte schaffen Rahmenbedingungen, die Mitarbeiter dazu befähigen, dieser Verantwortung gerecht zu werden. Man unternimmt also *nicht* nichts. Zu den zentralen Instrumenten gehören beispielsweise interne Talentmärkte (Trost & Frosch, 2011) oder Karriere-Coaching. Wie bereits erläutert, wird Letzteres in den seltensten Fällen von der direkten Führungskraft geleistet.

- Perspektiven entstehen durch persönliche Netzwerke im Unternehmen. Verfechter des hierarchischen Modells werden dies als »Vetternwirtschaft« abtun. In einer agilen Welt werden Netzwerke als eine der wichtigsten Grundlagen der Zusammenarbeit verstanden. Vertriebsmitarbeitern leuchtet diese Sichtweise üblicherweise sofort ein. Unternehmen, die im Rahmen der Personalgewinnung Mitarbeiterempfehlungsprogramme (Mitarbeiter werben Mitarbeiter) nutzen, haben die professionelle Bedeutung von Netzwerken zumindest in diesem Bereich bereits erkannt (Trost & Berberich, 2012).

Wie finden Mitarbeiter in einem Setting wie diesem neue Perspektiven? In Abbildung 32 ist das entsprechende Szenario vereinfacht und grafisch dargestellt. Hierbei handelt es sich um den Gegenentwurf zur hierarchischen Herangehensweise, wie sie in Abbildung 31 präsentiert wurde.

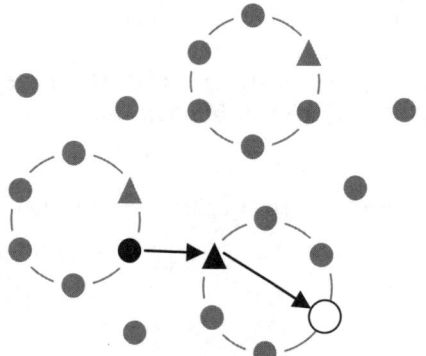

Abbildung 32: Perspektiven in einer agilen Welt.

Innerhalb eines Teams (in der agilen Welt wird vor allem in Teams gearbeitet) klären die Mitarbeiter ihre Rollen und Aufgaben unter sich. Führungskräfte haben hier bestenfalls eine koordinierende oder eine Coaching-Rolle. Sobald ein Mitarbeiter Herausforderungen in einem anderen Team anstrebt, macht dieser sich selbst auf die Suche und aktiviert entsprechend sein Netzwerk, indem er mit Teamleiter anderer Teams Kontakt aufnimmt. Der Mitarbeiter bewegt sich sozusagen frei in einem internen Markt von Möglichkeiten.

Während in einer hierarchischen Welt die Führungskraft also eine zentrale Rolle einnimmt, erscheint sie in einer agilen Welt eher obsolet. In einer hierarchischen

Welt spricht die Führungskraft mit dem Mitarbeiter über Perspektiven. Der Mitarbeiter ist hier von seiner Führungskraft mehr oder weniger abhängig. In einer agilen Welt hingegen informiert der Mitarbeiter seine Führungskraft über seine Pläne und Entscheidungen. Letzteres kann selbstverständlich in einem Mitarbeitergespräch erfolgen. Wenn aber in einem Mitarbeitergespräch die Frage aufkommen sollte, wo sich der Mitarbeiter in drei bis fünf Jahren sieht, dann hat die Antwort auf diese Frage je nachdem, ob man sich in einer hierarchischen oder agilen Welt bewegt, eine sehr unterschiedliche Relevanz. In der hierarchischen Welt versucht die Führungskraft, die Erwartungen des Mitarbeiter und des Unternehmens in Einklang zu bringen, worauf hin sich die Führungskraft auf den Weg macht, eine Lösung im Sinne aller Beteiligten zu finden. In einer agilen Welt versucht die Führungskraft die Intentionen des Mitarbeiters zu verstehen, um sein Team auf mögliche personelle Veränderungen vorbereiten zu können.

Auf den Punkt gebracht

- In einer hierarchischen Welt setzt die jährliche Besprechung mittel- und langfristiger Entwicklungsperspektiven voraus, dass die direkte Führungskraft konkrete Karrieremöglichkeiten bieten oder zumindest vermitteln kann.

- Karriere-Coaching ist ein geeignetes Mittel für einen Mitarbeiter, um eine langfristige Karriereorientierung zu gewinnen. Dies kann in den seltensten Fällen durch die direkte Führungskraft geleistet werden.

- In einer agilen Welt liegt die Verantwortung für die langfristige Entwicklung bei den Mitarbeitern selbst. Hierfür kann das Unternehmen sie befähigen, wenn Mitarbeiter das wünschen.

- Verordnetes Karriere-Coaching funktioniert weder in einer agilen noch in einer hierarchischen Welt.

Durch Feedback lernen

Im Rahmen eines jährlichen Mitarbeitergesprächs erhalten Mitarbeiter durch ihre Führungskraft Feedback. Fragt man Verfechter dieses Instruments, warum dies nötig sei, wird üblicherweise darauf verwiesen, Feedback sei wichtig, um zu lernen, und Lernen sei eine Voraussetzung für Leistung. Natürlich besteht ein starker Zusammenhang zwischen Feedback und Lernen. Lernen ohne Feedback ist nur schwer denkbar. Ist das jährliche Mitarbeitergespräch aber auch das geeignete Instrument, um wirksames Feedback zu geben und zu erhalten? Die Beantwortung dieser Frage bedarf einer genaueren Betrachtung.

Wie lernt man Präsentieren?

Um den nachfolgenden Gendanken besser vermitteln zu können, beginnen wir mit einem einfachen und vertrauten Beispiel: Wie lernt man Präsentieren? Präsentieren lernt man, indem man präsentiert. Der wesentliche Grund, warum trotz technischer Möglichkeiten wie PowerPoint und Keynote so viele Präsentationen unerträglich sind, hat vermutlich einen zentralen Grund: Die Präsentatoren haben selten Feedback bekommen. Feedback bedeutet eine Spiegelung des Verhaltens, die für den Betroffenen einen Sinn ergibt und zu einer Optimierung des Verhaltens führt. Im Zusammenhang mit dem Präsentieren kann es nun sehr unterschiedliche Formen des Feedbacks geben.

- Am Ende einer Präsentation ist der Applaus des Publikums auffällig verhalten. Man weiß nicht, ob das Publikum klatscht, weil es den Vortrag gut fand oder weil es erleichtert darüber ist, bis zum Ende durchgehalten zu haben. Oder aber der Applaus will nicht enden und etliche Anwesende geben Komplimente: »Vielen Dank, ich wollte Ihnen nur sagen: Das war ein wirklich toller Vortrag.«
- Ein Trainer, Kollege oder eine Führungskraft gibt nach einem Vortrag Rückmeldungen dieser Art: »Du solltest weniger Folien verwenden«, »Das Beispiel war wirklich sehr hilfreich«, »Man kann Dich sehr deutlich verstehen«, »Der rote Faden war nicht erkennbar«, »Am Ende kamen die zentralen Botschaften gut rüber, weil Du Deinen Vortrag entsprechend strukturiert und fokussiert hast«. Oder man gibt sich selbst Feedback, in dem man den eigenen Vortrag auf Video anschaut. Man ist meist überrascht über zahlreiche, unbewusste Verhaltensweisen.
- Eine andere Art des Feedbacks kann wie folgt aussehen: »Du scheinst mir, was Deinen Präsentationsstil betrifft, zu wenig selbstkritisch zu sein.« »Hast Du Dich jemals gefragt, was Du besser machen kannst?« Oder: »Ich finde gut, dass Du Dir nach jeder Präsentation aktiv Feedback einholst und Du offenbar für Deine nächste Präsentation lernen möchtest.« Oder: »Lass Dich von Misserfolgen nicht immer runterziehen. Nimm's nicht zu persönlich. Arbeite an Dir und Du wirst sehen, die nächsten Präsentationen werden besser laufen.«
- Schließlich kann sich Feedback auch so anhören: »Du bist ein genialer Redner«, »Präsentationen halten ist nicht so ganz Dein Ding«, »Ich bewundere Dein Charisma«.

Dem aufmerksamen Leser wird nicht entgangen sein, dass sich die Art des Feedbacks in den vier Punkten unterscheidet. Von welcher Art des Feedbacks im obigen Beispiel wird der Betroffene wohl am meisten profitieren, wenn er seinen Präsentationsstil nachhaltig optimieren möchte?

Ebenen des Feedbacks

Die Auswirkung von Feedback auf die Leistung von Menschen ist seit vielen Jahren Forschungsgegenstand (Hattie & Timperley, 2007). Eine zentrale Erkenntnis besteht darin, dass die Auswirkung von Feedback wesentlich davon abhängt, worüber Feedback gegeben wird. Es geht um den Gegenstand des Feedbacks. Vereinfacht können hier vier Ebenen unterschieden werden (siehe Abbildung 33).

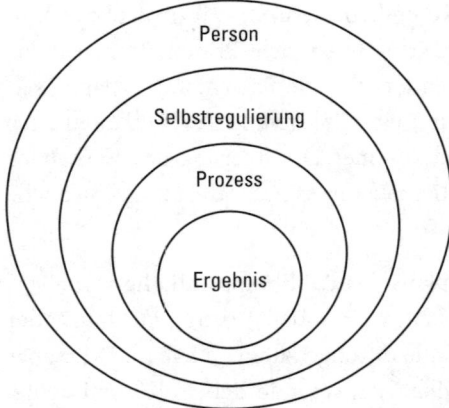

Abbildung 33: Ebenen des Feedbacks.

Mitarbeiter können ein Feedback bezogen auf die Zielerreichung oder den Erfolg beim Erfüllen einer Aufgabe erhalten. Hier geht es im Wesentlichen um *Ergebnisse*. Wenn ein Mitarbeiter im Vertrieb eine Rückmeldung über seine Verkaufszahlen erhält, dann handelt es sich hier genau darum. Im obigen Beispiel wäre der Applaus ein Beispiel für ein Ergebnisfeedback. Wenn derselbe Mitarbeiter aber eine Rückmeldung zu seiner Art des Verkaufens erhält, wie er auf Kunden zugeht, wie er zum Abschluss kommt, wie er Beziehungen pflegt, dann geht es um das *Wie*, den *Prozess*. Der zweite Punkt im obigen Beispiel zielt ebenfalls hierauf ab (weniger Folien, mehr Beispiele, Struktur usw.). Die dritte Art des Feedbacks im obigen Beispiel betrifft die *Selbstregulierung*, der eigene Umgang bei der Steigerung der Leistung. Wie geht man etwa mit Erfolgen oder Misserfolgen um? Selbstregulierung bezieht sich auf die generelle Art und Weise, wie eine Person das eigene Handeln reflektiert, hinterfragt oder korrigiert. Wenn ein Vertriebsmitarbeiter die Rückmeldung erhält, er solle nach einem Verkaufsabschluss selbstkritischer mit sich umgehen oder Erfolge mehr annehmen, dann bezieht sich dieses Feedback auf genau diese Ebene. Schließlich können Mitarbeiter auch ein Feedback zu ihrer *Person* erhalten. Dazu gehören Aspekte, wie Kompetenzen, Selbstvertrauen oder Beziehungen zu anderen: »Sie sind ein guter Verkäufer«, »Du bist ein genialer Redner«.

Wissenschaftliche Studien deuten darauf hin, dass Feedback auf der Prozessebene am effektivsten ist, wohingegen Feedback auf der Ebene der Person die geringsten Wirkungen zeigt (Hattie & Timperley, 2007). Dies ist an dieser Stelle insofern relevant, als jährliche Mitarbeitergespräche vor allem die Ebenen *Person* und *Selbstregulierung* adressieren: »Sie sind gut im Verhandeln«, »Sie sollten mit Misserfolgen konstruktiver umgehen und sie als Lernchance begreifen«, »Lassen Sie sich durch Misserfolge nicht runterkriegen«. Darüber hinaus werden die *Ergebnisse* in der Form thematisiert, als im Rahmen der Leistungsbeurteilung die Erreichung vormals vereinbarter Ziele auf der Agenda steht. Feedback auf der wichtigsten Ebene des *Prozesses* ist kaum Gegenstand jährlicher Mitarbeitergespräche. Vor allem negatives Feedback, das in einem jährlichen Gespräch auf der Prozessebene gegeben wird, wirkt hergeholt, nachtragend: »Damals, vor fünf Monaten sind Sie auf die Wünsche des Kunden nicht gut genug eingegangen. Das wollte ich Ihnen schon immer mal sagen.« Zumindest genügt eine Rückmeldung einmal im Jahr bei weitem nicht aus, um Lerneffekte zu erzielen. Feedback auf dieser Ebene zeigt grundsätzlich nur dann eine Wirkung, wenn es zeitnah erfolgt.

Die Konsequenzen eigenen Handelns

Aus traditioneller Sicht ist das wichtigste Feedback, welches ein Mitarbeiter erhalten kann, das Feedback seines Chefs. In hierarchischen Welten haben die Mitarbeiter dies regelrecht internalisiert und leben im Bewusstsein, dass ihre Arbeit dann gut ist, wenn der Chef zufrieden ist – nicht der Kunde. Zugleich wird das Geben von Feedback häufig als eine der wichtigsten Führungsaufgaben gesehen. Das muss nicht so sein. In agilen Welten liegt dieser Gedanke sogar sehr fern, wie weiter unten gezeigt wird. In einer hierarchischen Welt sind die Mitarbeiter von den Konsequenzen ihres Handelns getrennt. Hierarchien separieren Mitarbeiter von ihren Kollegen und Kunden. Abteilungen haben hier im engsten Sinne des Wortes die Funktion abzuteilen. Der einzelne Mitarbeiter erhält seine Aufträge und Anweisungen von seiner jeweiligen, direkten Führungskraft. Die Summe der einzelnen Arbeitsergebnisse ergibt schließlich ein Produkt, mit dem der Kunde mehr oder weniger zufrieden ist (siehe Abbildung 34).

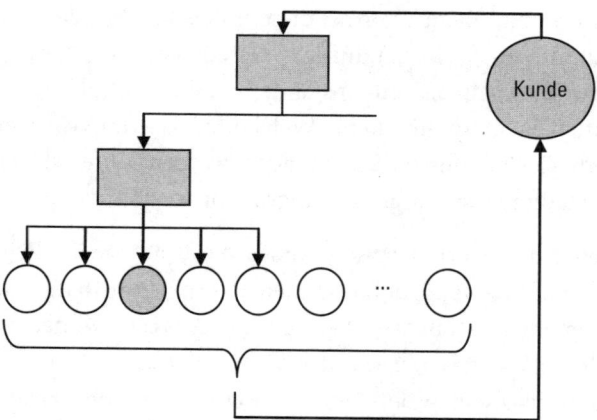

Abbildung 34: Feedback in hierarchischen Systemen.

Die Rückmeldung des Kunden erfolgt dann wiederum über die Hierarchie und gelangt »von oben« zum Mitarbeiter. Eine direkte Verbindung zwischen dem Mitarbeiter und dem Kunden ist formal nicht vorgesehen und aus Sicht eines hierarchischen Systems auch nicht erforderlich. Insofern muss der Mitarbeiter in einer streng hierarchischen Welt darauf vertrauen, dass die Anweisungen durch die Führungskräfte insgesamt in der Summe zufriedene Kunden hervorbringen. Im engeren Sinne ist hier die Führungskraft der Kunde des Mitarbeiters. Wenn sie zufrieden ist, war die Arbeit gut. Vor diesem Hintergrund wundert es nicht, dass die Führungskraft als die wesentliche Quelle für Feedback betrachtet wird, was sich dann auch im Instrument eines jährlichen Mitarbeitergesprächs formell widerspiegelt.

In einer agilen Welt spielt Feedback eine gänzlich andere Rolle. Hier gelten unter anderem zwei zentrale Prinzipien: Erstens haben die Mitarbeiter Wahlfreiheit bezüglich ihres Handelns. Sie sind selbst für die Konsequenzen ihres Handelns verantwortlich. Zweitens besteht zwischen ihnen und ihren (internen und externen) Kunden eine direkte Verbindung, so dass sie die Konsequenzen ihres Tuns unmittelbar erleben. Ohne direktes Feedback dieser Art wäre Selbststeuerung in einem agilen Umfeld weder denkbar noch möglich. Die Führungskraft hat in diesem Kontext bestenfalls die Aufgabe zu vermitteln. Sie handelt nicht als »Vorgesetzter«, sondern als »Vorvernetzer« bzw. Vermittler.

Wissen, wo man steht

Wenn ein Mitarbeiter frisch eingestellt wurde, damit er langfristig eine bestimmte Aufgabe erfolgreich übernimmt, dann kann es eine gute Idee sein, den Mitarbeiter etwa im Rahmen eines Einlernprogramms (Onboarding) auf diese Aufgabe vorzubereiten. Je nach Komplexität der Aufgabe kann dies wenige Stunden bis zu etlichen Jahren dauern. Im ersten Fall sprechen wir von einfacheren, vermutlich repetitiven Aufgaben. Letzteres könnte die Vorbereitung eines Astronauten auf eine Weltraummission sein. Bleiben wir bei diesem Beispiel. Mit dem zukünftigen Astronauten – könnte auch ein zukünftiger Geschäftsführer, Nationalspieler usw. sein – wird man in regelmäßigen Abständen Gespräche führen, um zu erörtern wo er zum aktuellen Zeitpunkt steht. Welche Stärken müssen weiter ausgebaut und welche Schwächen müssen überwunden werden? Wie ist der Reifegrad in Bezug auf das Stadium, das langfristig angestrebt wird?

Diese Herangehensweise erinnert in gewisser Weise an das jährliche Mitarbeitergespräch. Wer beispielsweise unternehmensinterne Informationsbroschüren zu diesem Thema studiert, stößt vor allem auf die Aussage, wonach Mitarbeitergespräche deshalb wichtig seien, damit der Mitarbeiter »*wisse wo er steht*«. Auf den ersten Blick klingt das gut. Wohl dem, der weiß wo er steht. Feedback wird hier als Element und Voraussetzung innerhalb eines funktionierenden Regelkreises gesehen. Jede Handlung basiert auf einem Regelkreis. Wenn ich mit meiner Hand nach einem Glas greife, dann folge ich hier einem Regelkreis bei dem das Feedback über die Distanz meiner Hand zum Glas Voraussetzung dafür ist, dass ich nicht danebengreife. Wenn aber hier davon die Rede ist, Mitarbeiter sollten ein Feedback darüber erhalten, »wo sie stehen«, dann ergibt dies nur dann einen

Sinn, wenn die Bezugsgröße klar ist: Wo steht der Mitarbeiter in Bezug auf *was*? Was ist die Ziel- oder Bezugsgröße? Wo steht das Glas? Wenn nun in einem Regelkreis einmal im Jahr eine Rückmeldung erfolgt, kann es sich bei der Größe, die hier entwickelt, gesteuert oder angepasst werden soll, nur um eine sehr langfristige Größe handeln. Unser eben skizziertes Astronautenbeispiel könnte in diese Kategorie fallen.

Für jährliche Mitarbeitergespräche und die hier angestrebte Standortbestimmung des Mitarbeiters folgt daraus, dass Letzteres nur dann einen Sinn ergibt, wenn der Mitarbeiter einen langfristigen Status anstrebt. Führungskräfte mittels formalisierter, jährlicher Mitarbeitergespräche pauschal dazu aufzufordern, mit ihren Mitarbeitern zu besprechen, wo sie gerade stehen, würde Führungskräfte dann in eine eher skurrile Situation bringen, wenn nicht klar ist, welche Bezugsgröße auf Dauer erreicht werden soll oder was die langfristige Perspektive ist. So schön es klingen mag, einmal darüber zu sprechen »wo der Mitarbeiter gerade steht«, so ziellos und irrelevant kann sich dies in der Praxis am Ende darstellen.

Neben der Notwendigkeit einer Bezugsgröße sollte in diesem Zusammenhang in Betracht gezogen werden, inwieweit die direkte Führungskraft die Instanz ist, die mit einem Mitarbeiter besprechen kann, wo er gerade steht. Je nach Zielsetzung kann dies auch eine gänzlich andere Instanz sein. Man denke hier an eine verbreitete Praxis im Rahmen des Talentmanagements. Talentmanagement hat üblicherweise zum Ziel, ausgewählte High-Potentials (Nachwuchskräfte, Potenzialträger) langfristig an Schlüsselpositionen heranzuführen (McCall, 1998). Der Prozess geht meist über viele Jahre und ist durchaus vergleichbar mit der Entwicklung von Spitzensportlern (Berger & Berger, 2005). Mit einem High-Potential wird man im Idealfall auch regelmäßig, mindestens einmal im Jahr eine Standortbestimmung durchführen. Dies kann und sollte aber nicht die Aufgabe der direkten Führungskraft sein. Hier kommen eher Mentoren oder der bereits vorgestellte Talentmanager zum Zug.

Um es noch einmal zu betonen: Gespräche, informelle Auseinandersetzungen über Stärken, Schwächen, Zukunft, Entwicklung usw. zwischen wem auch immer, seien es Mitarbeiter mit Führungskräften, Mitarbeiter untereinander sind eine gute Sache. Gemeinsame Reflexion ist hilfreich. Wenn sich aber ein Personalleiter hinstellt und von all den Führungskräften erwartet, formal eine Standortbestimmung vorzunehmen, diese zu dokumentieren und bei ihm abzuliefern, sollte dieser sicher sein, dass alle Mitarbeiter langfristige Ziele verfolgen und die direkten Führungskräfte hier die richtigen Ansprechpartner sind.

Fremdbild – Selbstbild

Es gibt einen alten Witz: Fährt ein Geisterfahrer auf der Autobahn und hört in den Verkehrsnachrichten, ein Falschfahrer sei unterwegs, worauf der Falschfahrer meint: »Einer? Ach was, Hunderte!«

Wir können davon ausgehen, dass zu einem psychologisch gesunden Leben ein gewisses Maß an Selbstreflektion gehört. Wer bin ich? Wie sehen mich die anderen? Gehen Selbst- und Fremdbild drastisch auseinander, hat dies nicht nur für den Betroffenen dysfunktionale Auswirkungen. Vor und während meines Studiums habe ich viele Jahre in Psychiatrien gearbeitet. Dort sind mir harte Fälle begegnet. Ein Patient war beispielsweise davon überzeugt, der Nachrichtensprecher im Fernsehen würde nur zu ihm sprechen. Der Patient konnte aber nicht behandelt werden, weil ihm schlichtweg die Krankheitseinsicht fehlte – seit über 20 Jahren. Der »Verrückte« ist häufig der Meinung, alle anderen seien »verrückt«.

Aus der betrieblichen Praxis kennen wir ähnlich gelagerte Fälle. Der einsame Superstar. Der Versager, der eigentlich keiner ist. Der latent autistische, selbst ernannte Empathiker. Vielleicht liegt es an der hohen Psychologenrate innerhalb der Personalabteilungen, dass sich Personaler dazu berufen fühlen, sich genau diesem potenziellen Konflikt zwischen Fremd- und Selbstbild anzunehmen. (Nichts gegen Psychologen im HR – ich war selber einer.) Hierzu werden in zahlreichen Unternehmen alle Führungskräfte durch die Personalabteilung aufgefordert, ihre jeweiligen Mitarbeiter anhand standardisierter, merkmalsorientierter Einstufungsverfahren zu beurteilen (vgl. Breisig, 2005). Parallel werden die Mitarbeiter dazu aufgefordert, sich selbst entlang derselben Kriterien zu bewerten. Über Differenzen wird dann gesprochen. Die Mitarbeiter sollen durch dieses Feedback lernen, reflektieren oder gegebenenfalls ihr Selbstbild korrigieren. Aufgeschlossene Führungskräfte werden möglicherweise aufgrund einer Besprechung der Ergebnisse ihr Bild vom Mitarbeiter revidieren.

Werfen wir aber einen nüchternen Blick auf diese Methode und fragen uns, inwieweit diese Methode zum Lernen durch Feedback beitragen kann:

- Die Validität einer Beurteilung von Eigenschaften eines Mitarbeiters durch die direkte Führungskraft ist aufgrund geringer Objektivität äußerst gering. Beurteilungen mittels solcher Verfahren sagen sehr wenig über einen Mitarbeiter aus (vgl. Becker, 2003).
- Die Rückmeldung einer Führungskraft an ihren Mitarbeiter wird von einem Mitarbeiter nur dann konstruktiv angenommen, wenn der Mitarbeiter dieses Feedback akzeptiert oder im Idealfall sogar aktiv einfordert.
- Wie bereits im vorausgegangenen Kapitel diskutiert, kann eine Führungskraft als Boss in der Richterrolle nicht zugleich ein reflektierendes Gespräch mit dem Mitarbeiter führen, das auf wechselseitiger Offenheit und auf gegenseitigem Vertrauen basiert.

Um Missverständnissen an dieser Stelle vorzubeugen, sei gesagt, dass eine offene und vertrauensvolle sowie von allen Beteiligten erwünschte Reflexion von Eigenschaften und Verhaltensweisen des Mitarbeiters grundsätzlich zu begrüßen ist. Es bleibt aber schwer nachvollziehbar, warum so viele Unternehmen meist über ihre Personalabteilung ihren Mitarbeitern und Führungskräften eine flächendeckende

Selbstreflexionsübung dieser Art verordnen und die daraus resultierenden Ergebnisse in einem System oder in der Personalakte landen. Ein Unternehmen ist keine Selbsterfahrungsgruppe.

In einer hierarchischen Welt ist diese Übung aufgrund des Verhältnisses zwischen Mitarbeiter und Führungskraft kaum denkbar. In einer agilen Welt funktioniert ein Ansatz dieser Art nur dann, wenn er vom Mitarbeiter individuell eingefordert wird. Von einer zentralen Speicherung der Ergebnisse sollte dann aber abgesehen werden. Sie trägt zuallerletzt zum Lernen des Mitarbeiters bei. Und ob ausgerechnet die direkte Führungskraft die geeignete Person ist, die einem Mitarbeiter eine Rückmeldung über dessen Eigenschaften und Verhaltensweisen geben soll, ist gerade in einem agilen Setting äußerst fraglich.

Auf den Punkt gebracht

- Feedback kann auf den Ebenen Person, Prozess, Selbstregulation und Ergebnis stattfinden, wobei die Prozessebene die wirksamste ist. Im jährlichen Mitarbeitergespräch geht es in erster Linie um die anderen Ebenen.

- In einer hierarchischen Welt gibt die direkte Führungskraft Feedback (u.a. im jährlichen Mitarbeitergespräch). In einer agilen Welt geben Kollegen und Kunden eine Rückmeldung.

- Mitarbeiter müssen nur dann in einem jährlichen Gespräch erfahren, wo sie in ihrer Entwicklung stehen, wenn es ein langfristiges Entwicklungsziel gibt.

- Eine Reflexion von Fremd- und Selbstbild initiiert durch die Führungskraft kann bestenfalls in einer agilen Welt funktionieren. Sie setzt voraus, dass Mitarbeiter das wollen.

Unternehmen steuern

Unternehmen und Mitarbeiter mit Zielen führen und steuern ist eine Idee, die im Wesentlichen von George Odiorne (1965) beschrieben wurde und in zahlreichen Unternehmen implementiert wurde. Bekannt wurde sie unter der Bezeichnung *Management by Objectives (MbO)*. Dieser Ansatz geht von zentralen Annahmen aus. Eine davon ist die der Hierarchie. So schreibt Odiorne in seinem wegweisenden Buch:

Die grundlegende Struktur eines Unternehmens ist die Aufbauorganisation, die weithin als **Hierarchie** [Hervorhebung im Original] bezeichnet wird. Hierbei handelt es sich um den üblichen Aufbau, bei dem der Chef im oberen Kästchen angezeigt ist und darunter zwei, drei oder mehr Untergeordnete in den Kästchen darunter. MbO ist das System, das diese Struktur zum Laufen bringt (S. 52, Übersetzung durch den Verfasser).

So einfach ist das. Implizit wird von weiteren Annahmen ausgegangen. Eine davon ist die, dass der Chef und ultimativ die Unternehmensleitung am besten weiß, was auf Seiten der Mitarbeiter und im Unternehmen insgesamt zu tun ist. Oben wird gedacht und unten gehandelt. MbO ist in diesem Zusammenhang nichts weiter als der Transmissionsriemen zwischen den hierarchischen Ebenen. Übergeordnete Entscheidungen und Ziele werden beispielsweise im Rahmen des jährlichen Mitarbeitergesprächs schrittweise von einer Ebene zur anderen getragen und dabei weiter ausdifferenziert. Wer in hierarchischen Organisationen sozialisiert wurde, wird vermutlich keine Sekunde darauf verwenden, dieses System der Kaskadierung im Grundsatz zu hinterfragen. So selbstverständlich wie Odiorne geht man davon aus, dass Unternehmen eben so funktionieren und nicht anders. In der Tat scheinen die meisten Organisationen nach diesem Prinzip zu arbeiten. Und wenn's funktioniert, ist das auch in Ordnung so. Dass Organisationen aber so arbeiten müssen, steht weder in der Bibel noch handelt es sich hierbei um ein Naturgesetz. Zu viele Unternehmen und Organisationen haben zwischenzeitlich unter Beweis gestellt, dass es auch anders geht (vgl. Pfläging, 2011). Man kann sich unterschiedliche Welten anhand der Frage vor Augen führen, was denn passieren würde, wenn ein Mitarbeiter eine Idee hätte.

Der Weg einer Idee durch die Organisation

Man stelle sich vor, ein Mitarbeiter, der im ständigen Kundenkontakt ist, der sich mit den Entwicklungen der Märkte beschäftigt und in seinem Bereich ein wirklich anerkannter Experte ist, hat eine sehr gute Produktidee. Gehen wir davon aus, diese Idee ist für die Zukunft des Unternehmens strategisch enorm wichtig – nur, das Unternehmen weiß es zu diesem Zeitpunkt noch nicht. Was wird dieser Mitarbeiter tun? Wie stellt sich der Lebenszyklus dieser Idee dar?

Nennen wir diesen Mitarbeiter der Anschaulichkeit halber Bernd. Bernd spricht nach reichlicher Überlegung und etwas Vorbereitung mit seinem Chef, dem Abteilungsleiter und berichtet von der Idee. Er will nicht zu viel Zeit in seine Idee investieren, da er hierfür ja keinen Auftrag hat. Es ist nicht sein Job, während der bezahlten Arbeitszeit über noch eine Idee nachzudenken. Der Abteilungsleiter ist von der Idee durchaus angetan, und spricht mit dem Hauptabteilungsleiter, der die Idee auch positiv bewertet. Der Bereichsleiter erwartet eine Wirtschaftlichkeitsberechnung. Er hat aber von der Idee an sich nur noch sehr wenig verstanden. Bei der »stillen Post« von unten nach oben ging Etliches verloren. Der Auftrag für die Wirtschaftlichkeitsberechnung geht an die Abteilung für Produktmanagement. Einer der Mitarbeiter dort findet diesen Auftrag etliche Wochen später in seiner jährlichen Zielvereinbarung wieder. Damit ist die Angelegenheit offiziell und von oben eingetütet. Wenn die Wirtschaftlichkeitsberechnung positiv ausfällt, erhält der Entwicklungsbereich einen offiziellen Auftrag, an der Idee zu arbeiten. Bernd wird abwarten müssen, ob er mit der Umsetzung der Idee etwas zu tun haben wird. Die Wahrscheinlichkeit ist aufgrund seines Zuständigkeitsbereichs eher gering.

Nun, die ganze Geschichte nochmal von vorne.

Bernd entwickelt die Idee im Stillen weiter. Er spricht informell mit Kollegen aus unterschiedlichen Bereichen. Man geht zusammen Mittagessen, trifft sich in den Kaffeeecken des Unternehmens. Es geht vor allem darum, herauszufinden, wie andere diese Idee sehen. Wo gibt es Interessen und potenzielle Verbündete? Die Begeisterung an Bernds Idee wächst bei zunehmend mehr Kollegen. Mit jedem weiteren Gespräch entwickelt sich auch die Idee inhaltlich weiter. Es ist ein sozialer, kreativer Lernprozess. Bernd hat von Anfang an seinen Chef eingebunden, zumindest hält er ihn auf dem Laufenden soweit nötig. Er braucht ihn als Partner und Coach. »Sprich mal mit dem. Denke an dies. Fokussiere Dich besser auf das.« In Netzwerken wird geschaut, wie weit die Idee trägt. Bernd ist in diesem Kontext das, was man als »Natural Leader«, als die natürliche Führungsperson bezeichnet, was nicht dasselbe ist wie eine »offizielle Führungskraft«. Erst wenn die Idee soweit entwickelt ist, dass ihre Umsetzung bzw. Weiterentwicklung signifikante Ressourcen erfordert, wird man im Unternehmen um Sponsoren kämpfen oder im Markt um Kunden. Es bezahlt, wer an der Umsetzung der Idee interessiert ist.

Kaskadierung und die Rolle des Mitarbeitergesprächs

Es ist sicherlich aufgefallen: die erste Geschichte spielt sich in einem hierarchischen Kontext, die zweite in einem agilen Kontext ab. In einer hierarchischen Welt wird ein Unternehmen über die formale Hierarchie gesteuert. Oben werden Entscheidungen gefällt, die dann schrittweise nach unten »runtergebrochen« werden. Im Vorstand wird entschieden, dass die Profitabilität im kommenden Jahr um 5 % steigen muss. Was heißt dies dann für den Produktionsleiter, für den Vertriebschef, den Personalleiter, den Einkauf und für all die anderen? Sobald etwa der Produktionsleiter die Antwort kennt, wird er mit seinen Hauptabteilungsleitern sprechen. Hauptabteilungsleiter sprechen mit Abteilungsleitern. Abteilungsleiter sprechen mit Teamleitern. Teamleiter sprechen mit Mitarbeitern. Am Ende ist das Ziel der Profitabilitätssteigerung unten angekommen. Diese Übersetzung von einer Ebene zur anderen nennt man *Kaskadierung*, wobei das Mitarbeitergespräch das zentrale Ereignis ist, bei dem ein Ziel von einer Ebene in die andere Ebene getragen wird. Ergebnisse, Ideen, Erfolge werden von oben nach unten mehr oder weniger verordnet. Nachdem auf allen Ebenen die Ziele definiert wurden, folgt die Überprüfung der Zielerreichung – von unten nach oben (vgl. hierzu auch den Balanced-Scorecard-Ansatz von Kaplan und Norton, 1996). Insgesamt wird dieser Prozess in der Praxis auch unter der Bezeichnung *Performance Management* gehandelt (Gubmann, 1998).

Die Besonderheit dieses Ansatzes besteht darin, dass Mitarbeiter auf allen Ebenen jeweils eine Verpflichtung gegenüber der nächsthöheren Ebene eingehen. Dies tun sie in einem jährlichen Zyklus. Nachdem die Ziele vereinbart wurden, folgt die kontinuierliche Überprüfung der Zielerreichung *durch die direkte Führungs-*

kraft. Für den hierarchisch sozialisierten Leser erscheint dies selbstverständlich und Mitarbeitergespräche so naheliegend wie unausweichlich. Ich vermute sogar, dass aus diesem Organisationsverständnis heraus die meisten Ansätze von Mitarbeitergesprächen geboren wurden. Umgekehrt spiegeln die Darstellungen von Mitarbeitergesprächen in der Literatur oder in der Praxis implizit oder explizit dieses Bild von Organisationen wider.

Selbststeuerung in einer agilen Welt

In einer agilen Arbeitswelt erfolgt Unternehmenssteuerung und vor allem die Vereinbarung von Zielen auf eine gänzlich andere Weise. Hierbei ist es wichtig, sich nochmals die Besonderheiten der jeweiligen Rahmenbedingungen ins Bewusstsein zu rufen. Wie bereits in Kapitel 4 (Abschnitt »Organisation«) dargestellt, arbeiten Mitarbeiter in einer agilen Welt immer in vernetzten Teams und genießen ein hohes Maß an Autonomie mit großen Handlungsspielräumen. Die zweite Geschichte von Bernd sollte dies veranschaulichen.

Während in einem hierarchischen Kontext Fremdsteuerung und Kaskadierung durch Weisung und Kontrolle dominieren gilt in einer agilen Welt das Prinzip der *Selbststeuerung*. Die Teams arbeiten vernetzt, nah an den Kunden, seien es interne oder externe Kunden. Von dort aus werden die Mitarbeiter und Teams inspiriert, getrieben und motiviert. Wie bereits im Zusammenhang mit dem Thema Feedback erläutert, gehört zu dieser Selbststeuerung die zeitnahe Rückmeldung von Kundenseite. Sie ist geradezu eine Grundvoraussetzung für selbstgesteuertes Handeln. Unterstützt werden diese Teams von internen Instanzen, wie etwa der IT-Abteilung, dem Einkauf oder der Personalabteilung, wie es Niels Pfläging (2013) in seinem Buch *Organisation für Komplexität* auf einfache und anschauliche Weise skizziert (siehe Abbildung 35).

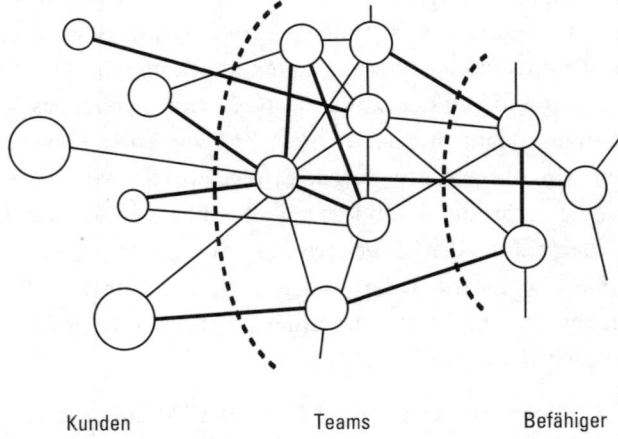

Kunden   Teams   Befähiger

Abbildung 35: Kunden, Teams und Befähiger in einer vernetzten, agilen Welt.

Zu den internen Befähigern gehören auch jene Instanzen, die ein Projekt finanzieren (Sponsoren). All dies macht deutlich, dass Unternehmenssteuerung in einer agilen Welt anders funktioniert als in einer hierarchischen Welt. Abgesehen davon ist es in einem agilen Umfeld ohnehin sehr schwer, so genannte »smarte« Ziele zu formulieren, wie in Kapitel 4 (Abschnitt »Aufgabenumfeld«) bereits erläutert wurde.

Die Verpflichtung der Mitarbeiter

Kommen wir nun zur zentralen Frage, was diese beiden, konkurrierenden Prinzipien der Fremd- versus Selbststeuerung für das jährliche Mitarbeitergespräch bedeuten. Von entscheidender Bedeutung ist hierbei die Verpflichtung des Mitarbeiters (in der Business-Sprache sprechen wir hier auch vom so genannten »Commitment«). Um es noch konkreter zu formulieren: Wem gegenüber verpflichtet sich der einzelne Mitarbeiter im Laufe eines Jahres eine bestimmte Leistung zu erbringen? Um diese besser zu verstehen, soll etwas tiefer in die Organisation und ihre Struktur hineingezoomt werden.

Betrachtet man das klassische Mitarbeitergespräch im Kontext einer hierarchischen Welt, dann landen wir unmittelbar bei der individuellen, jährlichen Zielvereinbarung. Sie ergibt sich im Sinne der Kaskadierung aus übergeordneten Zielen. Egal, wie viel Vereinbarung oder Verordnung, Partizipation oder Fremdbestimmung in diesem Prozess steckt, am Ende werden sich die Führungskraft und der Mitarbeiter darauf verständigen, dass der *Mitarbeiter* eine Leistung erbringen wird, die nach zwölf Monaten der Prüfung durch die *Führungskraft* standhalten sollte. So einfach ist das in einer hierarchischen Welt. Auf der linken Seite (A) in Abbildung 36 ist diese Logik grafisch dargestellt. Der durchgezogene Pfeil zeigt die Verpflichtung des Mitarbeiters an.

Auf den ersten Blick stellt sich in einer agilen Welt die Verpflichtung eines einzelnen Mitarbeiters als komplexer dar, wie man auf der rechten Seite (B) in Abbildung 36 erkennt. Mitarbeiter in einer agilen Welt sind nicht nur ihrer Führungs-

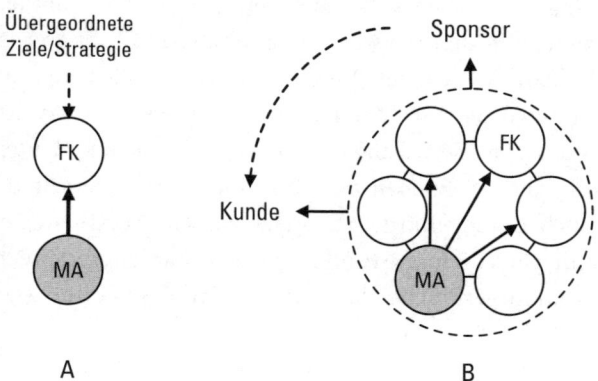

Abbildung 36: Verpflichtung eines Mitarbeiters in einer hierarchischen (A) und einer agilen (B) Welt.

kraft gegenüber verpflichtet, sondern auch ihren Teamkollegen. Die individuelle und die gemeinsame Leistung kann man in diesem Setting meist nur schwer voneinander trennen. Dabei ist die Führungskraft in der Rolle eines Coaches oder Partners immer auch Teil des gesamten Teams. Es besteht insofern eine *gemeinsame* Verpflichtung. Das Team insgesamt ist nicht einer übergeordneten Führungskraft verpflichtet, sondern einerseits dem Kunden und andererseits einem internen Sponsor – wenn es Letzteren überhaupt gibt. Wie in der obigen Abbildung angedeutet, wird hier unterstellt, dass der interne Sponsor sich indirekt auch dem Kunden verpflichtet sieht (wir gehen von einem positiven Fall aus).

Im Hinblick auf das jährliche Mitarbeitergespräch weisen diese Überlegungen darauf hin, dass eine jährliche Verpflichtung eines Mitarbeiters gegenüber seiner Führungskraft in einem agilen Kontext nur wenig Sinn ergibt. In diesem Fall kann und sollte sie keine Grundlage für die Steuerung eines Unternehmens sein.

Auf den Punkt gebracht

- Kaskadierende Zielvereinbarung von oben nach unten im Rahmen jährlicher Mitarbeitergespräche setzt eine hierarchische Struktur voraus, in der oben gedacht und unten gehandelt wird.

- In einer hierarchischen Welt sind die Mitarbeiter ihrer jeweiligen Führungskraft verpflichtet. Mit ihr werden Ziele vereinbart. Durch sie wird deren Erreichung beurteilt.

- In einer agilen Welt sind Teams – nicht die einzelnen Mitarbeiter – ihren jeweiligen Kunden verpflichtet. Führungskräfte übernehmen hierbei eine koordinierende, vermittelnde oder befähigende Aufgabe.

Motivieren durch Ziele

Die Vereinbarung von Zielen gehört zu den zentralen Bestandteilen jährlicher Mitarbeitergespräche in den meisten Unternehmen. Mit ihr werden häufig sehr unterschiedliche Zwecke verfolgt. Vereinbarte Ziele sollen die Grundlage einer späteren Leistungsbeurteilung bilden, sollen wechselseitige Erwartungen in der Mitarbeiter-Vorgesetzen-Beziehung klären oder sollen helfen, Unternehmensziele top-down auf die unteren Ebenen zu übersetzen usw. Nicht selten wird die Zielvereinbarung auch durchgeführt, um angeblich die Mitarbeiter zu motivieren. Vermutlich werden aus diesem Grund jährliche Mitarbeitergespräche nicht selten sogar als »Motivationsgespräche« bezeichnet. Um diesen Aspekt geht es im Folgenden.

Zielbindung und Aufgabenkomplexität

Es wurde bereits an unterschiedlichen Stellen auf die Zielsetzungstheorie von Locke und Latham (1984) hingewiesen. Sie wird immer wieder gerne als wissenschaftliche Begründung für Zielvereinbarung ins Feld geführt. In wenigen Worten besagt diese Theorie, dass Menschen bei gleichen Aufgabenstellungen eine höhere Leistung erbringen, wenn sie bei der Lösung der Aufgabe ein Ziel verfolgen, gegenüber jenen, die einfach nur versuchen, »so gut wie möglich« zu sein. Dabei steht die Hypothese im Mittelpunkt, dass die Leistung eines Menschen in direktem Zusammenhang mit der Zielschwierigkeit steht: umso herausfordernder die Ziele, desto größer die Leistung.

Hier lohnt sich ein genauerer Blick in die Forschungsergebnisse rund um die Zielsetzungstheorie, denn so simpel wie oben wiedergegeben sehen auch Locke und Latham die Zusammenhänge nicht. Eine entscheidende, moderierende Rolle spielen hierbei unter anderem die Zielbindung (Commitment) und die Aufgabenkomplexität (Task Complexity). Die moderierenden Einflüsse auf den Zusammenhang zwischen Zielschwierigkeit und Leistung sind in Abbildung 37 grafisch veranschaulicht.

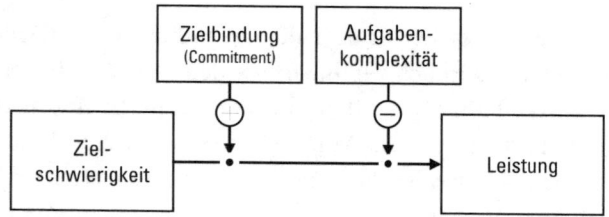

Abbildung 37: Die Moderatoren Zielbindung und Aufgabenkomplexität.

Die in der Abbildung 37 skizzierten Zusammenhänge sind so einfach wie einleuchtend. Erstens führen Ziele nur dann zu höherer Leistung, wenn der Mitarbeiter sich die Ziele zu Eigen macht, sich also intrinsisch den Zielen verpflichtet und sie für ihn persönlich bedeutsam sind. Zweitens besteht der Zusammenhang zwischen der Zielschwierigkeit und Leistung nur bei geringer Aufgabenkomplexität. Die Implikationen werden im Folgenden eingehender behandelt.

In zahlreichen Leitfäden zur Durchführung von Mitarbeitergesprächen wird gerne die zweite Hälfte des Wortes Ziel*vereinbarung* betont. Das gegenseitiges Einvernehmen und nicht die befehlsartige Vorgabe von Zielen steht im Vordergrund, was im Wesentlichen das Commitment des Mitarbeiters gegenüber seinen Zielen stärken soll. So steht etwa in der Betriebsvereinbarung eines Automobilzulieferers:

Der Mitarbeiter hat die Möglichkeit, seine Vorstellungen der persönlichen Weiterentwicklung und seine Interessen im Rahmen der Zielvereinbarung einzubringen (zitiert nach Hinrichs, 2009, S. 71).

Diese Botschaft ist meist und in erster Linie an Führungskräfte gerichtet und seltener an die betroffenen Mitarbeiter. Solange dies so ist, scheint die Idee der Vereinbarung nicht wirklich internalisiert. Wenn Ziele wirklich vereinbart würden, würde der Prozess der Zielvereinbarung auf gleicher Augenhöhe zwischen allen Beteiligten, dem Mitarbeiter und der Führungskraft erfolgen. Nicht nur Führungskräfte vereinbaren Ziele mit ihren Mitarbeitern, sondern auch umgekehrt: Mitarbeiter vereinbaren Ziele mit ihren Führungskräften.

Erst dann, wenn man *Mitarbeiter* – nicht nur Führungskräfte – dazu auffordert, sie mögen ihre Ziele gegenüber ihrer Führungskraft nicht einfach nur vorbereiten, sondern diese mit ihrer Führungskraft besprechen, sind wir auf dem Niveau angekommen, wo praktisch von Vereinbarung gesprochen werden darf. *Zielvorgabe* scheint nach wie vor die gedankliche Ausgangslage zu sein, von wo aus an mehr Vereinbarung appelliert wird, weswegen etwaige Konflikte bei der »gemeinsamen« Zielvereinbarung in der Regel hierarchisch gelöst werden, wie der Auszug einer typischen Betriebsvereinbarung anschaulich zeigt: »Kommt eine [...] Lösung nicht zustande, entscheidet den Einspruch der nächsthöhere Vorgesetzte« (zitiert nach Hinrichs, 2009, S. 89). Nicht selten übernimmt auch eine paritätisch eingerichtete Kommission die Schlichtung.

Echte Vereinbarung von Zielen ist aber die wesentliche Grundlage von Zielbindung. Wenn Ziele nicht wirklich vereinbart werden, der Mitarbeiter also nicht in gleicher Weise wie die Führungskraft eigene Vorstellungen einbringen kann, verfehlt die Zielvereinbarung das Ziel, Mitarbeiter zu motivieren (Locke, Latham & Erez, 1988). Dies ist insbesondere in einer hierarchischen Welt der Fall.

Wissenschaftliche Studien haben darüber hinaus gezeigt, dass bei einer hohen Aufgabenkomplexität – wir sprechen hier von Aufgabenunsicherheit und Dynamik – der Zusammenhang zwischen Zielschwierigkeit und Leistung eher gering ist (Wood, Mento & Locke, 1987). Ziele schaden in diesem Fall nicht, tragen aber auch nicht wesentlich zu höherer Leistung bei.

Muss man Mitarbeiter motivieren?

Wenn in zahlreichen, unternehmensinternen Broschüren zur Vermarktung des Mitarbeitergesprächs verkündet wird, Ziele würden Mitarbeiter motivieren, dann steht dahinter die implizite Annahme, dass man Mitarbeiter motivieren *müsse*. Diese Annahme wiederum ist auf einem traditionellen Verständnis von der Bedeutung der Arbeit begründet, wonach man arbeitet, um zu leben. Man arbeitet, um den Rest der Zeit nicht arbeiten zu müssen. Arbeit ist eine Last, eine »milde Krankheit« die zu ertragen ist (Bergmann, 2004). Mitarbeiter werden dazu gebracht, etwas zu tun, was sie von sich aus nicht tun würden.

Unternehmen, die aber nach dem agilen Modell funktionieren, gehen von einer gänzlich anderen Annahme aus, die etwa McGregor (1960) in seiner Theorie Y beschrieben hat. Demnach kann man Mitarbeiter nicht motivieren. Menschen sind von sich aus (intrinsisch) motiviert, »einen guten Job zu machen«. Bestenfalls kann man Mitarbeiter bestenfalls demotivieren, etwa durch limitierende Strukturen, Vorgaben, die aus Sicht der Mitarbeiter wenig Sinn ergeben oder mangelndes Vertrauen gepaart mit extremer Kontrolle. In seinem lesenswerten populärwissenschaftlichen, aber nicht minder fundierten Buch *Drive* beschreibt Daniel Pink (2009) Faktoren, die für eine hohe Motivation von Mitarbeitern verantwortlich sind, nämlich Autonomy, Mastery und Purpose. Wenn Mitarbeiter eigenverantwortlich agieren können (Autonomy), in dem was sie tun die Chance erkennen, richtig gut zu werden (Mastery) und darin einen für sie bedeutsamen Sinn (Purpose) wiederfinden, dann muss man sich um die Motivation dieser Mitarbeiter keine Sorgen machen. Diese Sichtweise steht in Einklang mit den schon vor Jahrzehnten artikulierten, humanistischen Ideen klassischer Vordenker, wie Abraham Maslow oder Douglas McGregor.

In einer agilen Welt spiegeln sich diese Ideen auf praktische Weise wieder. Die Mitarbeiter verfügen über ein hohes Maß an Autonomie. Sie bewegen sich freiwillig in einem agilen Umfeld, das von Unsicherheit und Komplexität geprägt ist. Hier »überlebt« nur jemand, der dieses Umfeld wünscht und den Aufgaben mit hoher intrinsischer Motivation und Neugier begegnet. Unternehmen, die sich in einem hoch innovativen Kontext bewegen, wissen dies. Insofern ist in einer agilen Welt eine Motivierung der Mitarbeiter mit einer speziellen Technik wie der Zielvereinbarung ganz einfach obsolet.

Motivationsverluste in Teams vermeiden

Stellen wir uns vor, fünf Personen ziehen an einem Seil, so stark sie können. Nehmen wir weiter an, eine Person bringt durchschnittlich eine Kraft von 700 Newton auf (das entspricht der Kraft, die man benötigt, um ungefähr 70 kg zu heben). Wie viel Kraft bringt die Gruppe insgesamt auf, wenn sie gemeinsam an einem Seil zieht? Die Antwort »5 mal 700 Newton, also 3 500 Newton« ist falsch. Es sind deutlich weniger. Der Grund liegt in Motivations- und Koordinationsverlusten (vgl. Latané, Williams & Harkins, 1979). Koordinationsverluste ergeben sich daraus, dass nicht jeder in die gleiche Richtung zieht. Entscheidender im hier behandelten Kontext sind aber die Motivationsverluste, auch bekannt unter der Bezeichnung *Trittbrettfahrereffekt*. Da die Einzelleistung nicht identifizierbar ist, reduzieren die einzelnen Personen ihren persönlichen Einsatz. Dieser Effekt steigt pro Person mit zunehmender Gruppengröße. Auch oder gerade in einer agilen Welt, in der die Mitarbeiter immer in Teams arbeiten, könnte dieser Effekt eine Rolle spielen (vgl. Kohnke, 2002).

Vor diesem Hintergrund sollten Teams über eine Möglichkeit nachdenken, die Leistung der einzelnen Teammitglieder auf irgendeine Weise identifizierbar zu machen, sie herauszustellen. In einem agilen und dynamischen Umfeld bedarf es dafür wirksamer Methoden. Hier kann man viel von der modernen, agilen Projektsteuerungsmethode *Scrum* lernen (vgl. Sims & Johnson, 2011). Der Begriff Scrum (Scrummage) stammt aus dem Rugbysport und bezeichnet die Situation, bei der alle Spieler (auch die Gegner) sich konzentriert um einen Ball regelrecht geballt und ineinander verhakt versammeln und in einem Art Handgemenge (Übersetzung von Scrummage) versuchen, den Ball zu gewinnen. Scrums entstehen immer dann, wenn ein Spiel etwa nach Ballverlust, Verletzungspausen oder dergleichen neu gestartet werden muss. Scrum als Planungs- und Steuerungsmethode für Projekte spielt mittlerweile vor allem in der agilen Softwarentwicklung eine Rolle und beinhaltet sehr kurze, gemeinsame Abstimmungszyklen in Gruppen. Der Anspruch ist, gemeinsam und schnell auf neue Anforderungen zu reagieren. Damit ist Scrum eine Alternative zu klassischen, eher statischen Methoden der Projektplanung und -steuerung, die implizt (fälschlicherweise) davon ausgehen, zu Beginn eines Projektes wüsste man schon sehr genau, was man in jeder Phase des Projekts erreichen möchte und was die relevanten Aufgabenpakete und deren Abhängigkeiten sind (Weltz & Ortmann, 1992). Bei Scrum versammelt sich das Team jeden Tag stehend für 15 Minuten zum so genannten Daily Scrum, wobei jedes Teammitglied unter anderem folgende Frage beantworten muss: »Was wirst Du heute erreichen?« Auf Teamebene werden Aufgabenpakete (Backlogelemente) alle zwei Wochen definiert. Sie gelten als Teamziele für diesen engen Zeitraum. Man nennt diesen Zwei-Wochen-Zyklus auch Sprint.

Mit der Methode der Zielvereinbarung, wie sie bei klassischen Mitarbeitergesprächen verstanden wird, hat dies sehr wenig zu tun. Scrum zeigt aber sehr deutlich, dass in einem agilen Umfeld sehr kurze und flexible Abstimmungen auf Teamebene erforderlich sind und jedem Projektmitglied tagesaktuell klar ist, welche Aufgaben ihm zukommen. Diesem Anspruch wird das jährliche Mitarbeitergespräch bei weitem nicht gerecht. Wenn nun aber über die Bedeutung von Zielen im Zusammenhang mit Motivation nachgedacht werden soll, dann in einem agilen Umfeld vor allem auf eine Weise, wie Scrum es vormacht. Neben der großen Bedeutung dieser Methoden für die Steuerung von Projekten, geht es hier aber auch um deren Relevanz im Zusammenhang mit Motivation. Allerdings steht hier nicht die Frage im Vorderrund, wie Mitarbeiter mit Zielen motiviert werden können. Vielmehr geht es um die Frage, wie mit kurzfristigen Zielen und der Definition von Einzelleistung *Motivationsverluste vermieden* werden können.

Auf den Punkt gebracht

- Jährlich vereinbarte Ziele haben eine motivierende Wirkung, wenn die Verpflichtung (Commitment) stark und die Aufgabenkomplexität gering ist.

- Je nach Art der Aufgabe können in Teams Motivationsverluste auftreten, wenn die Einzelleistungen nicht identifizierbar sind.

- In einer agilen Welt geht man davon aus, dass man Mitarbeiter nicht motivieren muss. Man kann sie bestenfalls demotivieren.

- Agile Teams definieren Leistungserwartungen individuell und auf Teamebene in sehr kurzfristigen Zyklen.

Mitarbeiter halten

Kürzlich berichtete mir ein Personalleiter, in seinem Unternehmen gäbe es seit einiger Zeit so genannte »Bleibegespräche«. Mit ausgewählten Mitarbeitern werden systematisch und regelmäßig Gespräche nicht nur über deren Perspektiven im Unternehmen geführt, sondern auch darüber, was relevante Bedingungen sind, um ihrem Unternehmen treu zu bleiben. An sich überrascht dies nicht, denn im Zuge des Fachkräftemangels wird Mitarbeiterbindung für zahlreiche Unternehmen zu einer ernst zu nehmenden Herausforderung. Schätzungen machen darauf aufmerksam, dass der Verlust eines einzigen Mitarbeiters Kosten verursacht, die dem Ein- bis Dreifachen seines Jahresgehalts entsprechen (Phillips & Edwards, 2009). Welche Rolle kann hier das jährliche Mitarbeitergespräch spielen?

Vier Argumentationslinien

Im Zusammenhang mit dem jährlichen Mitarbeitergespräch sind mir vier Argumentationslinien bekannt, die von einer Bedeutung dieses Instruments in Bezug auf die Bindung von Mitarbeitern ausgehen:

- *Loyalität durch Vertrauen.* Ein jährliches Mitarbeitergespräch zwischen einem Mitarbeiter und seiner Führungskraft hat bereits an sich eine bindende Wirkung auf den Mitarbeiter, weil das Gespräch die zwischenmenschliche Beziehung und die Loyalität des Mitarbeiters gegenüber seiner Führungskraft stärkt. Dieser Annahme liegt die Intention zugrunde, das jährliche Mitarbeitergespräch würde Vertrauen schaffen.
- *Bindung als Nebeneffekt.* Wenn mit einem jährlichen Mitarbeitergespräch die intendierten Ziele erreicht werden, die in diesem Buch behandelt wurden, trägt dies indirekt dazu bei, dass Mitarbeiter ihrem Unternehmen treu bleiben. Mitarbeiterbindung wird so zum positiven Nebeneffekt all jener Zwecke, die mittels jährlichem Mitarbeitergespräch verfolgt werden. Wenn der Mitarbeiter durch Ziele motiviert wird, seine Perspektive im Unternehmen geklärt ist, seine Leistung adäquat honoriert wird, man in seine berufliche Entwicklung investiert, dann muss man sich um die Loyalität des Mitarbeiters keine Sorgen mehr zu machen.
- *Erwartungen an Arbeitsbedingungen.* In einem jährlichen Mitarbeitergespräch werden jene Arbeitsbedingungen thematisiert, die aus Sicht des Mitarbeiters für dessen Verbleib im Unternehmen als relevant erscheinen. Im Kern geht es um

die an den Mitarbeiter gerichtete, gemeinsam diskutierte Frage: »Was muss das Unternehmen tun, damit Sie das Unternehmen nicht verlassen?«

- *Früherkennung von Fluktuationstendenzen.* In einem jährlichen Mitarbeitergespräch wird das Thema Mitarbeiterbindung institutionell verankert. Dabei thematisiert die Führungskraft gemeinsam mit dem Mitarbeiter dessen Zukunftsperspektiven und dessen mögliche Intention, das Unternehmen zu verlassen. Operativ betrachtet macht die Führungskraft im Falle eines hohen Fluktuationsrisikos eines Mitarbeiters an der entsprechenden Stelle im Mitarbeitergesprächsformular ein Kreuzchen. Insofern dient das jährliche Mitarbeitergespräch als Instrument zur Früherkennung, mit dem nachfolgende Maßnahmen zur Mitarbeiterbindung angestoßen werden.

An dieser Stelle soll nicht der Versuch unternommen werden, diese vier Argumentationslinien im Einzelnen zu bewerten. Auf die Zielsetzung, durch ein jährlich verordnetes Gespräch Vertrauen zu schaffen, wurde bereits zu Beginn des Kapitels 3 eingegangen. Diesem Zweck wurden im Rahmen der bisherigen Überlegungen allerdings eher schlechte Erfolgsaussichten bescheinigt. Der zweitgenannte Aspekt (Bindung als Nebeneffekt) hat durchaus seine Bedeutung zumindest auf theoretischer, konzeptioneller Ebene. Sollte man mit einem Mitarbeitergespräch tatsächlich dazu beitragen, dass Mitarbeiter etwa gerecht honoriert werden, sie Perspektiven erhalten, entwickelt und durch Ziele motiviert werden, dann mögen all diese Aspekte zu einem ausgeglichenen psychologischen Vertrag zwischen dem Mitarbeiter und seinem Arbeitgeber beitragen. Die Voraussetzung ist natürlich, dass das jährliche Mitarbeitergespräch diesen Beitrag auch zu leisten vermag, was im Laufe dieses Buches grundsätzlich oder je nach Rahmenbedingung in Frage gestellt wurde.

Besonders überlegenswert erscheinen die beiden letzten Argumentationslinien. Um ihre Wirksamkeit besser beurteilen zu können, bedarf es einer differenzierteren Betrachtung. Denn wie so oft sind die Dinge vielschichtiger, als sie zunächst erscheinen mögen.

Die Erwartungen des Mitarbeiters stehen im Vordergrund

Der Ansatz, ein jährliches Mitarbeitergespräch dazu zu nutzen, um die für einen Mitarbeiter relevanten Arbeitsbedingungen zu besprechen, ist einer hierarchischen Welt eher fremd. Hier wurde schon immer von der Annahme ausgegangen, der Mitarbeiter müsse den Anforderungen und Erwartungen des Unternehmens und der jeweiligen Stelle entsprechen. Man hat sich an Stellenbeschreibungen, Stellenprofile oder an standardisierte, merkmalsorientierte Einstufungsverfahren gewöhnt. Die Wunschliste des Unternehmens und der Führungskraft stand in allem, was personalpolitisch unternommen wurde, im Vordergrund. Für einen Moment stelle man sich ein jährliches Mitarbeitergespräch vor, wie in diesem Beispiel:

Mitarbeiter Thomas geht auf seine Führungskraft Dr. Pfister zu und macht ihn auf das anstehende Mitarbeitergespräch aufmerksam. »Herr Doktor Pfister, das Mitarbeitergespräch steht an. Ich möchte Sie bitten, im Vorfeld ein paar Einschätzungen vorzunehmen, die Sie bitte in diesem Formular dokumentieren.« Das Formular beinhaltet unter anderem Kriterien zu Beurteilung von Arbeitsbedingungen, wie etwa Arbeitsflexibilität, Arbeitsbelastung, Zusammenarbeit mit Kollegen, Sinnhaftigkeit und Ganzheitlichkeit der Aufgaben, zeitnahes Feedback, die Chance, sich zu entwickeln. Im Gespräch dann thematisiert Thomas [Mitarbeiter] die verschiedenen Kriterien und gibt Herrn Dr. Pfister [Führungskraft] strukturiert seine Rückmeldung darüber, wie er selbst die Arbeitsbedingungen empfindet. »Herr Doktor Pfister, wie schätzen Sie insgesamt meine Arbeitsbedingungen ein und wo sehen Sie Potenzial, meine Arbeitsbedingungen zu verbessern?« Nach einem entsprechenden Abgleich von Thomas' Erwartungen und Thomas' ultimativen Einschätzungen wird ein Plan entwickelt, der konkrete Maßnahmen zu Verbesserung der Arbeitsbedingungen vorsieht.

Wer hierarchisch denkt, wird sich mit dieser Form des Umgangs emotional und sachlich schwer tun. Irgendwas stimmt hier nicht. Das Verhalten von Thomas erscheint auf irgendeine Weise arrogant. Wo kommen wir denn hin, wenn man es jedem Mitarbeiter auf diese Weise recht machen will? Ein Unternehmen ist schließlich kein Wunschkonzert.

Mitarbeiter zu halten erfordert aber eine ungewöhnliche Perspektive. Hier stehen nicht die Anforderungen des Unternehmens im Vordergrund, sondern die Präferenzen der Mitarbeiter und die Frage, inwieweit der Arbeitgeber den Anforderungen des Mitarbeiters gerecht wird. Der zunehmende Fachkräftemangel befeuert diese Verlagerung der Kräfte spürbar. Gerade in einem agilen Umfeld sind sich Unternehmen zunehmend darüber bewusst, dass sie mehr von den Mitarbeitern abhängig sind als umgekehrt (vgl. Kapitel 4, Abschnitt »Organisation«).

Früherkennung

Bleibt die vierte Argumentationslinie, die im jährlichen Mitarbeitergespräch die Möglichkeit einer Früherkennung sieht. Dieser Ansatz ist sehr ernst zu nehmen und bietet realistische Ansatzmöglichkeiten aus Arbeitgebersicht. Die Idee ist wieder einmal denkbar einfach: In einem jährlichen Gespräch versucht die Führungskraft ein Gespür für die Fluktuationstendenz eines Mitarbeiters zu entwickeln. Wenn es die Vertrauensbasis erlaubt, wird diese Thematik offen angesprochen, um gemeinsam mögliche Schritte zu vereinbaren, die ein Halten des Mitarbeiters in Aussicht stellen.

Man wird dies allerdings nicht mit allen Mitarbeitern tun und auch nicht tun müssen. Der Fokus richtet sich hier vor allem auf bestimmte interne, kritische Zielfunktionen und ausgewählte Mitarbeitergruppen (vgl. Trost, 2012):

- Mitarbeiter in *Schlüsselfunktionen*. Schlüsselfunktionen haben für das Unternehmen eine besondere, strategische Bedeutung. Hier sind nicht nur gute Mitarbeiter gefragt, sondern Mitarbeiter, die deutlich besser sind als die Mitarbeiter bei der Konkurrenz in vergleichbaren Funktionen. Verliert man Mitarbeiter in einer Schlüsselfunktion, kann das gesamte Unternehmen spürbar geschwächt werden.

- Mitarbeiter in *Engpassfunktionen*. Hier geht es um Funktionen, die aufgrund von Arbeitsmarktbedingungen nur sehr schwer zu besetzen sind, wo aber zugleich ein hoher quantitativer Bedarf besteht. Die Fluktuation in Engpassfunktionen führt zu erheblichen Bemühungen, wenn es darum geht, für ehemalige Mitarbeiter Ersatz zu bekommen.
- *High-Potentials, Nachwuchskräfte*. Hier geht es um Mitarbeiter, denen man das nötige Potenzial bescheinigt, langfristig Schlüsselpositionen erfolgreich ausfüllen zu können. Nicht selten haben Unternehmen bereits sehr viel Zeit, Energie, Geld, Netzwerke und Vertrauen in diese Kollegen investiert. Entsprechend hoch ist der Verlust im Falle einer freiwilligen Kündigung.

Natürlich ist ein Gespräch dieser Art nur dann möglich, wenn es das beiderseitige Vertrauen zwischen Mitarbeiter und Führungskraft erlaubt. In einer hierarchischen Konstellation, bei der eine Führungskraft aus einer Machtposition heraus agiert, sind solche Gespräche eher schwierig. Bereits der Verdacht, der Mitarbeiter könne das Unternehmen verlassen, könnte auf Seiten des Mitarbeiters zu Nachteilen führen. Zumindest liegt es nahe, dass der Mitarbeiter entsprechende Nachteile antizipiert. Vor diesem Hintergrund ist anzunehmen, dass dieser Ansatz eher in einem agilen Kontext funktioniert, in dem das Verhältnis zwischen Mitarbeiter und Führungskraft (Coach oder Partner) in erster Linie von Vertrauen geprägt ist.

Praktische Implikationen

Was bedeuten diese bisherigen Überlegungen für die Praxis allgemein und insbesondere in Bezug auf ein jährliches Mitarbeitergespräch? Grundsätzlich kann davon ausgegangen werden, dass eine jährliche, zyklische Betrachtung dieser Thematik als ausreichend erscheint, da sich die Fluktuationstendenz eines Mitarbeiters nicht »über Nacht« entwickelt. Trotzdem erscheint ein Gespräch jenseits eines jährlichen Zyklus grundsätzlich als sinnvoll, wenn sich hier ein akutes Problem ergeben sollte.

In einem hierarchischen Kontext liegt es nahe, dass eine verordnete und institutionelle Bewertung der Fluktuationstendenz kritischer Mitarbeiter durch eine Geschäftsführung erwünscht ist. Sie würde dadurch einen Überblick erhalten, an welchen Stellen im Unternehmen ein erhöhtes Fluktuationsrisiko besteht, um sodann »von oben« eingreifen und entsprechende Maßnahmen in die Wege leiten zu können. Welche datenschutzrechtliche Problematik daraus entstünde, steht allerdings auf einem anderen Blatt. Immerhin handelt es sich bei zentral gespeicherten Informationen über die Fluktuationstendenzen der Mitarbeiter um hochgradig sensitive, personenbezogene Daten. Zudem wird die Einschätzung der Fluktuationstendenz in einer hierarchischen Welt bestenfalls auf den alleinigen

Einschätzungen der jeweiligen Führungskraft beruhen, und da aufgrund bestehender Machtverhältnisse kaum von einer Offenheit seitens des Mitarbeiters auszugehen ist, darf die Validität der Einschätzung zu Recht angezweifelt werden.

Etwas anders mag sich die Situation in einer agilen Welt darstellen. Da hier das Verhältnis zwischen Mitarbeiter und Führungskraft im Wesentlichen auf beiderseitigem Vertrauen basiert, ist eine offene und gemeinsame Reflexion möglicher Fluktuationstendenzen durchaus denkbar – auch wenn die Behandlung dieses Themas immer eine gewisse Herausforderung für beide Seiten darstellt. Da in diesem Kontext die Organisation mehr vom Mitarbeiter abhängig ist als umgekehrt, liegt es nahe, dass eine Führungskraft auf die Anforderungen des Mitarbeiters eingeht. Letzteres ist eine Grundvoraussetzung für das Führen eines solchen Gesprächs. Eine zentrale Dokumentation der Fluktuationstendenz ist in diesem Setting nicht vorstellbar. Sie käme einem Vertrauensbruch gleich. Schon der bloße Verdacht, die Führungskraft könne eine vermutete Fluktuationstendenz an die Personalabteilung oder gar an die Geschäftsführung weiterleiten, würde ein solches Gespräch verhindern. Das Ergebnis dieser Auseinandersetzung kann in einer agilen Welt nur darin bestehen, dass erforderliche Maßnahmen im beiderseitigen Verständnis etwa an die Personalabteilung weitergeleitet werden. Zu den möglichen Maßnahmen können Anpassungen der Arbeitszeit, des Gehalts oder die Klärung möglicher Karriereperspektiven gehören. Natürlich sind auch weitere Maßnahmen denkbar.

Auf den Punkt gebracht

- Die gemeinsame Besprechung von Anforderungen der Mitarbeiter erfordert eine ungewöhnliche Perspektive, wonach die Wünsche der Mitarbeiter im Vordergrund stehen.

- Eine Früherkennung von Fluktuationstendenzen ist vor allem bei Mitarbeitern in Schlüssel- oder Engpassfunktionen und bei High-Potentials sinnvoll.

- Gespräche über Fluktuationstendenzen setzen ein hohes Maß an Vertrauen und Vertraulichkeit voraus, was eher in einer agilen Welt gegeben ist.

Zwischenfazit

In den vorausgegangenen Abschnitten wurde das jährliche Mitarbeitergespräch als Instrument zur Erreichung unterschiedlicher Ziele kritisch beleuchtet. Dies geschah jeweils vor dem Hintergrund der unterschiedlichen Rahmenbedingungen einer hierarchischen und agilen Arbeitswelt. Insgesamt ergab die Diskussion ein eher gemischtes Bild und es erscheint schwer, ein umfassendes Fazit zu ziehen. In Abbildung 38 wird aber trotzdem der vorsichtige Versuch einer zusammenfassenden Bewertung unternommen.

Nutzenkategorie	Hierarchie	Agilität
Die Besten belohnen	★★★★☆	★★☆☆☆
Die Schwachen behandeln	★★★☆☆	★★☆☆☆
Talente identifizieren	★★☆☆☆	★☆☆☆☆
Interne Eignung feststellen	★★★☆☆	★☆☆☆☆
Personal entwickeln	★★☆☆☆	★☆☆☆☆
Perspektiven bieten	★☆☆☆☆	★★☆☆☆
Durch Feedback lernen	★★★☆☆	★★☆☆☆
Unternehmen steuern	★★★★☆	★★☆☆☆
Motivieren durch Ziele	★★☆☆☆	★☆☆☆☆
Mitarbeiter halten	★★☆☆☆	★☆☆☆☆
Zusammenfassung	★★⯪☆☆	★⯪☆☆☆

Abbildung 38: Das jährliche Mitarbeitergespräch und seine Erfolgsaussichten in einer hierarchischen und agilen Welt.

Unter Verwendung von fünf Sternen, einer im Internet sehr verbreiteten Bewertungsskala, wird in Abbildung 38 der Erfolg des jährlichen Mitarbeitergesprächs in seiner traditionellen Form bezogen auf agile und hierarchische Rahmenbedingungen bewertet. Dies geschieht für jede der zuvor behandelten Nutzenkategorien. Fünf Sterne bedeuten: »Das jährliche Mitarbeitergespräch funktioniert in Bezug auf die jeweilige Nutzenkategorie perfekt.« Ein Stern deutet auf geringe oder keine Erfolgsaussichten hin. Diese Bewertungen basieren rein auf Plausibilitätsüberlegungen, die in den vorausgegangenen Abschnitten dargelegt wurden. Es sei explizit darauf hingewiesen, dass diese Bewertungen rein hypothetischen Charakter haben und nicht auf empirischen Befunden basieren. Hier wurde lediglich der Versuch unternommen, das zuvor beschriebene auf einen einfachen Nenner zu bringen. Vermutlich sind die Bewertungen genauso wenig valide, wie die Beurteilungen, die eine Führungskraft bezüglich der Kompetenzen eines Mitarbeiters vornimmt. Als Zwischenfazit sollte es aber genügen.

Die Identifikation leistungsstarker Mitarbeiter kann in einer hierarchischen Welt gut funktionieren, wenngleich hier bezogen auf die Validität der Urteile gewisse Zweifel angebracht sind. Insgesamt sind in einer hierarchischen Welt die Voraussetzungen einer stabilen, arbeitsteiligen Welt, in der die Führungskraft der Boss ist, gegeben. Aus zahlreichen Gründen aber versagt das jährliche Mitarbeitergespräch diesbezüglich, sobald die Rahmenbedingungen agilen Charakter annehmen.

Im Zusammenhang mit der Identifikation leistungsschwacher Mitarbeiter wurde festgestellt, dass das jährliche Mitarbeitergespräch bestenfalls dazu geeignet ist, einmal im Jahr jene Mitarbeiter beim Namen zu nennen, von denen sich das Unternehmen entweder trennen oder variable Gehälter gering einstufen möchte. Für alles andere ist das jährliche Mitarbeitergespräch kaum geeignet, weil es mit dem professionellen Umgang mit leistungsschwachen Mitarbeitern zeitlich nicht hinreichend synchron läuft. Dies gilt in agilen Welten genauso wie in hierarchischen

Welten. In der Tendenz kommt man aber in agilen Welten ohne dieses Instrument aus, weil das Problem von den Teams und Mitarbeitern selbst gelöst wird.

Bereits in einer hierarchischen Welt wurde klar, dass die direkte Führungskraft bei der Beurteilung des Potenzials ihrer Mitarbeiter aus vielerlei Hinsicht entweder überfordert ist oder zu Unrecht ein möglicher Flaschenhals für die Karriere eines talentierten und motivierten Mitarbeiters darstellen kann. Wenn in einem hierarchischen Kontext Talente identifiziert werden, dann weniger durch das jährliche Mitarbeitergespräch, sondern eher trotz des jährlichen Mitarbeitergesprächs. In einer agilen Welt spielt die direkte Führungskraft bei der Identifikation von Talenten eine untergeordnete Rolle und damit auch das jährliche Mitarbeitergespräch.

Während es in einer stabilen, arbeitsteiligen Welt durchaus möglich, wenngleich auch schwierig erscheint, die Eignung individueller Mitarbeiter pauschal zu klassifizieren, um sie sodann mit klar definierten und dokumentierten Anforderungen zu vergleichen, versagt diese Idee in einer unsicheren, dynamisch Welt vollends. Dies wird in agilen Welten nicht unbedingt als Nachteil empfunden, schließlich stehen hier diverse Teams eher im Vordergrund als »geeignete« Individuen.

Ganz ähnlich verhält es sich beim Thema Personalentwicklung. Hier richtet sich der Blick von der aktuellen Eignung ausgehend auf die zukünftige Entwicklung. Das jährliche Mitarbeitergespräch im Sinne eines Entwicklungsgesprächs kann hier eine sinnvolle Maßnahme sein, die normalerweise von allen Beteiligten recht unkritisch erlebt wird. Einfach und immer erfolgversprechend ist dieser Ansatz aber auch in einem hierarchischen Kontext nicht. In einer agilen Welt lernen Mitarbeiter selbstgesteuert, on-demand, in Teams und Netzwerken. Lernen und Arbeit sind hier untrennbar miteinander verbunden. Arbeiten bedeutet Lernen. Eine jährliche, individuelle Besprechung von Entwicklungsbedarfen mit der direkten Führungskraft schadet nicht, spielt aber im Konzert dessen, was in einer agilen Welt insgesamt passiert, eine sehr untergeordnete Rolle.

Eine Führungskraft in einer agilen Welt kann ein Gespräch über die Perspektiven eines Mitarbeiters besser führen als eine Führungskraft in der hierarchischen Welt. Dies liegt zum einen an den vernetzten Strukturen einer agilen Welt, die eine laterale Durchlässigkeit eher ermöglicht und Führungskräften eine vermittelnde Rolle spielen können. Entscheidender ist aber, dass in einer agilen Welt eher von einem Vertrauensverhältnis zwischen Mitarbeiter und Führungskraft ausgegangen werden darf, was die Möglichkeiten eines Karriere-Coachings eröffnet. In einer hierarchischen Welt hingegen können Führungskräfte häufig weder Perspektiven bieten, noch können sie gegenüber ihren Mitarbeitern als Karriere-Coach auftreten. Letzteres steht schlichtweg im Konflikt mit der typischen Führungsrolle innerhalb einer hierarchischen Welt.

Ein Mitarbeiter ist in einer hierarchischen Welt dann erfolgreich, wenn seine Führungskraft mit ihm zufrieden ist. Vorausgesetzt, in einem jährlichen Mitarbeitergespräch werden keine Dinge gesagt, die nicht ohnehin bereits besprochen und gesagt wurden, kann hier ein zusammenfassendes Feedback bezogen auf die vergangenen zwölf Monate von der Führungskraft an den Mitarbeiter sehr hilfreich sein. Feedback in einer agilen Welt stammt in erster Linie von Kollegen und Kunden und nicht von der direkten Führungskraft. Nichtsdestotrotz kann die direkte Führungskraft in ihrer Rolle als Coach vermittelnd agieren, was sie aber in erster Linie gemeinsam mit ihrem Team tut. Aber auch hier stößt das jährliche Mitarbeitergespräch in seiner traditionellen Form sehr schnell an seine Grenzen.

Vorausgesetzt ein Unternehmen funktioniert hierarchisch und konsequent arbeitsteilig, dann kommt es ohne eine schrittweise Kaskadierung von Zielen nicht aus. Ob Unternehmen in der realen Praxis auch so funktionieren bzw. funktionieren können, sei dahingestellt. In einer agilen Welt sehen sich Teams – nicht Individuen – in erster Linie ihren Kunden und internen Sponsoren verpflichtet als dem hierarchisch übergeordneten Management. Jährliche, individuelle Mitarbeitergespräche können zur individuellen Orientierung und Fokussierung etwa im Sinne einer Zielvereinbarung helfen, tragen aber kaum dazu bei, ein Unternehmen insgesamt zu steuern.

In hierarchischen Welten motivieren Ziele bestenfalls extrinsisch. Aufgrund gegebener Machtverhältnisse ist hier der Anspruch einer wechselseitigen Vereinbarung von Zielen eher theoretischer Natur. Während in agilen Verhältnissen eine Vereinbarung von Zielen aufgrund der Autonomie der Mitarbeiter durchaus denkbar wäre, ist dort eine Motivierung der Mitarbeiter aber erst gar nicht nötig. Hier dienen kurzfristige Ziele eher dazu Trittbrettfahrereffekte zu vermeiden. Ein jährliches Mitarbeitergespräch spielt in dieser Welt, wenn es um die Motivierung von Mitarbeitern geht, auf jeden Fall keine nennenswerte Rolle.

Mitarbeiter ans Unternehmen binden stellt in einer agilen Welt eine anspruchsvollere Aufgabe dar, als in einer hierarchischen Welt. In Ersterer haben die Mitarbeiter mehr Karriereoptionen zur Auswahl. Andererseits wird man sich in einer agilen Welt mit der Vorstellung leichter tun, systematisch auf die Ansprüche der Mitarbeiter einzugehen, da in einer hierarchischen Welt von Natur aus eher die Anforderungen und Ansprüche seitens des Unternehmens handlungsleitend sind. Allerdings bietet sich in einem hierarchischen Kontext eher die Möglichkeit einer systematischen, zentral gesteuerten Früherkennung möglicher Fluktuationstendenzen, was sich in einem agilen Kontext aufgrund des Vertrauensverhältnisses zwischen Mitarbeiter und Führungskraft eher verbietet.

Bildet man aufgrund dieser Beurteilungen, wie sie in der obigen Abbildung 38 vereinfacht dargestellt wurden, ungewichtete Durchschnitte, erhält das jährliche Mitarbeitergespräch in einem hierarchischen Kontext 2,5 Sterne und in einem agilen Kontext nur 1,5 Sterne. Diese zusammenfassende Betrachtung erscheint zugegebenermaßen recht undifferenziert. Sie soll als heuristischer Versuch eines Fazits verstanden werden. Die dahinterliegenden Überlegungen sind demgegenüber weit weniger undifferenziert. Sie sind wesentlicher Bestandteil des gesamten, vorliegenden Buches.

Schenkt man dieser Bewertung hinreichend Vertrauen, so kommt man zu dem einfachen Schluss, dass bereits in einer hierarchischen Welt das jährliche Mitarbeitergespräch *unter den Erwartungen* bleibt. In einer modernen, agilen Arbeitswelt hingegen versagt dieses Instrument in weiten Teilen.

Auf den Punkt gebracht

- Das jährliche Mitarbeitergespräch wird seinen Ansprüchen bereits in einer hierarchischen Welt nur zum Teil gerecht.

- In einem agilen Umfeld versagt das jährliche Mitarbeitergespräch weitestgehend.

6 Gestaltungsdimensionen

Das Fazit im vorausgegangenen Kapitel fiel für das jährliche Mitarbeitergespräch nicht sehr vorteilhaft aus. In hierarchischen Welten scheint das jährliche Mitarbeitergespräch nur hinsichtlich weniger Nutzenkategorien einigermaßen zu funktionieren. In agilen Welten versagt das jährliche Mitarbeitergespräch in seiner traditionellen Form weitestgehend. Nun ist die Kritik an diesem Instrument nicht neu, wenngleich sich unterschiedliche Autoren auf sehr unterschiedliche Aspekte eingeschworen haben. Interessant ist nun aber die Frage, was denn die Alternativen sind. Zahlreiche Autoren, die der Kritik am jährlichen Mitarbeitergespräch zumindest punktuell beipflichten, sehen keine Alternative. Der bekannte Management-Vordenker Edward E. Lawler III bringt es in einem seiner Blogbeiträge bei *Forbes* auf den Punkt, wenn er titelt: »Performance Appraisals Are Dead, Long Live Performance Management« (Lawler, 2012). Zu Recht weist er darauf hin, dass man sich etwa ein Talentmanagement ohne eine systematische Beurteilung von Mitarbeitern nicht vorstellen kann. Auch Ziele seien schlichtweg essenziell für die erfolgreiche Führung jeder Organisation. Und weil das so sei, kämen Unternehmen ohne Leistungsbeurteilung nicht aus, ob sie wollen oder nicht. Und deshalb würde es auch in Zukunft Instrumente dieser Art geben. Punkt.

Diese Art zu denken birgt aber einen großen Denkfehler, der in diesem Buch schon recht früh thematisiert wurde. Hier wird der Nutzen mit dem Instrument vermischt, das Warum mit dem Wie. Um es nochmals zu verdeutlichen: Es gibt keinen Grund, an der Sinnhaftigkeit der in diesem Buch aufgegriffenen Nutzenkategorien grundsätzlich zu zweifeln. Es ist richtig, Leistung zu honorieren. Schwache Leistung sollte nicht nur als solche identifiziert werden, auch für die betroffenen, leistungsschwachen Mitarbeiter sollte man eine geeignete Lösung finden. Wer Talente gezielt fördern will, muss Talente identifizieren. Es ist gut zu wissen, was welcher Mitarbeiter kann. Vor allem sollten es die Mitarbeiter selbst wissen. Personal nicht zu entwickeln kann sich wohl kaum ein Unternehmen leisten. Und ja, es ist gut, wenn man den Mitarbeitern Perspektiven bieten kann und die Mitarbeiter eine Vorstellung ihres persönlichen Karriereentwurfs haben. Lernen ohne Feedback ist nicht vorstellbar. Man kann unter bestimmten Voraussetzungen Unternehmen mit Zielen steuern, und wenn diese Ziele motivieren: umso besser. Und schließlich muss es im Interesse eines Unternehmens sein, gute Mitarbeiter nicht zu früh zu verlieren. Man sollte das jährliche Mitarbeitergespräch nicht anhand seines intendierten Nutzens bewerten. Das jährliche Mitarbeitergespräch wäre geradezu ein Segen, würde man bei seiner Beurteilung nur diesen angestrebten Nutzen in Betracht ziehen. Wer in der Praxis das jährliche Mitarbeitergespräch mit dem Versprechen positioniert, all jene Ziele damit zu erreichen, wird auch nicht mit Widerspruch rechnen müssen. Das eigentliche Problem ist aber, dass man mit dem Instrument des jährlichen Mitarbeitergesprächs in seiner klassischen Form diesen Nutzen kaum erreicht. Deshalb lohnt sich die Frage, wie man diesen Nutzen möglicherweise anders erzielen kann. Hier sind offenbar neue, andere Ideen gefordert, die weniger eine Antwort auf die Frage nach dem *Warum* liefern, sondern Antworten auf das *Wie*. Damit sind wir bei den Gestaltungsdimensionen angekommen.

Erfolgreiches und wirksames Personalmanagement ist ohne relevante Entscheidungen und Urteile nicht vorstellbar. Das jährliche Mitarbeitergespräch liefert Entscheidungen und Urteile. Es wurde bereits festgestellt, dass diese das eigentliche Ergebnis dieser Prozedur sind. Nicht mehr und nicht weniger. Um Entscheidungen und Urteile geht es auch in diesem Kapitel. Anstatt nun aber für jede Nutzenkategorie Alternativen aufzuzeigen, wird hier ein eher generischer Weg eingeschlagen, indem erörtert wird, welche grundlegenden Spielarten es gibt, um zu relevanten Entscheidungen und Urteilen zu gelangen. Im vorausgegangenen Kapitel wurden im Zusammenhang mit den unterschiedlichen Nutzenkategorien ja bereits zahlreiche Beispiele für alternative Ansätze angedeutet. Im Kern spielen hier vier plus eine Gestaltungsdimension eine Rolle:

- *Verantwortung.* Werden Entscheidungen und Urteile durch eine zentrale Einheit eingefordert oder liegen diese in der Verantwortung der betroffenen Mitarbeiter und Teams? Wer stößt entsprechende Maßnahmen an und wem gehören die Ergebnisse am Ende?
- *Offenheit und Vielfalt.* Welches Maß an zentralen Vorgaben und Standardisierung sind hinsichtlich der Terminierung, Inhalte und Formate notwendig? Wie viel Offenheit ist möglich? Wird unternehmensumfassende, statistische Vergleichbarkeit angestrebt oder aber Individualität und Vielfalt zugelassen?
- *Hierarchie versus Netzwerke.* Von wem gehen Urteile und Entscheidungen aus, von den Kunden und Kollegen oder von der direkten Führungskraft? Stehen individuelle Mitarbeiter oder Teams und Netzwerke im Fokus?
- *Bedarfsorientierung.* Werden viele relevanten Entscheidungen und Urteile unter Verwendung eines einzigen Instruments zu einem einzigen Zeitpunkt unter Beteiligung der immer gleichen Akteure gefällt? Oder orientiert sich das Generieren notwendiger Entscheidungen und Urteile an den jeweiligen Bedarfen und Situationen?
- *Verzicht.* An welchen Stellen kann man auf Systeme, Instrumente, Prozesse und Methoden gänzlich verzichten? Hier geht es weniger um das Gestalten von Instrumenten und Aktivitäten sondern schlichtweg um Loslassen, nichts tun, die Dinge ihrer natürlichen Dynamik überlassen.

Ich habe lange gerätselt und viel über die Frage diskutiert, wie Gestaltungsdimensionen oder alternative Spielarten zum jährlichen Mitarbeitergespräch auf den Punkte gebracht werden könnten. Ich bin der Frage nachgegangen, wie etwa Zielvereinbarung, Leistungsbeurteilung oder Talentidentifikation anders funktionieren können. Zahlreiche Alternativen zum jährlichen Mitarbeitergespräch allgemein und für agile Welten wurden bereits im vorausgegangenen Kapitel skizziert.

Am Ende wurde mir deutlich, dass es gemeinsame Nenner gibt. Egal um welche Nutzenkategorie es geht, in hierarchischen Welten wird man auf charakteristisch andere Art und Weise versuchen, ihr gerecht zu werden, als man dies in agilen Welten tun würde. So überrascht es beispielsweise nicht, dass etwa in einer dezentral geführten Welt auch dezentrale Instrumente gefragt sind oder dass in einer Welt, in der Teams und Netzwerke eine große Rolle spielen, sich dies auch in der Weise widerspiegelt, wie Entscheidungen und Urteile gefällt werden – unabhängig vom Nutzen, den man anstrebt.

Verantwortung

Kürzlich war ich wieder einmal in eine spannende Diskussion mit Personalentwicklern involviert. Wir diskutierten über Kompetenzmanagement und in diesem Zusammenhang auch über das jährliche Mitarbeitergespräch. Dabei kam die Frage auf, welche Rolle IT-Systeme hier spielen können. Nun muss man sehen, dass es mittlerweile eine breite Palette an Systemanbietern gibt, die hierfür ausgefeilte Lösungen anbieten. Ein wesentliches Verkaufsargument vieler dieser Anbieter ist das hohe Maß an Integration. Integration bedeutet, dass Informationen, die an der einen Stelle generiert werden, an einer anderen Stelle, etwa im Kontext eines benachbarten Personalprozesses, genutzt werden können. Einmal definierte Stellenanforderungen tauchen dann bei der Mitarbeiterbeurteilung wieder auf. Während der Personalauswahl generierte Kompetenzprofile werden bei der jährlichen Beurteilung von Kompetenzen erneut gezogen und angezeigt – ein Traum für viele Unternehmen und Personaler, der erstaunlich selten in Frage gestellt wird. Die umfassende HR-Maschine. Vergleichsweise emotional wurde es in der besagten Diskussion aber erst dann, als die Mitarbeitergesprächssituation zur Sprache kam: »Wollen wir denn wirklich, dass Führungskräfte mit dem Laptop oder dem Tablet auf dem Tisch ein Mitarbeitergespräch führen?« Ein kollektives, spürbares Unwohlsein stand im Raum. Aber was ist das Problem? Sicherlich nicht die Technik an sich. Das Problem ist, dass in einer Gesprächssituation einerseits eine für die Situation notwendige Vertraulichkeit suggeriert werden soll, deren Grenze durch Eingaben in ein System aber im selben Moment überschritten wird. Hier geht es um einen sehr fundamentalen Aspekt: Wer benötigt und erwartet die Informationen, die im Rahmen eines jährlichen Mitarbeitergesprächs generiert werden? Sobald Daten in ein System eingegeben werden, gehören die jeweiligen Urteile und Entscheidungen offenbar nicht mehr dem Mitarbeiter allein. Wem aber dann?

Um Fragen dieser Art geht es in diesem Abschnitt. Immer wenn in einem personalpolitischen Zusammenhang Entscheidungen und Urteile generiert werden, stellt sich die Frage, wem diese gehören. Wer benötigt sie? Wer stößt die Generierung dieser Entscheidungen und Urteile an? Dabei gibt es immer zwei Pole einer

Dimension: der Mitarbeiter und sein Team auf der einen Seite, das Unternehmen und HR auf der anderen Seite. Dies gilt auch für die Frage, worauf die jeweiligen Urteile und Entscheidungen fokussieren: Steht der Mitarbeiter oder das Unternehmen im Mittelpunkt?

Zentrale Instanz versus Mitarbeiter

Ein Mitarbeiter erhält im Rahmen seiner jährlichen Leistungsbeurteilung ein Kreuzchen im Feld »Erfüllt die an ihn gestellten Erwartungen«. Es ist das Kästchen in der Mitte. Nicht schlecht, aber auch nicht besonders. Wer benötigt diese Information? Diese Frage ist vergleichsweise simpel, aber entscheidend. Es gibt auf diese Frage zwei extreme Antworten: Erstens, *HR* bzw. die *Unternehmensleitung* benötigt diese Information, um gegebenenfalls Maßnahmen daraus abzuleiten. Zweitens, der *Mitarbeiter* benötigt diese Information, damit er »weiß wo er steht«. Man könnte diese Frage für alle Nutzenkategorien stellen. Wer braucht Ziele? Wer braucht Feedback? Wer braucht eine Einschätzung des Mitarbeiterpotenzials? Wer braucht Perspektiven? Hinter den zwei möglichen Antworten stehen zwei gegensätzliche Philosophien, die bereits in Kapitel 3 (Der Kunde des Mitarbeitergesprächs) behandelt wurden: »zentrale Planung « einerseits und »Befähigung und Eigenverantwortung« andererseits.

Bei der zentralen Planung steht die Personalabteilung im Mittelpunkt. HR benötigt Entscheidungen und Urteile, um ihrer Verantwortung nachkommen zu können. Aufgrund von Potenzialbeurteilungen gelangen Mitarbeiter in einen zentralen Talentpool, der von HR gemanagt wird. Kompetenzprofile werden genutzt, um im Rahmen einer zentralen Personaleinsatzplanung den Mitarbeitern geeignete Stellen zuzuweisen. Entwicklungsbedarfe werden erfasst, um die dazugehörigen Entwicklungsmaßnahmen planen und in die Wege leiten zu können. Ziele werden kaskadiert, um übergeordnete Ziele zu erreichen. Die Besten müssen identifiziert werden, um ihnen eine besondere, zentral zugewiesene Anerkennung zukommen zu lassen. Schwache müssen identifiziert werden, damit HR diese auf dem Radar behält. Diese Logik ließe sich beliebig fortsetzen. So mancher traditionell sozialisierte Personaler wird sich eben gedacht haben: »Was denn sonst?«

Hier ist die Alternative: Der Mitarbeiter oder sein Team setzt sich Ziele zur eigenen Orientierung. Die Mitarbeiter im Team definieren gegenseitig ihre Entwicklungsbedarfe und kümmern sich selbst um die jeweiligen Entwicklungsmaßnahmen, um am Ende insgesamt besser zu werden. Der Mitarbeiter wünscht Feedback, um zu lernen – von seinem Kunden und seinen Kollegen. Er holt sich das Feedback dann, wenn er es braucht. Der Mitarbeiter artikuliert gegenüber seinem Team Erwartungen an seine Arbeitsbedingungen, um Beruf und Privates besser in Einklang zu bringen. Ein Mitarbeiter, der sich zu Höherem berufen fühlt, bewirbt sich eigeninitiativ für ein internes Talentprogramm oder kämpft aus eigener Kraft um die Möglichkeiten, die er braucht, um sich zu entfalten. Der Mitarbeiter erkennt einen Lernbedarf und sucht aktiv nach Lösungen. Auch diese Liste ließe sich beliebig fortführen. Und wo bleibt nun HR? Die Rolle von HR besteht darin, den Mitarbeiter hierfür zu befähigen, soweit dies eben möglich und nötig ist.

Vereinbarkeit unterschiedlicher Philosophien

Kann man beide Philosophien vereinen? Kann man Mitarbeitern die Verantwortung geben und Urteile bzw. Entscheidungen trotzdem zentral einfordern? Geht das eine nur ohne das andere? Gelten diese beiden Extreme für alle Nutzenkategorien gleichermaßen? Verfährt man hinsichtlich aller Nutzenkategorien entweder auf die eine oder auf die andere Weise? Wieder einmal sind auch hier die Dinge vielschichtiger, als man zunächst vermuten mag. Hier gelten wenige Regeln und grundsätzliche Annahmen:

- Einen Mitarbeiter kann man nur zur Eigenverantwortung befähigen, wenn er das selbst möchte. Manche Personaler argumentieren, es sei für den Mitarbeiter wichtig, dass er eine jährliche Leistungsbeurteilung durch seine Führungskraft erhält. Von dieser Annahme beflügelt, fordern sie diese Beurteilung ein und stellen nicht selten fest, dass der Mitarbeiter diese Beurteilung gar nicht möchte, womit dieser Ansatz bereits im Ansatz als gescheitert betrachtet werden darf.
- Unter bestimmten Rahmenbedingungen, wie sie in Kapitel 4 beschrieben wurden, kann HR als zentrale Instanz bestimmte Urteile und Entscheidungen nicht einfordern und sollte es erst gar nicht versuchen. So werden zum Beispiel jene Führungskräfte, die in erster Linie als Coach agieren, eine zentrale Aufforderung nach einer schriftlich dokumentierten Leistungsbeurteilung umgehen. Teams, die sich wirklich als Team verstehen, werden individuelle Zielvereinbarungen als immanenten Widerspruch im System erleben. Weitere Beispiele wurden in Kapitel 4 und 5 bereits zur Genüge behandelt. Grundsätzlich würde ich die Annahme wagen, dass HR in hierarchischen Welten mehr einfordern kann, als dies in agilen Welten der Fall ist.
- HR kann dann von zentraler Seite aus Entscheidungen und Urteile einfordern, wenn es hierfür zwischen HR und den Mitarbeitern eine ausgesprochene oder unausgesprochene partnerschaftliche Vereinbarung gibt. Ein einfaches Beispiel ist die zentrale Erfassung individueller Entwicklungsbedarfe, so dass HR besser in der Lage ist, entsprechende Maßnahmen wie etwa Schulungen anzubieten. Oder es werden jährliche, individuelle Arbeitszeitregelungen besprochen, wie es zum Beispiel die Firma Trumpf im schwäbischen Ditzingen tut. Alle zwei Jahre können Mitarbeiter entscheiden, wie viele Stunden sie pro Woche arbeiten wollen. Natürlich kann und muss HR in solchen Fällen diese Information erhalten, womit die Mitarbeiter selbstverständlich auch kein Problem haben, wenn dies vereinbart wurde.
- Je nach Nutzenkategorie können die Dinge anders gelagert sein. Während etwa bei dem Thema Potenzialanalyse im Kontext eines zentral ausgerichteten Talententwicklungsprogramms HR sehr wohl auf die Information angewiesen

sein kann, welche Mitarbeiter hierfür in Frage kommen ,mag dies beispielsweise bei der Frage nach den Entwicklungsperspektiven überhaupt nicht der Fall sein.

Vieles spricht dafür, dass man bei institutionalisierten Entscheidungen und Urteilen fallweise klärt, welcher Ansatz verfolgt werden sollte.

Wem gehören die Ergebnisse?

In Vorträgen, Seminaren und in den berufsbegleitenden Masterprogrammen, in denen ich unterrichte, stelle ich gerne die Frage: »Wann haben Sie zum letzten Mal Ihre Ziele im HR-System gecheckt?« Oder: »Wann haben Sie sich zum letzten Mal mit Ihrem persönlichen Kompetenzprofil auseinandergesetzt?« Die Antworten reichen von kompletter Irritation, »Was soll die Frage?« über »Warum sollte ich?« bis hin zu »Das war beim letzten Mitarbeitergespräch.« Unterjährig interessieren sich die meisten Mitarbeiter für diese Inhalte nur selten. Für sie scheinen sie von eher untergeordneter Relevanz zu sein. Wenn ich Personaler frage, fallen die Antworten verständlicherweise etwas anders aus, wenngleich ich auch hier meist in nachdenkliche Gesichter schaue. Das jährliche Mitarbeitergespräch wird irgendwie durchgeführt, in einem Formular dokumentiert und dann geht die Sache zu HR, womit das Prozedere erledigt ist. »Das ist Sache der Personalabteilung. Was hat das mit mir zu tun?«

Dies ist zugegebenermaßen eine düstere, einseitige Darstellung. Dahinter steht die obige Frage, wem Urteile und Entscheidungen, die etwa aus einem jährlichen Mitarbeitergespräch resultieren, gehören. Die Antwort darauf sollte sich unmittelbar aus der Relevanz ableiten: Wer benötigt diese Urteile und Entscheidungen? HR? Die jeweilige Führungskraft? Das Team? Der Mitarbeiter? Hier ist absolute Stringenz gefragt, die man bei zahlreichen HR-Instrumenten – nicht nur beim jährlichen Mitarbeitergespräch – oft vermisst. Nehmen wir zur Veranschaulichung ein einfaches Beispiel, dass nicht unmittelbar etwas mit dem Mitarbeitergespräch zu tun hat, sich aber für die folgende Überlegung besonders gut eignet: die Vorgesetztenbeurteilung. Gegen eine strukturierte Beurteilung von Führungskräften durch ihre jeweiligen Mitarbeiter ist grundsätzlich wenig einzuwenden. Feedback ist gut. Vergleichbarkeit birgt Vorteile. Aber *wer* bekommt nun die Ergebnisse *warum*? Auch hier gibt es zwei extreme Antworten: Erstens, die Führungskraft bekommt die Ergebnisse, damit sie ihr Führungsverhalten optimieren kann. Zweitens: HR bzw. die Unternehmensleitung bekommt die Ergebnisse, damit entschieden werden kann, ob die jeweilige Führungskraft zu Recht Führungskraft ist. Es geht nur das eine ohne das andere. Führungskräften und deren Mitarbeiter zu sagen, es ginge um Feedback, um die Ergebnisse dann als eignungsdiagnostisches Instrument zu gebrauchen, funktioniert nicht. Das wäre schlichtweg unaufrichtig.

Wenn eine Führungskraft einem Mitarbeiter Feedback gibt, dann sollte dieses Feedback dem Mitarbeiter gehören. HR spielt hier keine Rolle. Wenn sich Mitarbeiter eines Teams gegenseitig in einem vertraulichen Setting beurteilen, gehören die Ergebnisse dem Team und vor allem den jeweiligen Mitarbeitern. Wenn Mitarbeiter Ziele eigenverantwortlich definieren, muss HR davon nichts erfahren. In der Praxis gibt es leider noch zu wenige bekannte Beispiele für eigenverantwortlichen Umgang mit Entscheidungen und Urteilen im hier behandelten Kontext, zumindest findet man sie nur selten in der HR-Fachliteratur. Ein anschauliches, verwandtes Beispiel liefert allerdings die derzeitige Self-Tracking-Bewegung, die ganz offensichtlich mit HR wenig zu tun hat, von der Unternehmen aber lernen werden. Menschen setzen sich selbst sportliche und gesundheitliche Ziele und verfolgen (tracken) ihre Entwicklung mit entsprechenden technischen Devices und Apps – »The quantified Self«. Man misst den täglichen Kalorienverbrauch, die Laufzeiten auf der täglichen Laufstrecke, die Entwicklung des eigenen Köpergewichts und teilt die Ergebnisse tagesaktuell mit seiner Community. Die Ergebnisse gehören dem, für den die Ergebnisse relevant sind. Im HR ist man weit entfernt von solchen Ansätzen, wenngleich man sich gerade hier denselben Eifer wünschen würde. Langfristig wird hier die Rede vom so genannten »Quantified Employee« sein.

Der Mitarbeiter im Mittelpunkt?

Nun war Personalmanagement schon immer von einem bedarfsorientierten Denken geprägt. Man erkennt dies an den Inhalten zahlreicher Lehr- und Fachbücher. Personalpolitische Ansätze und Prozesse spiegeln dieses Denken ebenso wider. Der richtige Mitarbeiter zur rechten Zeit am richtigen Platz – für wen eigentlich? Organisationseinheiten und Führungskräfte artikulieren quantitative und qualitative Personalbedarfe kurzfristig oder im Rahmen einer Personalplanung. HR kommt in Folge dessen die Aufgabe zu, diese Bedarfe zu decken. Es werden Kompetenz- oder Anforderungsprofile entwickelt, die etwa dabei helfen sollten, individuelle Entwicklungsbedarfe abzuleiten. Ähnliches geschieht im Rahmen der Personalgewinnung und -auswahl. Hier werden Kandidaten und Bewerber mit gegebenen Anforderungen verglichen. Egal wohin man im Personalmanagement schaut, erkennt man diese Denkweise, wonach das vorrangige Ziel darin besteht, den Bedarf des Unternehmens zu decken. Das Unternehmen im Mittelpunkt.

Parallel sehe ich zahlreiche Unternehmen, die von sich behaupten, den Mitarbeiter in den viel zitierten Mittelpunkt zu stellen. Was könnte das heißen? Das Unternehmen orientiert sich bei der Gestaltung der Arbeitswelt an den Bedürfnissen der Mitarbeiter. Man tut alles, damit Mitarbeiter das erhalten, was sie benötigen, um erfolgreich zu sein. Man stärkt ihre Stärken anstatt Schwächen auszumerzen. Man versucht, die Talente der Mitarbeiter zu verstehen, um ihnen ein Umfeld zu ermöglichen, indem sie diese entfalten können. Man lässt sich vom Bewusstsein leiten, dass es die Mitarbeiter sind, die den Erfolg des Unternehmens ausmachen – nicht die Manager.

Wenn ich nun Unternehmen sehe, die in ihrem Personalmanagement im Wesentlichen bedarfsorientiert denken und zugleich sagen »Der Mitarbeiter steht bei uns im Mittelpunkt«, dann glaube ich ihnen Letzteres zunächst nicht. Unternehmerische, personalpolitische Bedarfsorientierung und Mitarbeiterorientierung schließen sich nicht notwendigerweise aus. Allerdings besteht eine erhebliche Gefahr, bei der Fokussierung auf das eine, das andere zu vernachlässigen. Das jährliche Mitarbeitergespräch in seiner traditionellen Form ist eindeutig bedarfsorientiert ausgerichtet. Es soll dazu beitragen, den Mitarbeiter dahin zu bringen, wo das Unternehmen ihn haben will, sei es im Hinblick auf seine Leistung, seine Kompetenzen oder seine Motivation. Wenn also Urteile und Entscheidungen gefällt werden – wie beispielsweise in einem jährlichen Mitarbeitergespräch –, fokussieren diese dann auf die Anforderungen (Bedarfe) der Führungskraft und des Unternehmens oder fokussieren diese auf die Bedarfe der Mitarbeiter?

Klassische Mitarbeiter*befragungen* weisen in die Richtung der Mitarbeiter. Hier beurteilen Mitarbeiter Arbeitsbedingungen, von denen man annimmt, sie hätten einen Einfluss nicht nur auf deren Leistung, sondern auch auf deren Zufriedenheit (Trost, Jöns & Bungard, 1999). Hier sei allerdings kritisch angemerkt, dass die bloße Durchführung einer Mitarbeiterbefragung noch lange kein Garant für Mitarbeiterorientierung ist. Letztere zeigt sich erst an den spürbaren Konsequenzen, die aus den Ergebnissen abgeleitet werden. Wenn nun in einem jährlichen Mitarbeitergespräch Arbeitsbedingungen des Mitarbeiters besprochen werden und dabei die Anforderungen der Mitarbeiter im Fokus stehen, hat dies mit Mitarbeiterorientierung zu tun. Wenn nicht die Zufriedenheit der Führungskraft mit dem Mitarbeiter thematisiert wird, sondern die Zufriedenheit des Mitarbeiters mit seiner Führungskraft, ist das Mitarbeiterorientierung. Mitarbeiterorientierung kann heißen, dass der Mitarbeiter das Gespräch führt und dokumentiert – in seinem Büro.

Kürzlich diskutierte ich mit Betriebsleitern aus Bayern über das Thema Führung. Beim Thema jährliches Mitarbeitergespräch meldete sich ein junger Elektrikermeister zu Wort, der in seinem Betrieb 18 Mitarbeiter beschäftigt. Er meinte: »Ich führe auch so ein Mitarbeitergespräch, jedes Jahr, ein Tag vor meinem Geburtstag. Jeder Mitarbeiter muss mir bei diesem Gespräch zehn Dinge sagen, die aus seiner Sicht in unserem Laden Scheiße [seine Worte] laufen. Wir reden dann darüber, wie wir die Dinge ändern können.« Endlich hatte ich ein wunderbares Praxisbeispiel für ein mitarbeiterorientiertes Mitarbeitergespräch.

Auf den Punkt gebracht

- Personalpolitisch relevante Urteile und Entscheidungen können entweder von einer zentralen Instanz (HR, Unternehmensleitung) oder von den Mitarbeiter und deren Teams selbst angestoßen werden.

- Es sollte fallweise anhand der Relevanz von Ergebnissen geklärt werden, wem diese am Ende gehören und wo sie aufbewahrt bzw. dokumentiert werden.

- Mitarbeiterorientierung bedeutet, den Fokus auf die Interessen der Mitarbeiter und deren Teams zu richten. Nicht selten unterscheiden sich diese von den Interessen des Unternehmens.

Offenheit und Vielfalt

Wenn Unternehmen über die Einführung von Führungs-, Planungs-, Steuerungs- oder anderen Managementsystemen nachdenken, dann schwebt ihnen grundsätzlich ein einheitliches System vor, das für all jene gilt, die davon betroffen sind. Ein Ansatz, der nach der Prämisse »Jeder macht, was er will« entwickelt wurde, hätte wohl kaum Systemcharakter, zumindest würde man diesen nicht als Managementsystem bezeichnen. Deshalb gibt es meist vorgegebene Inhalte, Regeln, Formate und Verantwortlichkeiten, die von zentraler Stelle aus durch den Systemverantwortlichen gestaltet und implementiert werden. Diese Logik findet sich in fast allen Lebensbereichen. So wäre es merkwürdig, wenn jeder Bürger seine Steuererklärung so machen würde, wie er es für richtig hält. Es gibt hier aber nicht nur schwarz und weiß. Zwischen konsequenter Einheitlichkeit und Offenheit gibt es je nach Zielsetzung und Rahmenbedingungen sinnvolle Zwischenstufen. Um auf eine weitere Analogie aus dem öffentlichen Leben hinzuweisen: In Deutschland ist die Bedeutung und Einhaltung von Ampelzeichen im Straßenverkehr einheitlich geregelt. »Zum Glück«, neigt man zu sagen. Wo kämen wir sonst hin? In Städten anderer Länder, wie etwa in Shanghai ist dem nicht so. Hier sind Ampelzeichen nur eine Empfehlung.

Aber wie verhält es sich bei Urteilen und Entscheidungen, die normalerweise im Kontext des jährlichen Mitarbeitergesprächs gefällt werden? Wie viele Vorgaben von Seiten des Unternehmens bzw. des Systemverantwortlichen sind notwendig? Welches Maß an Offenheit will man erlauben bzw. anstreben, wenn man jenen Nutzen erzielen will, der üblicherweise mit dem jährlichen Mitarbeitergespräch verfolgt wird? In diesem Abschnitt soll aber nicht nur die operative Standardisierung oder Offenheit eines Instruments oder Systems betrachtet werden, sondern auch dessen Ergebnis. Standardisierte Instrumente können standardisierte Ergebnisse erzeugen. Will man das? Offene Systeme fördern die vielfach gepriesene Vielfalt (Diversity).

Charmante Offenheit

In der Literatur, aber auch in den Diskussionen unter Führungskräften und Personalern taucht immer wieder der sehr charmante Vorschlag auf, das Formular eines jährlichen Mitarbeitergesprächs auf eine besonders einfache Variante zu reduzieren (siehe Abbildung 39). Diese Variante besteht aus nur einer Seite, einem einzigen Blatt Papier mit zwei Fragen: Worauf will ich in 12 Monaten stolz sein? Und: Worin will ich in den kommenden 12 Monaten besser werden?

Worauf will ich in 12 Monaten stolz sein?

- -

- -

- -

- -

- -

Worin will ich in den kommenden 12 Monaten besser werden?

- -

- -

- -

- -

- -

Abbildung 39: Ein sehr einfaches Formular für das jährliche Mitarbeitergespräch.

Die Einfachheit dieses Ansatzes ist im Vergleich zu den verbreiteten, bürokratischen und überladenen Formularmonstern, die in der Praxis kursieren, geradezu magisch. Hier werden Inhalte offen formuliert. Tatsächlich würde ich jedem Menschen – nicht nur jedem Mitarbeiter – empfehlen, diese beiden Fragen zu Beginn eines jeden Jahres für sich selbst zu beantworten. Mit mir führt niemand ein jährliches Mitarbeitergespräch. Aber diese Übung mache ich freiwillig.

An dieser Stelle soll es aber weniger um die Anzahl der Fragen gehen oder um Einfachheit an sich, sondern um den qualitativen Charakter der Urteile und Entscheidungen. Wenn es beispielsweise um die Einschätzung einer Kompetenz geht, gibt es zwei extreme Varianten: die qualitative und die quantitative, strukturierte. Nehmen wir zur Veranschaulichung die Kompetenz Teamfähigkeit.
Eine fiktive Beurteilung könnte wie folgt lauten:

Im großen Ganzen bist Du ein Teamplayer, aber mit Einschränkungen. Ich erlebe Dich beispielsweise sehr häufig in Situationen, wo Du Dich intensiv und erfolgreich für einen Konsens innerhalb des Teams engagierst, wie kürzlich. [Beispiel folgt] Gleichzeit verfolgst Du auch Dein eigenes Ding, vor allem dann, wenn Du von einer Idee 100 % überzeugt bist. Das ist Okay, aber ich denke, Du würdest Dir und dem Team einen Gefallen tun, wenn Du hier eine bessere Balance finden würdest. Usw.

Die andere Variante klingt in etwa so: »Bei der Kompetenz Teamfähigkeit sehe ich Dich auf dem Level 4« (auf einer Skala von 1 = schwach bis 5 = sehr stark).

Was ist nun sinnvoller? Bei der Wahl des Formats ist zunächst entscheidend, wer das Ergebnis bekommt und welches Format demjenigen, der das Ergebnis bekommt, am meisten nützt. Wenn es etwa darum geht, aus Urteilen und Entscheidungen Reports zu erstellen, die schließlich auf dem Tisch der Geschäftsführung landen, wird man quantitative Formate bevorzugen. Dies ist schlicht dem Umstand geschuldet, dass quantitative, geschlossene Formate für statistische Analysen eher geeignet sind. Geht es aber darum, den Nutzen für den Mitarbeiter zu erhöhen, wird dieser qualitative Formate bevorzugen, weil sie für ihn aussagekräftiger sind.

Darüber hinaus spielen die Konsequenzen, die sich aus einem Urteil oder einer Entscheidung ergeben, eine wichtige Rolle. Man denke hier etwa an Schulnoten oder an die Notenvergabe beispielsweise beim Eiskunstlauf. Qualitative Urteile können zwar beim Lernen oder im Training helfen. Am Ende dienen aber quantitative Urteile (Noten) einer zentralen Instanz beim Fällen klarer Entscheidungen: Wer wird ins nächste Schuljahr versetzt? Wer hat eine Prüfung bestanden? Wer hat den Wettbewerb gewonnen? Auch hier wird wiederum deutlich, dass es auf die Nutzenkategorie ankommt. Steht die besondere Honorierung der Besten zur Debatte oder eher das Lernen durch Feedback, um nur zwei Kategorien zu bemühen. Je nachdem wird man sich eher für Offenheit oder Struktur entscheiden.

Sinn und Unsinn von Verteilungsvorgaben

Ein weiterer Punkt, der in der Praxis und Wissenschaft im Zusammenhang mit Leistungsbeurteilung seit vielen Jahren kontrovers diskutiert wird, bezieht sich auf die Frage, ob *Verteilungsvorgaben* als besondere Form der Standardisierung sinnvoll sind. Verteilungsvorgaben (Forced Distribution, Forced Ranking) sehen vor, dass die Beurteilung von Mitarbeitern am Ende einer festgelegten Verteilung entsprechen soll. Diese spielen insbesondere bei der Leistungsbeurteilung eine verbreitete Rolle. Anstatt also die Mitarbeiter absolut zu beurteilen, werden sie relativ zueinander beurteilt, zum Beispiel in der Weise, dass die Verteilung immer 10 % C-Player, 70 % B-Player und 20 % A-Player ergibt. Verteilungsvorgaben finden sich in der Praxis selbst dann, wenn die genutzten Leistungskategorien konkrete Bedeutungen haben, wie in Abbildung 40 beispielhaft gezeigt wird.

Leistungskategorie	Vorgaben
Die Leistung liegt deutlich über den Erwartungen	10 %
Die Leistung liegt über den Erwartungen	15 %
Die Leistung entspricht den Erwartungen	60 %
Leistung liegt unter den Erwartungen	10 %
Leistung liegt deutlich unter den Erwartungen	5 %
Summe	**100 %**

Abbildung 40: Beispiel einer Verteilungsvorgabe bei der Leistungsbeurteilung.

Wenn ein Unternehmen jährlich alle leistungsschwachen Mitarbeiter identifiziert, um sich von diesen zu trennen, können Verteilungsvorgaben eine wichtige Rolle spielen. Tatsächlich ergeben solche Vorgaben nur unter diesen Voraussetzungen durchaus Sinn. Studien zeigen, dass insbesondere internationale Topmanager von dieser Methode recht angetan zu sein scheinen (Axelrod, Handfield-Jones & Michaels, 2002). Die Idee ist denkbar einfach: Indem man die Leistungsverteilung kontinuierlich am unteren Ende kappt und die betroffenen Mitarbeiter durch durchschnittliche oder bessere Mitarbeiter ersetzt, wird der Leistungsdurchschnitt insgesamt schrittweise gesteigert. Zumindest Simulationen haben gezeigt, dass dieser Effekt in den ersten Jahren gegeben ist, es dann aber immer schwerer wird, Leistungssteigerungen insgesamt zu erzielen (Scullen, Bergey & Aiman-Smith, 2005; Grote, 2005).

Ein weiteres, wesentliches Argument für Verteilungsvorgaben ist die Vermeidung inflationärer Urteile. Die Führungskräfte werden praktisch gezwungen, auch negative Beurteilungen in ihrem Team abzuliefern. Damit verlieren die Beurteilungen allerdings ihre absolute Bedeutung. Im Durchschnitt würde die deutsche Fußballnationalmannschaft dieselbe Beurteilung erfahren wie die Altherrenmannschaft des TSV Ratzenried. Validere Ergebnisse erhält man damit nachweislich nicht (vgl. Breisig, 2005).

Unternehmen, die auf laterale Kollaboration und soziales Lernen (Lernen voneinander) setzen, sollten mit Verteilungsvorgaben besonders zurückhaltend sein, da diese in besonderem Maße dazu geeignet sind, den Wettbewerb unter den Mitarbeitern zu schüren. Wenn nur begrenzt Plätze für A-Player zur Verfügung stehen, werden Mitarbeiter viel dafür tun, sich selbst zu stärken und andere im Unternehmen zu schwächen. In gewissen Situationen kann interner Wettbewerb gut sein und Mitarbeiter zu höheren Leistungen beflügeln. In agilen Arbeitswelten, in denen Netzwerken eine zentrale Bedeutung zukommt, wird man diesen internen Wettbewerb aber tunlichst vermeiden.

Es gibt nur *einen* vertretbaren Grund, Verteilungsvorgaben zu nutzen und zwar dann, wenn mit den Beurteilungskategorien konkrete Maßnahmen verbunden sind, für deren Umsetzung begrenzte Ressourcen definiert wurden. Wenn ein Unternehmen beispielsweise beschließt, alle A-Player mit einer Kreuzfahrt zu belohnen, das Budget aber nur eine begrenzte Anzahl an Plätzen zulässt, sollte man die Anzahl der A-Player von vornherein begrenzen. So wird man in einem funktionierenden Talentmanagement nicht alle Mitarbeiter, die ein hohes Leistungsniveau aufweisen und denen man zudem ein hohes Potenzial bescheinigt, in ein entsprechendes Entwicklungsprogramm aufnehmen. Unternehmen, die dies tun, werden möglicherweise feststellen, dass sie mehr Talente in ihren Förderprogrammen haben, als Schlüsselpositionen, die langfristig besetzt werden müssen. Unerfüllte Erwartungen auf Seiten der Besten und Talentiertesten sind somit vorprogrammiert. Vielmehr sollte man in einem Talentmanagement von den langfristigen Bedarfen her denken und dann so viele Talente fördern, dass man zu jeder Zeit ausreichend reife Kandidaten zur Verfügung hat – nicht mehr und nicht weniger (vgl. Conger, 2010). Diesem Anspruch wird man in einer hierarchischen Welt sehr viel einfacher gerecht als in einer agilen Welt. Zumindest geht man in einer hierarchischen Welt eher davon aus, dass man zukünftigen Bedarf quantifizieren kann. Ob dies es am Ende tatsächlich gelingt, ist wiederum eine andere Frage.

Einheitlichkeit

Ein weiterer Aspekt im Zusammenhang mit Offenheit und Vielfalt berührt das Thema der *Einheitlichkeit*. Einheitlichkeit in personalpolitischen Prozessen, Methoden und relevanten Inhalten über Unternehmensbereiche hinweg scheint in vielen Unternehmen grundsätzlich als besonders erstrebenswert. Entsprechend erlebe ich bei meiner Berater- und Trainertätigkeit immer wieder Klienten, die eine mangelnde Einheitlichkeit negativ bewerten: »Wir haben kein *einheitliches* Verständnis über erforderliche Kompetenzen«, »in unserem Unternehmen besteht kein *einheitliches* Verständnis darüber, was Leistung bedeutet«, »uns fehlen *einheitliche* Standards bei der Auswahl von Mitarbeitern« usw. Einheitlichkeit reduziert Komplexität. Abstimmungsbedarfe, Reibungs- oder Koordinationsverluste sind geringer, wenn alle im Unternehmen dasselbe denken und nach denselben Standards handeln. Dies gilt insbesondere aus einer Perspektive, aus der heraus komplexe Systeme geführt und koordiniert werden. Personalabteilungen als zentrale Instanzen agieren meist aus so einer Perspektive.

Die Überlegungen in diesem Buch haben demgegenüber gezeigt, dass sich die Gestaltung personalpolitischer Prozesse und Instrumente an den jeweils gegebenen Rahmenbedingungen orientieren sollte. Die Konsequenz daraus besteht nicht nur darin, dass unterschiedliche Unternehmen aufgrund unterschiedlicher Rahmenbedingungen auch unterschiedliche Ansätze benötigen. Vielmehr sind innerhalb Unternehmen häufig unterschiedliche Rahmenbedingungen vorzufinden. Kann Leistungsbeurteilung in einem Umfeld hoch repetitiver Aufgaben nach demselben Muster erfolgen, wie etwa in einem Umfeld, das von Projekten höchster Aufgabenunsicherheit geprägt ist? Sollten im Forschungs- und Entwicklungsbereich dieselben Ansätze realisiert werden, wie etwa in der Buchhaltung oder in der Service-Hotline?

Vielfalt als Haltung

Die Frage der Offenheit stellt sich also auch bei Kriterien, die Entscheidungen und Urteilen zugrunde gelegt werden, sei es bei der Beurteilung von Kompetenzen, Potenzial, Leistung, Entwicklungsbedarfen usw. Unternehmen können hier eher kleinteilig und differenziert vorgehen oder eher offen und allgemein. In agilen Arbeitswelten wird man Offenheit tendenziell bevorzugen.

Dieser Aspekt berührt unter anderem das wichtige Thema der *Vielfalt* (Diversity). Vielfalt ist ein zentrales Merkmal agiler Organisationen. Zahlreiche Ansätze des jährlichen Mitarbeitergesprächs sehen konkrete Kompetenzen vor, anhand derer Mitarbeiter jährlich durch die direkten Führungskräfte beurteilt werden. Die dahinterliegende Botschaft lautet: »So wollen wir (das Unternehmen), dass die Mitarbeiter sind.« Umso konkreter und enger diese Kompetenzen vorgegeben sind, desto eher wird Diversity institutionell verhindert. Unternehmen, die diesen Zusammenhang erkannt haben, gehen zunehmend dazu über, Anforderungen an ihre Mitarbeiter nur noch äußerst generisch und allgemein zu fassen. Man denke hier an Google, die bei der Auswahl von Mitarbeitern nur vier sehr allgemeine Kriterien in Betracht ziehen: Role-related knowledge, general cognitive abilities, leadership, googliness – Fachwissen, Intelligenz, Führung und kulturelle Passung. Die Auswahl von Professoren in deutschen Fachhochschulen ist nicht minder einfach. Hier werden nur drei Kriterien angesetzt: Fähigkeit zum wissenschaftlichen Arbeiten, pädagogische Fähigkeiten, mehrere Jahre Berufserfahrung zuletzt in führender Position. Das Fachwissen ergibt sich aus den Bereichen, innerhalb derer die Kandidaten geforscht und gearbeitet haben.

Am Ende drückt sich Vielfalt nicht in entsprechenden Kuchendiagrammen aus, die eine Geschlechter- oder Altersvariation veranschaulichen, sondern in der internalisierten Haltung Individualität zuzulassen und zu wertschätzen. Hier hilft das Kartoffelbeispiel. Wenn man über Jahre hinweg immer eine bestimmte Sorte von Kartoffeln geerntet hat, etwa mittelgroße, runde und man nun versucht, eine Vielfalt an Kartoffeln anzustreben, dann hat man zwei Möglichkeiten. Entweder man ergänzt die mittelgroßen, runden Kartoffeln mit bestimmten andersartigen Kartoffeln (kleine, krumme), um so die Zusammensetzung der Ernte gezielt zu verändern. Oder man akzeptiert die Kartoffeln so wie sie sind. Beide Herangehensweisen führen zur Vielfalt, aber nur die zweite ist durch eine interne Haltung geprägt, Individualität zuzulassen.

Auf den Punkt gebracht

- Entscheidungen und Urteile können entweder qualitativ und offen oder quantitativ und strukturiert generiert werden. Je nachdem, welcher Nutzen für wen erreicht werden soll, bietet sich eher die eine oder andere Variante an.

- Verteilungsvorgaben führen zu massiven Nachteilen. Insbesondere verhindern sie die erfolgreiche Zusammenarbeit in und zwischen Teams.

- Kleinteilige und strukturierte Kategorien insbesondere bei der Einschätzung von Kompetenzen können Vielfalt verhindern. Vielfalt drückt sich nicht in Statistik aus, sondern ist eine innere Haltung, Individualität zuzulassen.

In Netzwerken denken

Woran erkennt ein Mitarbeiter ultimativ, dass er eine gute Arbeit geleistet hat? Grundsätzlich würde ich jedem Geschäftsführer den Rat geben, zufällig ausgewählten Mitarbeitern diese Frage bei Gelegenheit zu stellen. Man wird sehr unterschiedlich Antworten bekommen. Zwei mögliche Antworten verdienen hier aber eine besondere Beachtung: »Ich habe dann eine gute Arbeit geleistet, wenn mein *Chef* zufrieden ist.« Oder: »Ich habe dann eine gute Arbeit geleistet, wenn meine *Kunden* zufrieden sind.« Wenn nun in einem Unternehmen die erste Antwort dominiert, handelt es sich um ein Unternehmen, das hierarchisch geführt wird. Die zweite Antwort dominiert in eher agilen Unternehmen. Dem jeweiligen Geschäftsführer würde ich dann gerne die Frage stellen, welche Antwort er sich wünscht. Dies hätte wichtige Implikationen für die Gestaltung zahlreicher personalpolitischer Instrumente.

Instinktiv werden viele Mitarbeiter auf den Kunden verweisen, weil sie durch zahlreiche Vorträge, Aushänge, Seminare gelernt haben, dass Kundenorientierung angeblich sinnvoll sei. Im tiefsten Innern werden Mitarbeiter aber gerade in hierarchischen Systemen immer an ihren Chef denken. »Wird er mit dem, was ich gerade tue, wohl zufrieden sein?« Der Kunde kann den Mitarbeiter in hierarchischen Systemen selten direkt belohnen, bestrafen oder über seine Zukunft im Unternehmen entscheiden. Der direkte Vorgesetzte schon. Mitarbeiter solcher Systeme wissen dies und handeln danach.

Soziale und kollaborative Ansätze

Nun kann seit wenigen Jahren ein Trend hin zu sozialen oder kollaborativen Formen der Leistungsbeurteilung beobachtet werden (Mosley, 2013). Im internationalen Kontext ist hier von »Social Performance Management« die Rede. Diese Entwicklung hat ihre Wurzel in der sich wandelnden Arbeitswelt und der damit einhergehenden Agilisierung. Gerade in wissensintensiven Kontexten arbeiten Mitarbeiter in erster Linie in Teams von zum Teil hoch spezialisierten Experten. Der Erfolg dieser Teams basiert wiederum auf einer dynamischen und engen Zusammenarbeit aller Teammitglieder. Das Besondere daran ist, dass Führungskräfte in solchen Kontexten meist weniger Ahnung von dem haben, was die Mitarbeiter tun, als die Mitarbeiter selbst. Die Komplexität der Arbeitsinhalte und der immer schneller werdende Wandel relevanten Wissens lässt schlichtweg nichts anderes mehr zu. Selbst dann, wenn eine Führungskraft 100 Stunden pro Woche arbeitet, wird sie mit der fachlichen Entwicklung der Mitarbeiter nicht standhalten können. Sie sollte es erst gar nicht versuchen. In Kapitel 4 (Abschnitt »Führungsrolle«) wurde hierauf bereits eingegangen. Dabei wurde deutlich, dass einer Führungskraft in solchen Arbeitswelten nur noch die Rolle eines Coaches, Partners oder Befähigers bleibt. Die fachliche Beurteilung der Leistung eines Mitarbeiters ist für sie kaum mehr möglich. Da liegt es nahe, dass Mitarbeiter, die ohnehin in vernetzten und kundennahen Teams arbeiten, von Kunden und von anderen Kollegen im Sinne eines Peer-Rating beurteilt werden. Ein Mitarbeiter ist demnach nur dann erfolgreich, wenn seine Kunden und Kollegen dies so sehen. Eine Beurteilung oder das Geben von Feedback erfolgt somit nicht vertikal, top-down durch die Führungskraft, sondern horizontal.

Drei reale Beispiele sollen dies verdeutlichen:

- Bei einem Frankfurter Computerspielehersteller verfügt jeder Mitarbeiter pro Jahr über zehn Punkte, die er nach eigenem Ermessen an Kollegen verteilen darf. Jeder Punkt stellt somit eine besondere Form kollegialer Anerkennung dar. Am Ende des Jahres bemisst sich der individuelle Bonus an der Anzahl der Punkte, die man von anderen Kollegen erhalten hat.
- Bei einer amerikanischen Fluglinie haben Vielflieger die Möglichkeit für besondere Leistung und Freundlichkeit Punkte in Form von speziellen Scheinen (Voucher) an Flugbegleiter zu vergeben.
- Bei einem schwedischen, international führenden Provider eines Musikstreaming-Dienstes beurteilen sich Mitarbeiter täglich über eine Art internes Facebook.

So genannte Employee Recognition Systems sind offenbar ebenfalls im Vormarsch. Mitarbeiter verfügen über eine Art internes Amazon, wovon aus sie ausgewählten Kollegen Geschenke machen können. Jeder Mitarbeiter verfügt hierbei über ein bestimmtes Budget proportional zum Grundgehalt. Neben den offiziellen Effekten unmittelbarer, persönlicher Anerkennung, liefern diese Systeme auch die Möglichkeit zu analysieren, welche Mitarbeiter Geschenke mit welchem Gesamtwert erhalten haben. Dies wiederum kann als recht valider Indikator für Leistung genutzt werden.

Instant Feedback

Typisch für Peer-Rating ist, dass Beurteilung bzw. Feedback unmittelbar erfolgen und ein natürlicher Teil der täglichen Zusammenarbeit und Kommunikation sind. Wenn heute um 14:00 Uhr ein Facebook-Nutzer etwas postet, sei es ein Video, einen Spruch oder ein Bild, erwartet dieser innerhalb weniger Minuten und Stunden ein Feedback von seinen »Freunden«. Nach spätestens 24 Stunden ist seine Post veraltet. Blogger, die einen neuen Beitrag veröffentlichen, erhoffen innerhalb weniger Stunden und Tage eine entsprechende Resonanz. Diese Erwartungshaltung hat sich vermutlich tief in das Bewusstsein der kompletten Internetgemeinde eingebrannt. Und davon sind bei weitem nicht nur junge Menschen betroffen. Das Besondere bei jungen Generationen ist nur, dass sie es nicht anders kennen.

Diese Form von unmittelbarer Rückmeldung (Instant Feedback) steht im krassen Gegensatz zum jährlichen Feedback etwa im Rahmen eines jährlichen Mitarbeitergesprächs. Entscheidend hierbei ist aber nicht nur die Tatsache, dass sich modern sozialisierte Menschen unmittelbares Feedback wünschen, sondern dass dieses Feedback horizontal verteilt wird, von anderen Menschen unabhängig von ihrer hierarchischen Position.

Gamification

Bei Gamification handelt es sich um eine noch weiter gedachte Variante dieses Ansatzes. Ein fiktives Beispiel mag dies verdeutlichen: Rüdiger arbeitet im Vertrieb eines großen Automobilherstellers. Wie seine Kollegen auch hat er festgestellt, dass Kunden, die einen Mittelklassewagen kaufen, nur schwer von den Vorzügen eines Sonnendachs überzeugt werden können. Mehr durch Zufall entwickelte er eine effektive Technik. Wenn Kunden in einem Auto mit Sonnendach Platz nehmen, verdeckt er das Sonnendach zunächst mit einer Decke. Erst wenn die Kunden im Auto sitzen, nimmt er die Decke weg und die Kunden erleben einen wahren Wow-Effekt – ein unwiderstehliches Raumgefühl.

Rüdiger veröffentlichte diese effektive Technik in einem internen Wissensportal für Vertriebsmitarbeiter, was ihm von seinen Kollegen eine große Anerkennung einbrachte. Mehr als 50 Kollegen gefiel die Idee (50 Likes). Für 25 Likes gibt es einen Badge (englisches Wort für Abzeichen). Rüdiger fehlen noch drei Badges, damit er vom Silber- in den Gold-Status vorrückt. Alle Mitarbeiter, die Gold-Status erreichen, werden einmal im Jahr zu einer »Sales-Hero-Konferenz« eingeladen, wo gemeinsam mit dem Vorstand nicht nur gefeiert wird, sondern jeder Mitarbeiter die Chance erhält, eigene Ideen prominent zu präsentieren. Wer dort präsentiert, gewinnt im Unternehmen einfacher interne Follower (ähnlich wie bei Twitter), was es wiederum einfacher macht, weitere Badges zu erwerben.

Diese Geschichte klingt, als wäre Arbeit für Rüdiger eine Art Spiel. Entsprechend der Ideen von Gamification soll es das auch. Hier werden Prinzipien der Spielgestaltung angewandt, um Mitarbeiter dazu zu motivieren, Dinge zu tun, die von Natur aus eher langweilig sind, wie zum Beispiel das Dokumentieren von Ideen in einem Wissensportal. An dieser Stelle sei nochmals in Erinnerung gerufen, dass die Beurteilung von Rüdiger und seinen Kollegen nicht durch deren direkten Vorgesetzten erfolgt, sondern durch Kollegen.

In diesem Zusammenhang lohnt es sich nochmals einen Blick auf den Aspekt der Verteilungsvorgaben bei Personalbeurteilungen zu werfen. Verteilungsvorgaben sind hervorragend dazu geeignet, gerade diese eben beschriebene Form des Wissensaustausches zu verhindern. Denn welcher Mitarbeiter wird ein Interesse daran haben, seine Kollegen zu stärken, wenn er damit Gefahr läuft, nicht unter den oberen 10 % der Leistungsverteilung zu landen?

Auf den Punkt gebracht

- Entscheidungen und Urteile können entweder vertikal über die Hierarchie (von oben nach unten) gefällt werden oder horizontal auf der Basis von Netzwerken.

- In einer agilen Welt entscheidet nicht die Führungskraft alleine darüber (top-down), ein Mitarbeiter in seinem Job erfolgreich war, sondern die Kollegen und Kunden (horizontal). Hier kommen zunehmend soziale Ansätze des Performance Management zum Einsatz.

- Instant Feedback, also eine zeitnahe Rückmeldung von Kunden und Kollegen auf fast alles ist ein zentrales Element lateraler Kollaboration innerhalb agiler Welten.

- Gamification ist ein weitreichender, moderner Ansatz, um laterale Kollaboration, Feedback und Peer-to-Peer-Beurteilung zu fördern.

Sortierte Formate, Inhalte, Zeiten und Akteure

Wenn die Personalabteilung wieder einmal zum jährlichen Mitarbeitergespräch aufruft, werden sich so manche Mitarbeiter und Führungskräfte denken: »Wie, ist schon wieder ein Jahr vergangen?« Nach dem Mitarbeitergespräch ist vor dem Mitarbeitergespräch. In den meisten Unternehmen ist das jährliche Mitarbeitergespräch als ein einmaliges Ereignis im Laufe eines Jahres geläufig. Tatsächlich scheinen zahlreiche Personalleiter gerade die Besonderheit dieses einmaligen Gesprächs auf positive Weise zu betonen. »Es ist wichtig, dass sich die Führungskräfte und deren Mitarbeiter *einmal* im Jahr abseits der täglichen Hektik die Zeit nehmen, um *einmal* über *alles* wichtige zu sprechen.« So, oder so ähnlich hört sich das im Original an. Meist sind es dieselben Personalleiter, die auf die Frage, ob Feedback *einmal* im Jahr gut sei, reflexartig einräumen: »Nein, Feedback ist das ganze Jahr über wichtig. Nicht nur einmal im Jahr.«

Hier drängt sich offenbar die Notwendigkeit auf, Inhalte, Zeiten, Akteure und Formate klarer zu sortieren. Welche zeitliche Dimensionierung ist sinnvoll? Sollen relevante Urteile und Entscheidungen kombiniert, also »auf einmal« gefällt werden oder besser verteilt? Wann sollten Entscheidungen und Urteile dann gefällt werden, wenn sie benötigt werden?

Warum einmal im Jahr?

Betrachtet man nun die unterschiedlichen Nutzenkategorien aus Kapitel 3, so liegt die Frage nahe, wie häufig und wie geplant relevante Entscheidungen und Urteile im Laufe eines Jahres gefällt werden sollten, um den höchstmöglichen Nutzen zu erzielen. Beim jährlichen Mitarbeitergespräch geht man implizit von der Annahme aus, *einmal* im Jahr sei für *alle* implizierten Nutzenkategorien das geeignete Intervall. Schon beim ersten Hinschauen können hier Zweifel aufkommen. Bereits der Erfinder von Management by Objectives (MbO) George Odiorne schreibt in seinem wegweisenden Buch:

Es gibt keinen besonderen Grund, Leistung **jährlich** [Hervorhebung im Original] zu beurteilen. Der Nutzen einer Leistungsbeurteilung ergibt sich aus dem Feedback von Ergebnissen in Relation zu den gesetzten Zielen, um somit Leistung zu verbessern. Feedback muss nicht notwendigerweise am Ende des Jahres gegeben werden, so als wäre es auf magische Weise mit der Rotation der Erde verknüpft (1965, S. 235, Übers. durch den Verfasser).

Wenn Feedback jährlich gegeben wird, so kann es sich hierbei nur um eine Art kumuliertes Feedback handeln. Und was im Laufe eines Jahres nicht bereits gesagt wurde, sollte im Rahmen einer »Jahresbilanz« auch keine Erwähnung finden. »No surprises in the annual review.« So bringt es Odiorne zurecht auf den Punkt. Lernen erfordert zeitnahes Feedback. Gehaltsentscheidungen sollten abgesehen von kurzfristigen, einmaligen Bonuszahlungen nicht häufiger als einmal im Jahr stattfinden. Lernbedarf ergibt sich häufig akut und muss unmittelbar gedeckt werden, täglich, manchmal stündlich. Die Frage nach der langfristigen Karriereperspektive sollte sich aber demgegenüber nicht täglich stellen. Sehr unterschiedlich kann sich die Sache in Bezug auf die Vereinbarung und das Setzen von Zielen darstellen. Strategisch abgeleitete Ziele sollten vermutlich jährlich adjustiert werden. In einem unsicheren Aufgabenumfeld werden operative Ziele kontinuierlich angepasst usw.

Wenn man nun unterschiedliche Nutzenkategorien, von der Belohnung der Besten, über die Identifikation von Talenten bis hin zur Bindung von Mitarbeitern in Betracht zieht und mit dem notwendigen Augenmaß der Frage nachgeht, wie häufig in einem Jahr relevante Entscheidungen und Urteile sinnvoll sind, wird man je nach Rahmenbedingung und Nutzenkategorie zu sehr unterschiedlichen Ergebnissen gelangen. Und häufig wird man feststellen, dass »einmal im Jahr« sicherlich nicht die beste Antwort ist. Zu drei grundlegenden Ergebnissen kann man hier kommen:

1. Relevante Urteile und Entscheidungen sollten genau *einmal im Jahr* gefällt werden, wenn möglich zu einem fixen Zeitpunkt im Jahr.

2. Relevante Urteile und Entscheidungen sollten *mehrmals im Jahr*, nach Möglichkeit zu bestimmten Zeitpunkten (z.B. immer am Ende eines Quartals) gefällt werden.

3. Relevante Urteile und Entscheidungen sollten *nach Bedarf* immer dann gefällt werden, wenn sie sinnvoll oder erforderlich sind, was zu unterschiedlichsten Zeitpunkten und mit unterschiedlichster Häufigkeit der Fall sein kann.

Es ist kaum möglich, hierzu allgemeingültige Empfehlungen zu machen. Wie häufig welche Urteile und Entscheidungen gefällt werden sollten, hängt am Ende immer auch davon ab, wer diese wie fällt. Dennoch darf von grundsätzlichen Tendenzen ausgegangen werden. So wird man in einer agilen Welt aufgrund der hohen Aufgabenunsicherheit und dem starken Maß an Eigenverantwortung eher von der bedarfsorientierten Variante (C) ausgehen. Darüber hinaus wird es je nach Nutzenkategorie sinnvoll sein, bestimmte Spielarten zu favorisieren. Ein Beispiel ist das Lernen durch Feedback. Feedback muss zeitnah erfolgen, um wirksam zu sein. Eine grobe Einschätzung, die aber mit gewisser Vorsicht zu genießen ist, liefert die Übersicht in Abbildung 41 Hierbei ist zu bedenken, dass bestimmte Nutzenkategorien wie bereits gezeigt in unterschiedlichen Welten grundsätzlich eine unterschiedlich wichtige Rolle spielen.

Nutzenkategorie	Hierarchie			Agilität		
	A	B	C	A	B	C
Die Besten belohnen	X				X	
Die Schwachen behandeln			X			X
Talente identifizieren	X				X	
Interne Eignung feststellen	X					X
Personal entwickeln	X					X
Perspektiven bieten	X			X		
Durch Feedback lernen			X			X
Unternehmen steuern		X				X
Motivieren durch Ziele	X					X
Mitarbeiter halten	X			X		

Abbildung 41: Intervalle in Bezug auf unterschiedliche Nutzenkategorien und Arbeitswelten
(A = einmal im Jahr, B = mehrmals im Jahr, C = nach Bedarf).

Wenn sich eine Personalabteilung dazu aufschwingt, im jeweiligen Unternehmen ein neues, personalpolitisches Instrument einzuführen, dann kann man die verbreitete Neigung beobachten, dieses mit sehr unterschiedlichen Zwecken vollzupacken, nach dem Motto: Wenn wir schon dabei sind, dann bauen wir dies oder das auch noch mit ein. In Kapitel 3 wurde diese Logik bereits ausführlich behandelt. Dabei wurde darauf hingewiesen, dass offenbar nicht selten das Instrument am Anfang aller Überlegungen steht und nicht der angestrebte Nutzen. Bei kaum einem Instrument tritt diese Neigung so unübersehbar hervor, wie beim jährlichen Mitarbeitergespräch. Infolge dessen bespricht die Führungskraft mit ihrem Mitarbeiter zu einem einzigen Zeitpunkt im Jahr, im Rahmen eines einzigen Ereignisses Leistung, Ziele, Kompetenzen, Potenziale, Perspektiven, gibt Feedback, klärt Entwicklungsbedarfe usw. Alles auf einmal. Dieser Ansatz birgt eine Reihe von Vorteilen. Der wohl wichtigste ist, dass etliche Urteile und Entscheidungen voneinander abhängig sind und im selben Atemzug behandelt werden sollten. Aus den Zielen leiten sich notwendige Kompetenzen ab, aus den Kompetenzen die Entwicklungsbedarfe. Letztere ergeben sich auch aus der Leistung des betroffenen Mitarbeiters in den vorausgegangenen Monaten. Alles hängt irgendwie mit allem zusammen. Insofern ist der Versuch nachvollziehbar, den ganzen Komplex, vollständig, sozusagen in einem Aufwasch, abzuhandeln. All dies erfordert Zeit in der Vorbereitung, Durchführung und Nachbereitung, weswegen kaum einer daran denken will, diese Prozedur mehrmals im Jahr durchführen zu müssen – also besser einmal und dann richtig.

Zeiten und Akteure

Wer aber vom Nutzen her denkt und von relevanten Urteilen und Entscheidungen ausgeht, sollte sich entsprechend die Frage stellen, *wer* diese fällt und *wie oft* diese erforderlich sind, um den angestrebten Nutzen zu erreichen. Unternehmen, die diese Übung konsequent zu Ende denken, werden nicht in allen Fragen zum Schluss kommen, die Führungskraft sei der geeignete Akteur und jährlich das geeignete Intervall. In Abbildung 42 finden sich die Ergebnisse einer solchen Übung jeweils für das jährliche Mitarbeitergespräch und für eine fiktive Alternative.

Urteile und Entscheidungen	Jährliches Mitarbeitergespräch			Alternative	
	Wer (Akteur)	Wie oft		Wer (Akteur)	Wie oft
Identifikation von A-Playern	Führungskraft	Jährlich		Team	Jährlich
Identifikation von C-Playern	Führungskraft	Jährlich		Führungskraft	Nach Bedarf
Feedback über Kompetenzen	Führungskraft	Jährlich		Kunden/Peers	Nach Bedarf
Definition von Lernbedarfen	Führungskraft	Jährlich		Mitarbeiter	Nach Bedarf
Vereinbarung von Zielen	Führungskraft	Jährlich		Team	Quartalsweise

Abbildung 42: Akteure und Häufigkeit bezogen auf unterschiedliche Urteile und Entscheidungen für ein fiktives Unternehmen.

Ob bestimmte Inhalte getrennt oder gemeinsam, in ein und demselben Instrument behandelt werden können, ergibt sich also zunächst aus den erforderlichen Intervallen. Dies betrifft die zeitliche Synchronisation. Urteile und Entscheidungen, die unterschiedlich häufig erforderlich sind, können nicht gemeinsam gefällt werden. Des Weiteren können für unterschiedliche Inhalte auch unterschiedliche Akteure geeignet sein, was wiederum für eine Separierung spräche.

Auf einen besonderen Aspekt wurde bereits in den Kapiteln 5 im Zusammenhang mit der Belohnung der Besten und der Behandlung der Leistungsschwachen eingegangen. Klassischerweise werden A-Player sozusagen »im gleichen Aufwasch« identifiziert wie die C-Player. Das verwendete Leistungskontinuum legt diese Herangehensweise mehr oder weniger nahe. Bereits die im vorausgegangenen Kapitel ausgeführten Überlegungen haben aber gezeigt, dass die Identifikation von A- oder C-Playern besser nicht im selben Atemzug erfolgen sollte.

Künstliche Separierung

Nicht selten wird in der Praxis aber auch versucht, Inhalte künstlich zu separieren, um gegenüber den Mitarbeitern eine inhaltliche Unabhängigkeit unterschiedlicher Aspekte zu suggerieren. So hat sich meinen Beobachtungen zufolge bereits in zahlreichen Unternehmen die Praxis durchgesetzt, Gespräche über das Gehalt von Gesprächen über die Leistung zu separieren. Der Gedanke dahinter ist so einfach wie einleuchtend: Sobald es unmittelbar ums Geld geht, sind Mitarbeiter nicht mehr aufgeschlossen genug, selbstkritisch über ihre Leistung zu sprechen und negative Rückmeldungen als Feedback anzunehmen. Deshalb spricht man erst über die Leistung und irgendwann später über etwaige Gehaltssteigerungen. Das klingt zunächst recht geschickt und auf gewisse Weise sogar empathisch. Der entscheidende Punkt ist aber nicht die zeitliche Kongruenz bei der Behandlung von Leistung und Gehalt, sondern der verbreitete Umstand, dass das Feedback von derselben Person stammt, die am Ende auch über das Gehalt und die Zukunft des Mitarbeiters entscheidet. Hier ist er wieder, der Rollenkonflikt zwischen Richter und Coach, auf den McGregor bereits 1960 so eindringlich hingewiesen hat. Dem Mitarbeiter ist es egal, ob ein zeitliches Intervall zwischen Leistungsgespräch und Gehaltsgespräch besteht. Er weiß, dass die Urteile aus dem einen Gespräch einen Einfluss auf Entscheidungen im anderen Gespräch haben. Alles andere wäre naiv. Will man Urteile und Entscheidungen zu einer Sache von jenen einer anderen Sache trennen, muss man vor allem die Akteure separieren. Feedback kommt von den Kunden oder den Kollegen, die Gehaltsentscheidung von der Führungskraft. Feedback kommt von der Führungskraft und die Gehaltsentscheidung von der nächsthöheren Führungskraft.

Auf den Punkt gebracht

- Entscheidungen und Urteile sollten nur in den seltensten Fällen zyklisch, einmal im Jahr gefällt werden. Oft ist es besser, diese nach Bedarf oder mehrmals im Jahr in Angriff zu nehmen.

- Es ist fraglich, ob immer die direkte Führungskraft die geeignete Instanz ist, relevante Entscheidungen und Urteile zu fällen. Oft sind Kollegen oder Kunden die geeigneteren Instanzen.

- Mitarbeiter werden unterschätzt, wenn man versucht, voneinander abhängige Entscheidungen und Urteile »künstlich« zu separieren, nur um Mitarbeitern zu suggerieren, das eine hätte mit dem anderen nichts zu tun.

Los lassen

In einem längeren Gespräch mit einem sehr erfahrenen und äußerst reflektierten Personalleiter eines großen IT-Unternehmen erlaubte ich mir kürzlich die Frage, was passieren würde, wenn in seinem Unternehmen das jährliche Mitarbeitergespräch abgeschafft würde – von heute auf morgen. Seine Antwort erstaunte mich: »Nichts.« Kaum hatte ich diese doch radikale Antwort verdaut, musste ich nachhaken: »Und warum schaffen Sie es dann nicht ab?« »Weil wir das jährliche Mitarbeitergespräch vor etlichen Jahren mit viel Mühe und Aufwand eingeführt haben. Wir haben alle Führungskräfte geschult, haben umfangreiche Kommunikationsmaßnamen umgesetzt und schließlich den Betriebsrat überzeugt. Wir können das Ding nun nicht einfach mal schnell abknipsen.«

Unternehmen tragen das jährliche Mitarbeitergespräch zu Grabe

Tatsächlich wird in den Medien von immer mehr Unternehmen berichtet, die das jährliche Mitarbeitergespräch schlichtweg zu Grabe tragen. So etwa Microsoft. Microsoft war immer bekannt für seine durchdachten und fortschrittlichen Personalmanagementansätze (Bartlett, 2001). Ein Element war die jährliche Leistungsbeurteilung mit Verteilungsvorgaben. Es hat etliche Jahre gebraucht, bis diese Firma verstanden hat, dass man damit der internen Kooperation, die für innovative Unternehmen so lebenswichtig ist, schadet. Im Jahr 2013 hat Steve Balmer diese Praxis dann abgeschafft[3].

Im Jahr 2011 wurde Donna Morris, Senior Vice Precident for People Resources bei Adobe so sehr von Zweifeln an der damaligen Praxis überwältigt, dass sie nach intensiven Diskussionen mit Mitarbeitern zum eindeutigen Entschluss kam, das jährliche Mitarbeitergespräch abzuschaffen.

Wir kamen recht schnell zu der Entscheidung, die Leistungsbeurteilung abzuschaffen. Das bedeutete, dass wir in Zukunft keine formale, schriftliche Einmal-im-Jahr-Beurteilung mehr haben würden. Darüber hinaus schafften wir Rankings ab, um den Mitarbeitern das Gefühl zu nehmen, man würde sie bestimmten Klassen zuordnen[4] [Übersetzung durch den Verfasser].

Hier sei angemerkt, dass die eben genannten Unternehmen die abgeschafften Methoden zum Teil durch agilere Alternativen ersetzt haben, wie sie in den vorausgegangenen Abschnitten beschrieben wurden – aber nur zum Teil. Tatsächlich stellt sich die Frage, ob gewisse Instrumente nicht auch ersatzlos gestrichen werden können. Systeme können sich sozusagen von alleine regeln und häufig tun sie dies besser, wenn sie nicht gezielt manipuliert werden. Dieser Aspekt der Selbststeuerung berührt den Begriff der Resilienz.

---

3 Die Mitteilung an alle Mitarbeiter kann hier im Original nachgelesen werden: http://www.theverge.com/2013/11/12/5094864/microsoft-kills-stack-ranking-internal-structure (zuletzt gesehen am 30.11.2014)

4 http://www.hreonline.com/HRE/view/story.jhtml?id=534355695 (zuletzt gesehen am 30.11.2014).

Resilienz durch Selbststeuerung

Der Begriff der Resilienz stammt aus der Systemtheorie. Resilienz beschreibt die Fähigkeit eines Systems mit Störungen umzugehen, wobei Systeme grundsätzlich nach einem stabilen Zustand streben. Das in diesem Buch intensiv behandelte Merkmal der Agilität kann in diesem Zusammenhang als Voraussetzung für Resilienz gesehen werden. Ein gutes Beispiel, das ich in meinen Vorträgen gerne nutze, um Resilienz und Selbststeuerung zu verdeutlichen, ist ein einfaches Pendel. Wenn ein frei hängendes Pendel einen Impuls von außen bekommt, schwingt es sich von allein wieder in einer stabilen Position ein. Das schafft das Pendel am besten, wenn man es sich selbst überlässt – man also einfach nichts tut, wenngleich dies bei sehr langen recht lang dauern kann (siehe Abbildung 43:).

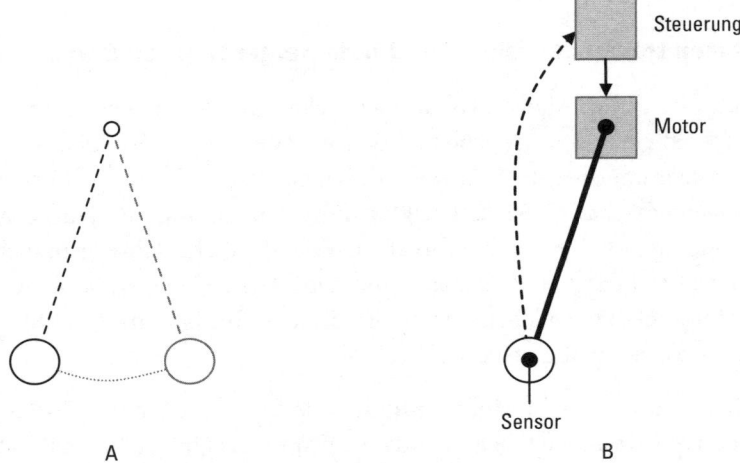

Abbildung 43: Das resiliente und das zentral gesteuerte Pendel.

Im Gegensatz dazu (A) könnte man sich ein Pendel auch anders vorstellen. Man ersetzt die frei hängende Kette oder Schnur durch einen statischen Stab (B). Am Pendelkörper installiert man einen Sensor, der die aktuelle Position des Pendelkörpers relativ zur stabilen Lage misst. Abweichungen werden kontinuierlich oder zyklisch an eine zentrale Steuerungszentrale gemeldet, die dann einen entsprechenden Impuls an einen Motor sendet, der wiederum die Position des Pendels korrigiert.

Letztere Variante erinnert an das, was man schlechterdings als Management bezeichnet – die Trennung von Denken und Handeln. Die Lage an der Basis wird »nach oben« gemeldet, wo Entscheidungen gefällt werden, um schließlich »unten« einen Zielzustand herzustellen – die Kombination aus Zielvereinbarung, Leistungsbeurteilung und korrektiven Managemententscheidungen. Trägheit oder Fehlentscheidungen etwa aufgrund mangelhafter Rückmeldungen oder unangemessener Reaktionen sind vorprogrammiert.

Natürlich handelt es sich bei dieser Pendel-Analogie um eine sehr vereinfachte Darstellung. Sie soll verdeutlichen, dass nicht selten der beste Ansatz gerade darin besteht, in Systeme nicht aktiv einzugreifen und Dinge ihrer natürlichen Dynamik zu überlassen. Sie soll aber keinesfalls in der Weise missverstanden werden, dass Managementsysteme grundsätzlich schädlich sind.

Man kann die Überlegungen der Selbststeuerung beispielsweise sehr gut auf die Personalentwicklung oder insbesondere auf Talentmanagement übertragen. Es wurde ja bereits in Kapitel 3 im Zusammenhang mit der Frage, wer denn der Kunde des jährlichen Mitarbeitergesprächs sei, darauf eingegangen, dass einem Unternehmen beim Thema Personalentwicklung grundsätzlich drei extreme Spielarten zur Verfügung stehen: zentrale Planung (durch HR), Eigenverantwortung und Befähigung der Mitarbeiter oder »Darwinismus«. Die Dinge ihrem natürlichen Lauf zu überlassen, bedeutet hier Darwinismus. Die Besten finden ihren Weg – ohne Managementsysteme, ohne jährliches Mitarbeitergespräch. Dieser Ansatz ist vermutlich recht verbreitet. Ich kenne zahlreiche Unternehmen, die ohne personalpolitische Managementsysteme äußerst erfolgreich sind. Sie bemühen sich weder darum, ihre Mitarbeiter zur Eigenverantwortung gezielt zu befähigen, noch verfügen sie über eine zentrale HR-Einheit, die in allen personalpolitischen Belangen aktiv ist. Nicht selten führen diese Unternehmen irgendwann das jährliche Mitarbeitergespräch als Managementsystem ein, woraufhin die Dinge nicht immer besser werden.

Motivation und Intelligenz

Nehmen wir zur besseren Veranschaulichung der nun folgenden Überlegungen Peter. Peter und sein Team sind bei einem Automobilzulieferer im Produktmanagement tätig. Sie verantworten die Planung, Entwicklung und Marktpositionierung von Getriebekomponenten, die primär in Autositzen Verwendung finden.

Wer kann nun am besten einschätzen, wie gut die Leistung von Peter ist? Wer kann die beruflichen Präferenzen und möglichen Perspektiven von Peter am besten beschreiben? Wer hat das größte Interesse daran, dass Peter seinen Ambitionen gerecht wird? Wer kann Peters Stärken und Schwächen am besten beurteilen und wen bewegt diesbezüglich die größte Neugier? Wer ist am besten in der Lage, die akuten aber auch langfristigen Lernbedarfe von Peter zu bestimmen, und wen drängt der Wunsch am meisten, dass Peter diesen Bedarfen nachkommt? Wer hat das größte Interesse daran, dass Peter Feedback erhält und wer hat die besten Fähigkeiten, ihm entsprechend Feedback zu geben? Wer kann am besten realistische und sinnvolle Ziele setzen?

In einer extrem hierarchischen Welt lautet die Antwort auf fast alle Fragen: die *Führungskraft* von Peter. Weil sie die Verantwortung trägt. Weil sie als Führungskraft das kann bzw. können sollte. Weil es ihre Aufgabe ist. Nicht selten wird diese Verantwortung mit HR oder anderen Instanzen geteilt. Die alternative Antwort auf jede Frage könnte aber auch lauten: die *Mitarbeiter* selbst, also Peter und sein Team. Wie es die obigen Fragen bereits andeuten, geht es zunächst um zwei einfache, aber umso zentrale Aspekte. Es geht um Können und Wollen. Wer hat für das Fällen relevanter Urteile und Entscheidungen die besten Fähigkeiten? Wer hat dafür die größte Motivation? Je nach Art der Urteile und Entscheidungen kann dies der Mitarbeiter selbst sein, sein Team, seine Führungskraft, Kollegen, Kunden, bestimmte Experten, Mentoren, die Geschäftsleitung oder HR. Die Thematik ist zu komplex, um hier pauschale Tendenzen aufzuzeigen oder allgemeingültige Empfehlungen geben zu können. Hier bedarf es vielmehr einer fallweisen, sorgfältigen Auseinandersetzung und Bewertung.

Sollte man aber zum Schluss kommen, dass es bezüglich einzelner Urteile und Entscheidungen die Mitarbeiter und deren Teams sind, die das größte Maß an Motivation und Fähigkeit aufweisen, kommt ein dritter, naheliegender Aspekt zum Zug: das Dürfen. Erst dann wird man damit aufhören, den Teams vorzugeben, wann und wie sie Ziele zu definieren haben, wo sie diese dokumentieren und an wen weiterleiten. Erst dann wird man damit aufhören, vorzugeben, wann und unter Verwendung welcher Kriterien Mitarbeiter von wem beurteilt werden. Dann wird man es den Mitarbeitern und Teams selbst überlassen, ihre eigenen Entwicklungsbedarfe zu erkennen und ihnen den Raum geben, eigenständig für Abhilfe zu sorgen. Man wird nicht mehr dem Versuch erliegen, Mitarbeiter zu motivieren. Vielmehr wird man sich auf deren intrinsische Motivation verlassen und versuchen, durch Weglassen vielfältiger Prozesse, Instrumente, KPIs, Reports, Scorecards und Systeme nicht im Wege zu stehen.

Auf den Punkt gebracht

- Immer mehr Unternehmen schaffen ihr traditionelles, jährliches Mitarbeitergespräch oder Teile davon ab. Häufig werden sie durch agile Ansätze ersetzt.

- Nicht selten regeln sich Systeme dann am besten, wenn man sie in Ruhe lässt, also nicht aktiv eingreift.

- Wenn Mitarbeiter und deren Teams am besten in der Lage sind, bestimmte Urteile und Entscheidungen zu fällen und sie dies auch wollen, sollten sie dies auch dürfen. Gegebenenfalls kann man dann auf bestimmte personalpolitische Instrumente gänzlich verzichten.

Was nun?

In diesem Buch wurde versucht, deutlich zu machen, dass der Ausgangspunkt für die Einführung jedes personalpolitischen Instruments immer der angestrebte Nutzen sein sollte: Was will man für wen erreichen? Erst nach einer differenzierten und reflektierten Betrachtung der Rahmenbedingungen stellt sich dann die Frage nach dem geeigneten Instrument, um sich anschließend relevanten Gestaltungs-möglichkeiten zuzuwenden. Letztere wurden in diesem Kapitel behandelt, wobei deutlich wurde, dass sich gerade in einem agilen Kontext andere Optionen anbieten als jene, die man üblicherweise mit dem jährlichen Mitarbeitergespräch verbindet.

Die Ausgangslage

Unternehmen befinden sich diesbezüglich aber höchst selten auf der viel zitierten »grünen Wiese«. Vielmehr blicken sie meist auf eine Historie unterschiedlicher, mehr oder weniger etablierter Ansätze zurück. Deshalb stellt sich in der Praxis weit häufiger die Frage, wie man Dinge in Zukunft *anders* tun kann als wie man sie *neu* gestalten sollte. Fast alle Unternehmen, mit denen ich in den vergangenen Jahren im Austausch stand, verfügen über ein jährliches Mitarbeitergespräch, auch wenn es hier gewisse Unterschiede in der inhaltlichen oder formalen Ausge-staltung gibt. Oft kommen diese Unternehmen aus einer hierarchischen Welt, stellen sich aber zunehmend die Frage, wie sie sich in Richtung höherer Agilität verändern können. Die Vergangenheit wird dabei in erster Linie als Hürde oder Herausforderung erlebt. Es scheint so, als würden sich so manche Personalleiter wünschen, sie könnten noch einmal bei Null beginnen und nach all den zum Teil schmerzhaften Erfahrungen, die bisherige Ansätze mit sich brachten, nochmal neu ihre Prozesse, Instrumente und Systeme sortieren und ausrichten.

Auf dem Weg hin zu agileren Bedingungen und Ansätzen sind es aber nicht nur die bereits vorhandenen Systeme, für die so manche Personaler und Führungs-kräfte gekämpft haben, sondern die vorherrschende Haltung und Kultur im Un-ternehmen, die eine Veränderung oft so schwer machen. Beide Aspekte sind hier zu berücksichtigen, wenn es darum geht, personalpolitische Ansätze zu verän-dern. Eine einfache Darstellung der unterschiedlichen Ausgangslagen und Ziel-vorstellungen liefert Abbildung 44.

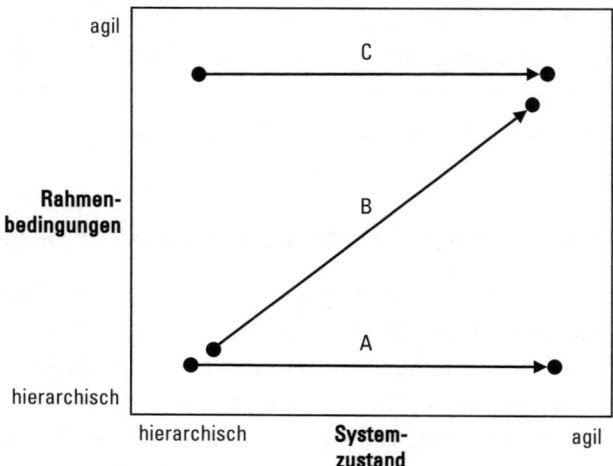

Abbildung 44: Ausgangssituation und angestrebter Zielzustand.

In Abbildung 44 werden zunächst zwei Dimensionen unterschieden: die Rahmenbedingungen und der Zustand des jeweiligen Systems. Bei den Rahmenbedingungen geht es um genau jene Aspekte, die in diesem Buch im Zusammenhang mit den hier behandelten Rahmenbedingungen behandelt wurden. Hier werden hierarchische und agile Rahmenbedingungen unterschieden. Diesen wird der Zustand des jeweiligen personalpolitischen Systems gegenübergestellt. Das jährliche Mitarbeitergespräch oder alternative Ansätze sind hiermit gemeint. Auch diese können einen eher hierarchischen oder agilen Charakter aufweisen. Häufig korrespondieren diese beiden Dimensionen. So dominieren unter hierarchischen Rahmenbedingungen häufig auch hierarchische Systeme. In agilen Welten sind meist agile Ansätze vorzufinden. Dies überrascht nicht, denn schließlich wurden einerseits die personalpolitischen Systeme aus den jeweiligen Rahmenbedingungen heraus entwickelt. Andererseits können personalpolitische Systeme bestehende Rahmenbedingungen auch bedingen oder festigen. Dies muss aber nicht sein. Mir sind zahlreiche Unternehmen bekannt, die zwar agile Rahmenbedingungen aufweisen, innerhalb derer aber der Versuch unternommen wurde, Systeme mit eindeutig hierarchischem Charakter zu etablieren.

Neben diesen beiden Dimensionen sind in der obigen Abbildung Pfeile wiedergegeben. Sie zeigen die Ausgangslage eines Unternehmens in Bezug auf die Rahmenbedingungen und die aktuellen Systeme einerseits sowie andererseits den angestrebten Zielzustand. Ersteres wird durch den Anfang eines Pfeils angedeutet, Letzteres durch das Ende des Pfeils. Insgesamt hilft diese einfache Form der Darstellung, Unternehmen bezüglich ihres Status quo und ihres angestrebten Zustands zu verorten. Je nachdem, wo sich beides befindet, ergeben sich daraus sehr unterschiedliche praktische Implikationen. Allen in der obigen dargestellten Konstellationen ist gemein, dass ausgehend von einem hierarchischen System ein agiles System angestrebt wird. Natürlich wären auch weitere Konstellationen theoretisch denkbar. Es scheint aber, dass es sich bei diesen drei angedeuteten Konstellationen (A, B und C) um die am meisten verbreiteten handelt. Ich habe in den vergangenen Jahren kein einziges Unternehmen kennengelernt, das ausgehend von einer agilen Ausgangslage eine hierarchische Zielvorstellung verfolgt. Im Folgenden werden diese drei Konstellationen eingehender behandelt. Wir beginnen mit Konstellation A.

Agilere Systeme in einem gleichbleibend hierarchischen Umfeld

In meinem persönlichen Netzwerk finden sich etliche, sehr geschätzte Personaler, die in zutiefst hierarchischen Unternehmen neue Herausforderung mit zum Teil umfassendem Verantwortungsbereich etwa als Personalleiter angenommen haben. Manche von ihnen haben zuvor in ausgesprochen agilen Unternehmen gearbeitet. So überrascht es nicht, dass sie bei ihrem neuen Arbeitgeber den gut gemeinten Versuch unternehmen, agile Systeme zu implementieren. Das tun sie aus innerer Überzeugung und weil sie bei ihren vormaligen Arbeitgebern vor allem positive Erfahrungen mit ihren Ansätzen sammeln konnten. Darin fühlen sie sich sicher und können nicht selten ihrer Rolle als Innovatoren gerecht werden. Dass sie dabei manchmal auch als Unruhestifter oder Rebellen wahrgenommen werden, empfinden sie mehr als Anerkennung und weniger als Kritik.

Es gibt aber nicht nur die Querdenker von außen. Ich kenne mindestens so viele Personaler und Personalleiter, die über viele Jahre hinweg in einem hierarchischen Kontext hierarchische Systeme implementiert und betrieben haben. Viele von ihnen waren sogar an der Einführung des jährlichen Mitarbeitergesprächs aktiv beteiligt. Nach etlichen Jahren spürten sie, dass selbst ein so hierarchisches Instrument wie das jährliche Mitarbeitergespräch in seiner traditionellen Form in einem hierarchischen Umfeld nur begrenzt erfolgreich zu sein scheint. Über die Jahre stieg der interne Druck von Seiten der Führungskräfte und Mitarbeiter. Zweifel an der Wirksamkeit bestehender Ansätze machten sich breit. Nicht selten erhoffen sich auch diese geschätzten Kollegen auf ihrer Suche nach adäquaten Alternativen von agilen Methoden das lang ersehnte Heil.

In diesen Fällen ist die Sachlage ziemlich klar. Agile Methoden in einem hierarchischen Umfeld zu etablieren, ist mit höchster Wahrscheinlichkeit zum Scheitern verurteilt. Hier kommt die bekannte Erkenntnis zum Tragen, dass immer dort, wo Systeme mit Kultur kollidieren, Kultur als Sieger hervorgeht. Ein Umfeld, das von Fremdsteuerung geprägt ist, wird Ansätze, die auf Eigenverantwortung setzen, nicht annehmen. Wo der Boss gefordert ist, hat der Coach kaum eine Chance. Wo stellenspezifische Anforderungen im Vordergrund stehen, interessieren individuelle Präferenzen der Mitarbeiter nicht. Bei dieser Konstellation handelt es sich vermutlich um den aussichtslosesten Fall.

Der Weg in eine agile Welt

Der zweite Fall (B) beschreibt das, was man als Agilisierung bezeichnet. Ein Unternehmen macht sich insgesamt auf den Weg, um sich aus einer hierarchischen Ausgangslage in einen agileren Zustand zu entwickeln. In ihrem Ausgangszustand sind die personalpolitischen Systeme meist aus einem ähnlich hierarchischen Holz geschnitzt. Diese angestrebte Veränderung kann auf sehr unterschiedliche Weise motiviert sein. Man denke hier an Unternehmen, die von ihrem Gründer aufgebaut wurden, über Jahrzehnte hinweg zum Teil patriarchalisch geführt wurden und nun vom Sohn, von der Tochter übernommen wurden. Letztere, meist bewaffnet mit einem MBA-Abschluss von einer international führenden Business School, verfolgen nun das Ziel, das Unternehmen anders zu führen, offener, moderner, mit mehr Eigenverantwortung der Mitarbeiter und Teams. Man will interne Grenzen aufbrechen, in allem schneller und wendiger werden – eben mit höherer Agilität. In Fällen wie diesen werden Organisationen nicht selten von Grund auf hinterfragt.

Ich kenne zahlreiche Unternehmen, bei denen sich die Geschäftsführung bewusst wurde, dass ihr Unternehmen in der aktuellen Situation gerade für junge Menschen nicht mehr attraktiv erscheint. Man stellt sich die Frage, wie man auch für zukünftige Generationen attraktiv bleiben kann. Geprägt ist die Auseinandersetzung von einem bestimmten Bild junger Generationen. Menschen, die in Netzwerken denken, die nach Sinn suchen, bei denen der Wertewandel hin zu mehr Selbstverwirklichung endgültig angekommen ist. Man geht von Menschen aus, die in sozialen Medien zuhause sind, keine formalen Grenzen kennen und starre Hierarchien ablehnen.

In anderen Unternehmen wiederum macht man sich zunehmend Sorgen um die eigene Wettbewerbsfähigkeit. Man spürt die Bedrohung aus dem Markt durch kleine, agile Unternehmen, die in atemberaubender Geschwindigkeit in der Lage sind, disruptive Technologien zu entwickeln und erfolgreich im Markt zu positionieren. Man hat ganze Branchen gesehen, die sich binnen weniger Jahre komplett gewandelt haben. Man hat namhafte, etablierte und scheinbar unbezwingbare Unternehmen gesehen, die von heute auf morgen vollständig an Bedeutung verloren haben, weil sie offenbar zu wenig agil waren. Man denke hier an Unternehmen, wie Kodak, die zwar frühzeitig in der Lage waren digitale Fotografie anzubieten, aber am Ende zu viel Beharrlichkeit bewiesen, um auf diesen Zug rechtzeitig aufzuspringen. Man denke an Versandhäuser, wie Quelle, die aus dem deutschen Markt nicht wegzudenken waren und urplötzlich vollständig verdrängt wurden. Diese Beispiele müssen einer Geschäftsführung Angst machen und das tun sie auch. Insofern überrascht es nicht, wenn sich zahlreiche Entscheider die brennende Frage stellen, wie sie ihr Unternehmen verändern müssen, damit es auch in Zukunft mit der zunehmenden Komplexität, Dynamik, Geschwindigkeit und Unsicherheit in den Märkten Stand halten wird.

In Folge dessen macht sich das Thema Agilität in Managementkreisen breit. Es taucht immer häufiger auf der Agenda oder im Rahmen informeller Konversation auf. Arbeitsgruppen werden ins Leben gerufen. Und früher oder später wird die Frage unüberhörbar, was denn all dies für HR bedeutet. Nun geht es hierbei um weit mehr als nur um das jährliche Mitarbeitergespräch. Es geht um flexible Arbeitsstrukturen, um neue Formen der Führung, um veränderte Kompetenzanforderungen, um Werte insgesamt, um die Art und Weise wie zukünftig Entscheidungen gefällt werden usw. Es geht aber auch um das jährliche Mitarbeitergespräch. An dieser Stelle ist HR gefragt, bisherige Prozesse und Praktiken grundlegend zu hinterfragen, auf eine Art und Weise, wie es dieses Buch vorgemacht hat. Zumindest sollte HR mit seinen etablierten Prozessen dieser Entwicklung nicht im Wege stehen.

Die zentrale Idee des Vier-Phasen-Schemas, das auch der Struktur dieses Buches zugrunde liegt, sollte hierbei als Orientierung dienen. Man beginnt mit der Nutzenfrage, um nach einer Betrachtung relevanter Rahmenbedingungen geeignete Instrumente zu definieren. In diesem Zusammenhang sollte das jährliche Mitarbeitergespräch kritisch auf den Prüfstand gestellt werden. Erst dann folgt die Diskussion und Entscheidung bezüglich der geeigneten Ausgestaltung der Instrumente oder des Instruments. Methodisch betrachtet erscheint diese Vorgehensweise zunächst recht einfach. Man beginnt damit, das jährliche Mitarbeitergespräch in seiner jetzigen Form auf den Prüfstand zu stellen. Was wollten wir damit erreichen? Für wen? Was haben wir erreicht? Wie werden sich relevante Rahmenbedingungen zukünftig verändern? Was werden wir unter zukünftigen Rahmenbedingungen mit dem aktuellen Ansatz erreichen? Was nicht? Wo gibt es davon ausgehend Veränderungsbedarfe? Was kann sogar »über Bord geworfen« werden? Die Liste relevanter Frage ließe sich beliebig erweitern. Wichtig in dieser Phase sind zum einen eine schonungslose Offenheit und Ehrlichkeit. Zum anderen ist es bereits in dieser Phase entscheidend, relevante Stakeholder einzubinden. Dazu gehören meist Mitarbeiter, Führungskräfte, der Betriebsrat und Vertreter aus dem Management. Das Ergebnis dieser Phase ist ein Überblick über die Veränderungsbedarfe, zukünftig angestrebten Nutzen und Nutznießer. Erst danach geht es in die Konzeptionsphase unter Betrachtung relevanter Gestaltungsdimensionen. Alles Weitere ist klassisches Change Management unter Verwendung agiler Methoden: Kommunikation, Qualifizierung und Einbindung basierend auf einem klaren Verständnis dessen, was sich für wen verändert und welche Chancen und Risiken für die Betroffenen damit verbunden sind.

Wie bereits angedeutet, klingt diese Vorgehensweise zunächst einfach und naheliegend. In der Praxis ist dieser Veränderungsprozess sehr vielschichtig, in fachlicher, systemischer und politischer Hinsicht. Die größte Herausforderung besteht aber darin, dass aus einem hierarchischen Weltbild heraus kein agiles Denken geboren werden kann. Solange man Agilität im Kern nicht verstanden hat, wird man versuchen, Agilität mit hierarchischen Mitteln zu implementieren. In der Praxis begegnen mir Beispiele auf Schritt und Tritt. Eigenverantwortung wird top-down verordnet und nachgehalten anstatt zugelassen. Man schafft Nähe zum Kunden, aber bitte nur unter Aufsicht. Mitarbeiter sollen sich gegenseitig Feedback geben. Berichtet wird dann an die nächsthöhere Führungskraft. Mitarbeiter, die Hierarchien gewohnt sind, fordern Entscheidungen »von oben« ein. Die Nachkommen der Patriarchen bekommen zu hören: »Früher war alles besser. Da wusste man, wo man dran ist. Heute versucht man, die Verantwortung auf uns Mitarbeiter abzuwälzen.« Vertrauen, Freiräume werden nicht immer gedankt.

Wenn ein Unternehmen in einer hierarchischen Welt seinen Ausgangspunkt hat, besteht noch die vorteilhafte Chance, strukturelle Veränderungen top-down zu entscheiden. Zahlreiche Beispiele haben dies gezeigt. Ich kenne Geschäftsführer, die in ihrem Unternehmen von heute auf morgen die Arbeitszeiterfassung abgeknipst haben. Andere haben zahlreiche Gremien, Ausschüsse und Ähnliches einfach abgeschafft und entschieden, dass Abteilungsleiter, Teams und Mitarbeiter die Mehrheit erforderlicher Entscheidungen ab sofort selbst fällen sollen und dürfen. Ich kenne Unternehmen, die ganze Budgetierungsprozesse über Bord geworfen haben. Ich war mehrfach Zeuge von Management-Meetings, wo nicht mehr der CEO vorne steht und referiert, sondern Kunden oder Mitarbeiter. All dies waren und sind Entscheidungen, die Geschäftsführer fällen und durchsetzen können, solange das Unternehmen noch streng hierarchisch tickt. In ähnlich radikaler Weise könnte auch das jährliche Mitarbeitergespräch oder zumindest Teile dessen behandelt werden, vorausgesetzt formale Rahmenbedingungen lassen dies zu. Eigentlich bedarf es kaum einer besonderen Erwähnung, dass gerade in Deutschland der Betriebsrat bei Fragen rund um das jährliche Mitarbeitergespräch bekanntermaßen ein hohes Mitspracherecht in Anspruch nimmt.

Anpassung eines Fremdkörpers

Im Rahmen von Employer-Branding-Projekten geht man üblicherweise der Frage nach, was einen Arbeitgeber in den Augen seiner relevanten Zielgruppe so besonders macht (Trost, 2013b). Was sind die besonderen Stärken? Was hat ein Unternehmen zu bieten, was seine Wettbewerber im Arbeitsmarkt nicht in gleichem Maße bieten können? Mit Fragen dieser Art beschäftigte ich mich erst kürzlich, als ich beratend für ein Unternehmen tätig war. Nicht selten muss man nach den Besonderheiten suchen, aber in diesem Fall war die Sache vergleichsweise offensichtlich. Das Unternehmen, mit dem ich zu tun hatte, erschien mir in hohem Maße agil. Die Mitarbeiter dort genießen ungeahnte Freiräume, arbeiten sehr eigenständig in Teams und Netzwerken, definieren ihre Ziele selbst. Feste Arbeitszeiten gab es nie. Aber auch so alltäglich Dinge wie Reisekostenregelungen gibt es dort keine. Kein Manager käme in diesem besonderen Unternehmen auf die Idee, gegenüber den Mitarbeitern als Boss aufzutreten. Vertrauen wird dort in alle Richtungen gelebt, auch wenn es in internen Diskussionen – und es wird dort sehr viel diskutiert – zum Teil hart zur Sache geht.

Mehr am Rande und persönlich motiviert durch meine fachliche Auseinandersetzung stellte ich einer Gruppe von Mitarbeitern die Frage nach dem jährlichen Mitarbeitergespräch. »Haben Sie etwas Vergleichbares?« Die Antworten erstaunten mich zunächst. Offenbar wurde das jährliche Mitarbeitergespräch vor wenigen Jahren eingeführt, und zwar in seiner traditionellsten, hierarchischen Form. Zum damaligen Zeitpunkt wurde ein neuer Personalleiter eingestellt, der vom Vorstand, aber auch von den Führungskräften und Mitarbeitern unter anderem den Auftrag erhielt, das Personalmanagement in diesem Unternehmen auf ein professionelleres Niveau zu heben. In diesem Zusammenhang wurde auch eine HR-Software eingeführt, die hoch integriert ein Instrument wie das jährliche Mitarbeitergespräch erfordert oder zumindest vorsah. Es überraschte mich, dass ein von Natur aus hoch agiles Unternehmen dazu kam, ein hierarchisches Instrument zu implementieren. Was mich aber weniger überraschte, war die Aussage der Mitarbeiter, dass dieses Instrument nicht wirklich leben würde. Das jährliche Mitarbeitergespräch habe keine Relevanz, brachte es einer der Kollegen grinsend auf den Punkt.

Agile Unternehmen werden intern nicht selten als chaotisch erlebt. Viele arbeiten mit vielen an Dingen, die sie selbst definieren. Die Feststellung »hier darf jeder machen, was er will« wird nicht immer nur positiv bewertet. In agilen Unternehmen ist es erlaubt, Fehler zu machen. Fehler werden als Lernchance gewertet. Mitarbeiter und Teams, die Projekte an die Wand gefahren haben, sind für solche Unternehmen aufgrund ihrer Erfahrung weit wertvoller als Kollegen, die noch kaum etwas gewagt haben. Aber Selbststeuerung, Lernen durch Fehler und Misserfolge muss ein Unternehmen und seine Leitung auch ertragen. Insofern wundert es nicht, wenn agile Unternehmen ab und an darüber nachdenken, ein Instrument zu implementieren, das zu etwas mehr Struktur verhilft. Dabei wird man nicht müde, darauf hinzuweisen, die aktuelle Kultur der Offenheit und Wendigkeit solle auf keinen Fall angetastet werden. Mit ausreichend Naivität gesegnet, lässt man sich auf die Idee ein, dass strukturiertes Feedback, Klarheit über Ziele, die Reflektion von Leistung und Kompetenzen nicht schlecht sein können. Darüber hinaus wird es auch kein Schaden sein, Ergebnisse in irgendeiner Form zu dokumentieren. Und schon hat sich ein Unternehmen ein personalpolitisches Instrument eingefangen, von dem es sich in Anbetracht gegebener Rahmenbedingungen besser hätte fern halten sollen.

Die Rede ist von dem in der obigen Abbildung 44 skizzierten Fall C: Ein agiles Unternehmen verfügt über ein hierarchisches personalpolitisches Instrument. Wie stellt sich die Situation dar, wenn ein solches Unternehmen eine Veränderung ihres Instruments hin zu einem agileren Zustand anstrebt? Von all den hier beschriebenen Fällen ist dieser Fall der einfachste. Denn hier werden nicht Rahmenbedingungen an Systeme angepasst sondern umgekehrt. So wundert es nicht, dass gerade Unternehmen wie Adobe oder Microsoft, die von je her agile Rahmenbedingungen gewohnt waren, ihr Performance Review von heute auf morgen abgeschafft und durch agilere Methoden ersetzt haben. Hier ist kein aufwendiges Change Management gefragt, bei dem Mitarbeiter in irgendeiner Weise »mitgenommen« werden müssen. Wenn in einem an sich agilen Unternehmen ein hierarchisches Instrument abgeschafft oder ersetzt wird, wird ein solcher Schritt von den Mitarbeitern eher bejubelt. Es würde mich kaum überraschen, wenn SAP nach Adobe und Microsoft als nächstes sein jährliches Mitarbeitergespräch abknipsen würde.

Auf den Punkt gebracht

- Es scheint mehr Unternehmen zu geben, die sich von hierarchischen hin zu agilen Strukturen bewegen als umgekehrt.

- Die Implementierung agiler Methoden in einem konstant hierarchischen Umfeld ist nahezu aussichtslos.

- Die Anpassung des jährlichen Mitarbeitergesprächs im Zuge einer Veränderung von hierarchischen hin zu agilen Strukturen bedarf sorgfältiger, selbstkritischer, aufgeschlossener Abwägungen und eines bedarfsgerechten Change Managements.

- Agile Unternehmen mit hierarchischen Instrumenten tun sich vergleichsweise leicht, diese Instrumente von heute auf morgen abzuschaffen und zu ersetzen, weil eine solche Veränderung von den Mitarbeitern tendenziell begrüßt wird.

Fazit und Schlussbemerkung

Der Ausgangspunkt dieses Buches war die Darstellung einer einfachen Idee, wonach in jährlichen Mitarbeitergesprächen Führungskräfte mit ihren Mitarbeitern jenseits vom Alltag über Grundsätzliches sprechen. Es wurde schnell deutlich, dass es sich bei dem, was zunächst als harmloses Gespräch daherkommt, um ein komplexes, integriertes und institutionalisiertes System handelt, bestehend aus Zielvereinbarung, Beurteilung von Leistung, Kompetenzen und Potenzial sowie vielem mehr. Die Praxis zeigt, dass betroffene Mitarbeiter und Führungskräfte diesem »Gespräch« nicht immer positiv gegenüberstehen. Zuweilen erfährt dieses System sogar heftige Widerstände, was auf Seiten mancher Personaler nicht selten auf die vermeintliche Führungsunfähigkeit relevanter Akteure zurückgeführt wird. Dieses Buch sollte zeigen, dass diesem Widerstand oder Unverständnis mit Ernst begegnet werden sollte. Die Gefahr, dass das jährliche Mitarbeitergespräch als System in direktem Konflikt mit den vorherrschenden oder gewünschten Rahmenbedingungen steht, ist sehr hoch. Während in streng hierarchischen Organisationen das jährliche Mitarbeitergespräch eine Chance hat, bleibt es in einer modernen, agilen Arbeitswelt deutlich *unter den Erwartungen*.

Es ist naiv, zu glauben, man könne ungeachtet unternehmensinterner Rahmenbedingungen und mit einem einzigen Instrument Mitarbeiter motivieren, Lernen durch Feedback fördern, Leistungsstarke von Leistungsschwachen differenzieren, Talente identifizieren, das Unternehmen steuern, Mitarbeiter binden, Personal entwickeln, interne Eignung feststellen und Perspektiven aufzeigen. Und selbst dann, wenn man das jährliche Mitarbeitergespräch mit einer bescheideneren Auswahl an Nutzenerwartungen belädt, bleibt die große Gefahr, dass dieses Instrument vor dem Hintergrund gegebener Rahmenbedingungen eher toxische als wünschenswerte Effekte erzielt. Diese Feststellung überrascht vor dem Hintergrund, dass Gespräche doch per se nichts Schlechtes sein können. Wie in diesem Buch gezeigt wurde, entfaltet sich diese toxische Wirkung aber häufig aufgrund der Tatsache, dass diese Gespräche meist »von oben« verordnet und deren Ergebnisse zentral dokumentiert werden.

Nun wurden in diesem Buch die Nutzenerwartungen, die mit dem jährlichen Mitarbeitergespräch üblicherweise in Verbindung gebracht werden, im Kontext zweier unterschiedlicher Welten differenziert diskutiert. So wurde zusammenfassend und bewusst vereinfachend die hierarchische von der agilen Welt unterschieden. Dem Leser wird die implizite Annahme dieses Buches nicht entgangen sein, dass sich in Zukunft mehr Unternehmen von einer hierarchischen Welt hin zu einer agilen Welt hin entwickeln werden und dies in Anbetracht der sich veränderten Märkte und Herausforderungen auch müssen. Auch wenn diese Annahme auf den zurückliegenden Seiten nicht im Vordergrund stand, unterstreicht sie doch die Dramatik der hier angestellten Schlussfolgerungen. Während das jährliche Mitarbeitergespräch bereits in einer hierarchischen Welt nur zum Teil die intendierten Ziele zu erreichen vermag, versagt dieses Instrument weitestgehend in einem agilen Kontext. Die Ziele an sich wurden nicht in Frage gestellt. Wenn es aber um deren Erreichung und um die Frage geht, welche Instrumente hierfür geeignet sind, sollten Unternehmen über Alternativen zum jährlichen Mitarbeitergespräch nachdenken. Zumindest aber sollten sie ihre Herangehensweise hinsichtlich wesentlicher Gestaltungsdimensionen sorgfältig hinterfragen. Aktuelle Entwicklungen zeigen, dass dies immer mehr Unternehmen auch tun.

Damit tun sich die zahlreichen Personaler und Personalabteilungen einen großen Gefallen. Nach wie vor kämpft diese Profession um ihre Anerkennung in ihren jeweiligen Unternehmen. Ich glaube aber in Anbetracht der in diesem Buch dargestellten Überlegungen, dass HR von den Fachbereichen solange nicht ernst genommen wird, solange HR versucht, ungeachtet gegebener Rahmenbedingungen überladene Instrumente wie das jährliche Mitarbeitergespräch mit zum Teil erstaunlicher Naivität in ihre Organisationen hineinzutragen.

Viele Aussagen in diesem Buch sind mutig oder gewagt. Zahlreiche Überlegungen und Schlussfolgerungen sind hypothetischer Natur. Meist dominieren Plausibilität oder der gesunde Menschenverstand gegenüber empirischer, wissenschaftlicher Fundiertheit. Es gibt im Bereich des Personalmanagements viele Themen, die bereits umfassend erforscht wurden, sei es die Validität von Assessment Centern oder die Wirkung variabler Anreizsysteme auf die Motivation von Mitarbeitern. Die Frage aber, ob und wie sich das jährliche Mitarbeitergespräch in einer modernen Arbeitswelt behaupten wird, gehört definitiv nicht dazu. Auch wenn so manche Passage in diesem Buch tendenziell überheblich erscheint, begegne ich selbst den Inhalten dieses Buches mit allergrößter Bescheidenheit. Zu hoch ist aus wissenschaftlicher Sicht die Unsicherheit rund um die in diesem Buch behandelten Fragestellungen. Wir werden in den kommenden Monaten und Jahren noch intensive und kontroverse Diskussionen hierzu erleben, gepaart mit zahlreichen wissenschaftlichen Studien. Letztere wünsche ich mir ganz besonders. Vermutlich wird man Teile dieses Buches bereits in wenigen Jahren umschreiben müssen. Wichtig ist aber vor allem die Hoffnung, dass diese Auseinandersetzung stattfindet. Natürlich hoffe ich, mit diesem Buch zumindest den einen oder anderen Anstoß zum Nachdenken geliefert zu haben.

Als Autor wünscht man sich auch, dass das Buch, das man geschrieben hat, lange Zeit oder gar für immer seine Relevanz behält. Betrachte ich die Relevanz der Inhalte dieses Buches aus heutiger Sicht, scheint mir diese hoch. Sonst hätte ich das Buch nicht geschrieben und es wäre nicht veröffentlich worden. Was seine zukünftige Relevanz betrifft, wünsche ich mir in diesem Falle aber, dass sie in den kommenden Jahren verschwinden wird. Vermutlich wird man in etlichen Jahren über die Inhalte dieses Buches sogar schmunzeln. War das wirklich nötig? Gab es das jährliche Mitarbeitergespräch in der hier beschriebenen Form wirklich? Hat man wirklich einmal geglaubt, man könne mit so einem Instrument all die Dinge erreichen, die hier beschrieben wurden? Man wird sich wundern. Aber genau darauf freue ich mich.

Literatur

Antoni, C. (1994). Gruppenarbeit in Unternehmen. Weinheim: Beltz, PVU

Argyris, C. (1960). Understanding organizational behavior. Homewood/Ill.: Dorsey Press.

Axelrod, B., Handfield-Jones, H., & Michaels, E. (2002). A new game plan for C players. In Harvard Business Review, January, 81-88.

Bartlett, C.A. (2001). Microsoft. Competing on Talent (A). Harvard Business School.

Bartlett, C.A., & McLean, A.N. (2006). GE's Talent Machine: The Making of a CEO. Boston: Harvard Business School Publishing.

Becker, F. (2003). Grundlagen betrieblicher Leistungsbeurteilungen. Stuttgart: Schäffer-Poeschel.

Berger, L.A., & Berger, D.R. (2005). Management Wisdom From the New York Yankees' Dynasty: What Every Manager Can Learn From a Legendary Team's 80-Year Winning Streak. San Francisco/CA: John Wiley & Sons.

Bergmann, F. (2004). Neue Arbeit, neue Kultur. Freiburg: Arbor.

Bernardes, E., & Hanna, M. (Juli 2008). A theoretical review of flexibility, agility and responsiveness in the operations management literature. International Journal of Operations & Production Management, S. 30-53.

Breisig, T. (2005). Personalbeurteilung: Mitarbeitergespräche und Zielvereinbarungen regeln und gestalten. Bund-Verlag.

Bröckermann, R. (2007). Personalwirtschaft. Stuttgart: Schäffer-Poeschel.

Buckingham, M., & Vosburgh, R.M. (2001). The 21st Century Human Resources Function: It's the Talent, Stupid!. In Human Resource Planning, Vol. 24 Issue 4, S. 17-23.

Bühner, R. (1996). Mitarbeiter mit Kennzahlen für. Der Quantensprung zu mehr Leistung. Landsberg/Lech: Verlag moderne Industrie.

Cappelli, P. (2012). Why good people can't get jobs. Wharton.

Christensen, C.M. (1997). The Innovator's Dilemma. Boston, MA: Har-vard Business School Press.

Coens, T., & Jenkins, M. (2000). Abolishing Performance Appraisals: Why They Backfire and what to Do Instead. San Francisco CA: Berrett-Koehler Publishers.

Conger, J.A. (2010). Developing Leadership Talent: Delivering on the Promis of Structured Programs. In R. Silzer & B.E. Dowell (Hrsg.): Strategy-driven Talent Management, S. 281-312. San Francisco, CA: Jossey-Bass.

Conner, D.R. (1992). Managing at the speed of change. How resilient managers succeed and prosper where others fail. New York/NY: Villard.

Culbertson, S.S.; Henning, J.B.; Payne, S.C. (2013). Performance appraisal satisfaction: The role of feedback and goal orientation. In Journal of Personnel Psychology, Vol 12(4), 2013, S. 189-195.

Culbert, S.A. (2010). Get rid of performance review! How companies can stop intimidating, start managing and focus on what really matters. New York: Business Plus.

Deci, E.L., Koestner, R., & Ryan, R.M. (1999). A Meta-Analytic Review of Experiments Examining the Effects of Extrinsic Rewards on Intrinsic Motivation. In Psychological Bulletin 125, pp. 627–668.

Dowell, B .E. (2010). Managing Leadership Talent Pools. In R. Silzer & B.E. Dowell (Hrsg.): Strategy-driven Talent Management, S. 399-438. San Francisco, CA: Jossey-Bass.

Eichel, E., & Bender, H.E. (1984). Performance Appraisal. A study of current technique. New York: Research and Information Services, American Management Association.

Fiske, S.T., & Taylor, S.E. (1991). Social cognition. New York: McGraw-Hill.

Forsyth, D.R. (2014). Group Dynamics. Cengage Learning.

Fulmer, R.M., & Conger, J.A. (2004). Growing your Company's Leaders. How great Organizations use Succession Management to sustain competitive Advantage. New York: Amacon.

Gallup (2013). Gallup Engagement Index. http://www.gallup.com/strategicconsulting/158162/gallup-engagement-index.aspx (zuletzt gesehen: 30.09.2014).

Goldman, S., Nagel, R., Preiss, K., & Warnecke, H. (1996). Agil im Wettbewerb: Die Strategie der virtuellen Organisation zum Nutzen des Kunden. Berlin, Heidelberg: Springer.

Grote, R.C. (2005). Forced ranking: making performance management work. Boston MA: Harvard Business School Press.

Gubmann, E. L. (1998). The Talent Solution: Aligning Strategy and People to Achieve Extraordinary Results. Mc Graw-Hill.

Gunderson, L. H., & Pritchard, L. (Hrsg.) (2002). Resilience and the Behavior of Large-Scale Systems. Washington DC: Island Press.

Hattie, J. & Timperley, H. (2007). The Power of Feedback. In Review of Educational Research, Vol. 77/1, pp. 81–112.

Hinrichs, S. (2009). Mitarbeitergespräch und Zielvereinbarung. Betriebs- und Dienstvereinbarungen. Frankfurt/M.: Bund-Verlag.

Hossiep, R., Bittner, J. E., & Berndt, W. (2008). Mitarbeitergespräche. Motivierend, wirksam, nachhaltig. Göttingen: Hogrefe.

Huselid, M. A., Beatty, R. W., & Becker, B. E. (2005). A Player or A Positions? A strategic Logic of Workforce Management. In Harvard Business Review, Dec 2005, S. 110-117.

Illgen, D. R., & Feldman, J. M. (1983). Performance appraisal: a process approach. In B. M. Staw (Ed.). Research in organization behavior (Vol. 2). Greenwich CT: JAJ Press.

Jenewein, W., & Heidbrink, M. (2008). High-Performance-Teams: Die fünf Erfolgsprinzipien für Führung und Zusammenarbeit. Stuttgart: Schäffer-Poeschel.

Joch, W. (1992). Das sportliche Talent. Talenterkennung, Talentförderung, Talentperspektiven. Aachen: Meyer und Meyer.

Katzenbach, J. R., & Khan, Z. (2008). Leading outside the lines. How to mobilize the (in)formal organization, energize your team, and get better results. San Francisco CS: Jossey-Bass.

Kaplan, R. S., Norton, D. P. (1996). The Balanced Scorecard: Translating Strategy Into Action. Boston MA: Harvard Business School Press.

Kettunen, P. (2009). Adopting key lessons from agile manufacturing to agile software product development – A comparative study. In Technovation, S. 408-422.

Kohnke, O. (2002). Effektivität von Zielvereinbarungen mit teilautonomen Gruppen. München: Rainer Hampp.

Latané, B., Williams, K., & Harkins, S. (1979). Many hands make light the work. The causes and consequences of social loafing. Journal of Personality and Social Psychology, 37, 822-832.

Lawler III, E. (2012). Performance Appraisals Are Dead, Long Live Performance Management. http://www.forbes.com/sites/edward-lawler/2012/07/12/performance-appraisals-are-dead-long-live-performance-management/ (zuletzt gesehen am 30.09.2014).

Lepper, M. R., Greene, D. & Nisbett, R. E. (1973). Undermining children's intrinsic interest with extrinsic rewards. In Journal of Personality and Social Psychology, 28/1, 129-137.

Locke, E. A., & Latham, G. P. (1984). Goal Setting: A Motivational Technique That Works! Prentice Hall

Locke, E. A., Latham, G. P., & Erez, M. (1988). The Determinants of Goal Commitment. Academy of Management Review, 13 (1), 23-39.

Luhmann, N. (2000). Vertrauen. Ein Mechanismus der Reduktion sozialer Komplexität. Stuttgart: UTB.

Malik, F. (2001). Führen Leisten Leben. Wirksames Management für eine neue Zeit. München: Heyne.

Malone T. W. (2004). The Future of Work: How the New Order of Business Will Shape Your Organization, Your Management Style, and Your Life. Boston/Mass.: Harvard Business School Press.

Markle, G. L. (2000). Catalytic Coaching. The End of the Performance Review. Westport: Quorum.

McCall, M. W. (1998). High Flyers: Developing the next Generation of Leaders. Boston/Mass.: Harvard Business School Press.

McCoy, T. J. (1992). Compensation and Motivation. Peterimizing Employee Performance with behavior-based Incentive Plans. New York: Amacon.

McDermott, R., Snyder, W., & Wenger, E. (2002). Cultivating Communities of Practice: A Guide to Managing Knowledge. Berkshire/UK: McGraw-Hill.

McGregor, D. (1960). The human side of enterprise. New York NY: McGraw-Hill Professional.

Mentzel, W., Grotzfeld, S., & Haub, C. (2014). Mitarbeitergespräche erfolgreich führen. Freiburg: Haufe.

Michaels, E., Handfield-Jones, H., & Axelrod, B. (2001). The war for talent. Boston (Mass.): Harvard Business School Press.

Morgan, G. (1997). Images of Organization. London: Sage.

Mosley, E. (2013). The Crowdsourced Performance Review: How to Use the Power of Social Recognition to Transform Employee Performance. New York/NY: McGraw-Hill.

Murphy, K.R., & Cleveland, J. (1995). Understanding Performance Appraisal: Social, Organizational, and Goal-Based Perspectives. London: Sage.

Neuberger, O. (1980a). Das Mitarbeitergespräch. Persönlicher Informationsaustausch im Betrieb. Goch: Bratt-Institut für Neues Lernen.

Neuberger, O. (1980b). Rituelle (Selbst-) Täuschung. Kritik der irrationalen Praxis der Personalbeurteilung. In Die Betriebswirtschaft, 1, S. 27-43.

Odiorne, G. S. (1965). Management by Objectives. A System of Managerial Leadership«. New York: Pitman.

Phillips, J.J., & Edwards, L. (2009). Managing Talent Retention. An ROI Approach. San Francisco CA: John Wiley.

Pink, D. (2009). Drive. The surprising truth about what motivates us. New York NY: Riverhead Books.

Phillips, J.J., & Edwards, L. (2009). Managing Talent Retention: An ROI Approach. San Francisco CA: Pfeiffer.

Pfläging, N. (2011). Führen mit flexiblen Zielen. Praxisbuch für mehr Erfolg im Wettbewerb. Frankfurt/M.: Campus.

Pfläging, N. (2013). Organisation für Komplexität. Wie Arbeit wieder lebendig wird – und Höchstleistung entsteht. BetaCodex Publishing.

Robinson, K. (2009). The Element. How finding your Passion changes everything. New York: Viking.

Rothwell, W.J. (2005). Effective Succession Planning. Ensuring Leadership Continuity and building Talent from within. New York: Amacon.

Rübling, G. (1988). Verfahren und Funktionen der Leistungsbeurteilung in Unternehmen. Konstanz: Hartung-Gorre.

Scherm, M. (2005). 360-Grad-Beurteilungen: Diagnose und Entwicklung von Führungskompetenzen.

Schmitz, L., & Billen, B. (2008). Lösungsorientierte Mitarbeitergespräche. München: Redline.

Scullen, S.E., Bergey, P.K., Aiman-Smith, L. (2005). Forced Distribution Rating Systems and the Improvement of Workforce Potenzial: A Baseline Simulation. In Personnel Psychology 58/1, pp. 1–32.

Senge, P. (1990). The Fifth Discipline. The Art & Practice of The Learning Organization. New York/NY: Doubleday.

Silzer, R.F., & Church, A.H. (2009). The pearls and perils of identifying Potenzial. In Industrial and Organizational Psychology: Perspectives on Science and Practice, 2(4).

Sims, C., & Johnson, H.L. (2011). The Elements of Scrum. Foster City CA: DyPetericon.

Speck, P. (Hrsg., 2009). Employability – Herausforderungen für die strategische Personalentwicklung: Konzepte für eine flexible, innovationsorientierte Arbeitswelt von morgen. Wiesbaden: Gabler.

Taylor, F.W. (1913). Die Grundsätze wissenschaftlicher Betriebsführung. München: Oldenbourg.

Trost, A. Jöns, I. & Bungard, W. (1999). Mitarbeiterbefragung. Augsburg: Weka.

Trost, A. (2011). Personalentwicklung 2.0. In A. Trost & T. Jenewein (Hrsg.) Personalentwicklung 2.0, S. 11-28. Köln: Wolters Kluwer.

Trost, A. (2012). Talent Relationship Management. Personalgewinnung in Zeiten des Fachkräftemangels. Heidelberg: Springer.

Trost, A. (2013a). Talentmanagement im Mittelstand. In K. Schwuchow & J. Gutmann (Hrsg.): Personalentwicklung. S. 257-266. Freiburg: Haufe.

Trost, A. (Hrsg.) (2013b). Employer Branding. Arbeitgeber positionieren und präsentieren. Köln: Wolters Kluwer.

Trost, A. (2014). Fachkarrieren auf kleiner Flamme. In Personalwirtschaft, 01/2014 S. 38-40.

Trost, A. & Berberich, M. (2012). Die MEP-Studie: Recruiting mit hoher Trefferquote. In Personalwirtschaft 06/2012, S. 26-28.

Trost, A. & Frosch, M. (2011). Interne Talentmärkte. In A. Trost & T. Jenewein (Hrsg.) Personalentwicklung 2.0, S. 283-301. Köln: Wolters Kluwer.

Trost, A. & Hagmeister, A. (2005). Mitarbeiterbefragung als Instrument strategischer Unternehmensführung. In W. Bungard & I. Jöns (Hrsg.), Feedbackinstrumente im Unternehmen (S. 197-208). Wiesbaden: Gabler.

Trost, A. & Jenewein, T. (Hrsg., 2011). Personalentwicklung 2.0. Köln: Wolters Kluwer.

Vester, F. (1988). The biocybernetic approach as a basis for planning our environment. In System Practice, Dec. Vol. 1/4, pp. 399-413.

Weltz, F., & Ortmann, R.G. (1992). Das Softwareprojekt: Projektmanagement in der Praxis. Frankfurt/M.: Campus.

Winkler, B. & Hofbauer, H. (2010). Das Mitarbeitergespräch als Führungsinstrument. Handbuch für Führungskräfte und Personalverantwortliche. München: Hanser.

Wood, R. E., Mento, A. J., & Locke, E. A. (1987). Task Complexity as a Moderator of Goal Effects: A Meta Analysis. Journal of Applied Pschology, 72 (3), 416-425.

Zimbardo, P. G. (2007). The Lucifer Effect. How good people turn evil. Random House.

Anhang

Mein Blogbeitrag mit dem Titel »Wozu noch Mitarbeitergespräche?«, erschienen am 18.01.2012 in der Online-Ausgabe des Harvard Business Manager[5].

Zum Anfang des neuen Jahres werden sich in den meisten Unternehmen wieder ähnliche Szenen abspielen:

Der Chef spricht einen seiner Mitarbeiter an. »Jürgen, können wir uns diese Woche irgendwann für eine Stunde zusammensetzen? Das jährliche Mitarbeitergespräch steht mal wieder an«. »Muss das denn wirklich sein?«, fragt Jürgen. »Ja, das muss sein. Die Personalabteilung besteht darauf. Und Du weißt ja: Don't mess with HR.«

Also setzen sich alle zusammen, nehmen das Protokoll vom Vorjahr zur Hilfe und passen das Formular entsprechend an. Beide Seiten tun sich nicht weh. Die meisten Punkte sind sowieso klar und am Ende ist die Personalabteilung zufrieden.

Andere Mitarbeiter erleben das jährliche Mitarbeitergespräch auf andere Weise: »Ich finde das Mitarbeitergespräch gut. Im Grunde ist das die einzige Gelegenheit im Jahr, um über meine Aufgaben, Arbeitsbedingungen, meine Leistung, Entwicklung und Ziele zu sprechen. Das geht sonst im Alltag unter. Nie bekomme ich sonst so viel Aufmerksamkeit von meinem Chef, wie in diesem Gespräch«, heißt es dann.

Beide Konstellationen haben etwas Beschämendes an sich. Die erste fühlt sich nach halbherziger Pflichterfüllung gegenüber der Human-Ressources-Abteilung (HR) an. Die zweite vermittelt den Eindruck, der Mitarbeiter sei vernachlässigt und offenbar auf einen offiziellen, von HR eingeforderten Termin angewiesen, um mit seinem Manager über Substanzielles zu sprechen, die anderen 364 Tage im Jahr aber leer ausgeht.

Ohne Zweifel ist es immer gut, wenn Manager mit ihren Mitarbeitern sprechen, aber braucht es dieses jährliche, institutionalisierte Mitarbeitergespräch wirklich? Und in welche Rolle bringen wir Personaler uns, wenn wir dieses Gespräch jedes Jahr aufs Neue einfordern?

Eines ist klar: Schlechte Führung wird durch ein verordnetes Mitarbeitergespräch nicht besser. Da helfen auch keine noch so durchdachten, gut gemeinten Formulare und Instrumente. Und Mitarbeiter und Manager, die das ganze Jahr über ein vertrauensvolles, vielleicht sogar partnerschaftliches Verhältnis pflegen, empfinden das Mitarbeitergespräch meist als überflüssig. Hierzu eine einfache Analogie. Es ist wichtig, dass Eltern mit ihren Kindern sprechen. Aber stellen Sie sich vor, das Familienministerium würde ein jährliches Eltern-Kind-Gespräch institutio-

---

5 http://www.harvardbusinessmanager.de/blogs/artikel/a-809396-druck.html

nell einfordern und die betroffenen Eltern müssten die Ergebnisse ihrer Gespräche an die öffentliche Verwaltung weiterleiten. Das würde die Erziehung in Deutschland nicht verbessern. Abgesehen davon würde sich das Familienministerium mit diesem Vorstoß keine Freunde machen.

Wir erleben in der modernen Arbeitswelt zunehmend eine Form partnerschaftlicher Führung als Alternative zu traditioneller Führung. Letztere basiert auf dem Prinzip von Weisung und Kontrolle. Partnerschaftliche Führung beruht demgegenüber auf Vertrauen. Sie ist jeder institutionalisierten Form der Führung eindeutig überlegen. Denn Vertrauen reduziert Komplexität – um den Soziologen Niklas Luhmann zu zitieren. In einem von Vertrauen geprägten Verhältnis zwischen Manager und Mitarbeiter mutet ein institutionalisiertes Mitarbeitergespräch fremd an. Es passt nicht zu der Umgangsform, die beide Seiten sonst über das Jahr hinweg pflegen. So kann ich mir kaum vorstellen, dass Mick Jagger, der Chef der Rolling Stones, jemals ein Mitarbeitergespräch mit Keith Richards geführt hat. Die beiden haben eine andere, überlegenere Ebene der Zusammenarbeit gefunden, wo über Ziele, Erwartungen, Leistung offen gesprochen wird und zwar immer dann, wenn die Dinge anstehen – ohne HR und Formular.

Ich glaube, als Personaler müssen wir besonders auf die Führungskultur achten, wenn wir unsere Organisationen mit einem institutionalisierten Mitarbeitergespräch beglücken, dieses aktiv einfordern, strukturieren und nachhalten. Die Sache wird schneller zur Farce, als wir es uns vorstellen wollen. Viele Manager führen bereits fortschrittlich, doch unser gut gemeintes Instrument des Mitarbeitergesprächs vermittelt den gegenteiligen Eindruck. Und umgekehrt gilt: Schlechte Führung können wir damit sicherlich auch nicht retten. Geben wir uns dieser Illusion vor unseren Mitarbeitern und Managern also besser nicht hin. Es bringt uns eher in eine zweifelhafte Position.

In der Tat gibt es im Verhältnis zwischen Manager und Mitarbeiter unabhängig von der Führungskultur Fragen, die beide Seiten gemeinsam beantworten müssen. Es geht um Aspekte mit unmittelbarer Relevanz für andere Prozesse in einem modernen Personalmanagement. Es geht um Dinge, die für Mitarbeiter und Manager spürbare Implikationen haben, weswegen es sich für die Betroffenen lohnt, darüber zu sprechen. Ich denke zum Beispiel an die Nominierung von Mitarbeitern als Nachwuchs- oder Nachfolgekandidaten. Ich denke an variable, leistungsabhängige Gehaltsbestandteile, an die persönliche Lebens- und Entwicklungsplanung eines Mitarbeiters. Über diese Dinge muss entschieden werden und meist ist es eine gute Idee, als Manager den betroffenen Mitarbeiter einzubeziehen – in einem Gespräch. Diese Dinge können und müssen wir als HR einfordern, aber bitte nur diese.

Aber braucht es hierfür ein jährliches, inhaltlich umfassendes und für alle standardisiertes Mitarbeitergespräch? Ich denke nicht. Ein Manager sollte heute mit einem Mitarbeiter über seine schlechte Leistung sprechen. Morgen spricht er mit einem anderen über die Implikationen besonderer Erfolge. Übermorgen diskutiert er mit einem weiteren Mitarbeiter über seine Option, langfristig an einem Nachwuchsprogramm teilzunehmen. Das ist zumindest mein einfaches Verständnis alltäglicher, guter Führung: relevante Aspekte zu klären – individuell und zu seiner Zeit.

Ist es sinnvoll, mit jedem Mitarbeiter jährlich, individuell und erneut Ziele zu vereinbaren? Auch hier habe ich meine Zweifel, ohne an dieser Stelle die grundsätzliche Diskussion über die Sinnhaftigkeit von Zielvereinbarungen in einer dynamischen Welt eröffnen zu wollen. Mitarbeiter haben häufig Projektziele, die sich aus ihrer natürlichen, täglichen Arbeit ergeben. Bei anderen geht es einfach nur darum, auch zukünftig einen guten Job zu machen und die Kollegen wissen meist, was damit gemeint ist. Wenn nicht, sollten Sie mit der Klärung nicht bis Januar warten.

Über den Autor

Professor Trost, Dr. phil., Dipl.-Psych., geboren 1966, lehrt und forscht an der Business School der Hochschule Furtwangen. Seine Schwerpunkte bilden Talent Management, Employer Branding und die Zukunft der Arbeit. Zuvor hatte er eine Professur an der FH Würzburg inne. Bei der SAP war er mehrere Jahre weltweit für Recruiting verantwortlich. Seit vielen Jahren berät er erfolgreich Unternehmen unterschiedlichster Größen und Branchen in strategischen Fragen des Human Resource Management. Armin Trost ist nicht nur als Autor zahlreicher Fachbeiträge und Bücher bekannt, sondern auch als richtungsweisender Redner auf namhaften Kongressen. Das *Personalmagazin* hat ihn 2013 zum vierten Mal in Folge als einen der führenden 40 Köpfe im Personalwesen gekürt.

Kontakt

Homepage: www.armintrost.de
Mail: mail@armintrost.de
Twitter: @armintrost
Xing: www.xing.com/profile/armin_trost

Stichwortverzeichnis